广西中药材种植与应用

药食同源篇

张占江 黄 浩 韦树根 主编

上海科学技术出版社

图书在版编目（CIP）数据

广西中药材种植与应用. 药食同源篇 / 张占江，黄浩，韦树根主编. -- 上海 : 上海科学技术出版社, 2025. 1. -- ISBN 978-7-5478-6825-6

Ⅰ. S567

中国国家版本馆CIP数据核字第2024QT7864号

广西中药材种植与应用：药食同源篇

张占江 黄 浩 韦树根 主编

上海世纪出版（集团）有限公司
上海科学技术出版社　出版、发行
（上海市闵行区号景路159弄A座9F-10F）
邮政编码 201101　www.sstp.cn
山东韵杰文化科技有限公司印刷
开本 787×1092　1/16　印张 16
字数：350 千字
2025 年 1 月第 1 版　2025 年 1 月第 1 次印刷
ISBN 978-7-5478-6825-6/R·3105
定价：298.00 元

本书如有缺页、错装或坏损等严重质量问题，
请向承印厂联系调换

编委会名单

指导委员会

主　　任　黎甲文

副 主 任　潘　霜　孙　昱

成　　员　黄鲁飞　谷筱玉　朱俊雄　周晓露　杨艳光

编写委员会

主　　编　张占江　黄　浩　韦树根

副 主 编　谭桂玉　韦　莹　李　翠

编　　委　(按姓氏笔画排序)

万凌云　丘卓秋　白隆华　冯世鑫　李玉琼　李林轩　杨翠红　吴庆华
余海霞　张　坤　陈乾平　林　伟　周　兰　胡　营　施力军　姜建萍
秦　丽　桂凌健　栗　平　候小利　黄　琦　黄诗娅　梁文静　彭　凤
彭玉德　蒋　妮　覃　雅　詹鑫婕　谭舒丹　翟勇进　潘丽梅　霍　娟

编委单位　广西壮族自治区中医药管理局
　　　　　　广西壮族自治区药用植物园
　　　　　　广西农业职业技术大学

前 言

中药是中华民族的传统瑰宝，在治疗疾病和保护健康方面有着悠久的历史。《黄帝内经太素》记载"空腹食之为食物，患者食之为药物"，反映了部分中药材既具有食用价值，又具有药用功效的特点。将这些中药材融入日常饮食，正确合理调配并长期坚持，可以达到调养身体、预防疾病、增强免疫力、改善身体状况等效果，是"治未病"的有效途径。自1987年起，国家有关部门一直在推动药食同源中药材试点和目录认定，陆续更新了至少6版药食同源目录。截至2023年11月17日，国家卫生行政部门共发布既是食品又是中药材的物质共计102种。随着现代人们对健康和养生的重视，药食同源中药材的需求也在不断增加。

广西地处我国南部边疆，为山地丘陵性盆地地貌，属亚热带季风气候区，潮热气候孕育了丰富的中药材资源，形成了一批独具特色的道地中药材。2023年5月，第一批共计64种广西道地药材发布，其中包括：肉桂、八角茴香、山银花、田七、灵芝、铁皮石斛、粉葛等药食同源中药材。它们含有丰富的药效物质，具有清热解毒、消肿散结等功效，长久以来，这些中药材不仅为当地居民广泛种植，还是他们餐桌上的常见食材。

药材的品质和质量直接影响到膳食的功效，只有经过科学规范的种植，才能保证中药材的品质和功效。在这样的背景下，药食同源中药材种植技术显得尤为重要。本书甄选了广西特色药材中的57种药食同源中药材，介绍其种植技术的研究成果，涵盖种植环境选择、土壤肥力管理、灌溉施肥方法、病虫害防治等方面的内容，旨在为广西中药材种植从业者、农户以及对中药材感兴趣的读者提供参考。另一方面，本书以图文并茂的方式为每种药食同源中药材介绍1~2种家常药膳制作方法，读者可根据个人体质、症状来选择适合自己的食材组合，缓解一些常见疾病的症状。希望本书的药膳方可以帮助读者调理身体，促进健康饮食，同时，也能为药膳文化的传承和发展略尽绵薄之力。

  本书的编纂和出版获广西壮族自治区中医药管理局项目《中医药适宜技术开发与推广》（GXZYYZZ-202202）资助。广西壮族自治区药用植物园、广西农业职业技术大学、广西壮族自治区植物研究所等单位和有关专家对本书的编写提供了大力支持和帮助，在此特表感谢！

  由于编者水平有限，书中不足和错漏之处在所难免，敬请读者批评指正。

编者

2024 年 9 月

凡 例

一、总论内容为药食同源中药材的历史源流、产业的发展现状、应用前景、广西药食同源资源的现状和应用等。

二、各论中药食同源中药材条目内容包括药材名、种名、学名、别名、科属、药用部位、食用部位、生物学特性、种植技术、功能主治、药食考证、食疗药膳方等，依次著述，并附有药膳彩色照片。

1. 药材名的名称、药用部位和食用部位，优先选择《中华人民共和国药典》（2020 版一部）收载药物的药材名称，如无收载则依次参考《中华本草》《广西中药志》等著作及地方药志收录的药材名称。
2. 种名、学名、别名、科属，首选《中华人民共和国药典》（2020 版一部）收载的学名，其次参考《中华本草》《中国植物志》中文版和英文版（FOC）。
3. 生物学特性主要描述植物的主要形态特征、生长习性和分布生境。
4. 种植技术主要描述繁殖方法、选地和整地、种植方法、田间管理和采收。
5. 功能主治描述该药材的性味、作用及主治功能，参考《中华人民共和国药典》（2020 版一部）、《中华本草》《广西中药志》等著作。
6. 药食考评分别描述药用、食用的记载来源。
7. 食疗药膳方描述膳方制作方法和食用注意事项。

目 录

第一章 总 论 —— 001

一、药食同源中药材的历史源流　002
二、药食同源中药材产业的发展现状　003
三、药食同源中药材的应用前景　004
四、广西药食同源资源的现状和应用　006
五、小结　007

第二章 广西 57 种特色中药材 —— 009

一、核桃　010
二、罗汉果　014
三、橘红　019
四、杜仲叶　022
五、淡竹叶　026
六、巴戟天　029
七、百合　032
八、菊花　036
九、牛大力　040
十、铁皮石斛　045
十一、灵芝　049
十二、土茯苓　053
十三、三七　058
十四、益智　065
十五、广藿香　070
十六、千斤拔　075
十七、肉桂　080
十八、砂仁　084
十九、广金钱草　088
二十、黄精　092
二十一、香椿子　096
二十二、一点红　100
二十三、鱼腥草　103
二十四、紫苏　107
二十五、车前草　111
二十六、积雪草　115

二十七、黄花菜	119	四十三、桑寄生	184
二十八、余甘子	123	四十四、天冬	188
二十九、龙眼肉	128	四十五、五指毛桃	192
三十、决明子	133	四十六、葛根	196
三十一、佛手	137	四十七、苦丁茶	200
三十二、火麻仁	143	四十八、金樱子	204
三十三、薄荷	146	四十九、栀子	208
三十四、绞股蓝	150	五十、天麻	212
三十五、金花茶	154	五十一、山楂	216
三十六、山柰	158	五十二、茯苓	220
三十七、姜	161	五十三、山银花	224
三十八、草果	165	五十四、薏苡仁	228
三十九、八角	169	五十五、艾草	231
四十、姜黄	173	五十六、山药	235
四十一、桑	176	五十七、银杏	240
四十二、刺五加	180		

参考文献

245

总 论

2021年11月10日,国家卫生健康委员会发布了《按照传统既是食品又是中药材的物质目录管理规定》,明确了药食同源中药材的定义,即指传统作为食品,且列入《中华人民共和国药典》,安全性评估未发现食品安全问题,符合中药材资源保护、野生动植物保护、生态保护等相关法律法规规定的中药材。肖培根院士则将"药食同源"诠释为"药食同理""药食同用""药食两用",为"药食同源"赋予了更丰富的内涵。

当今世界,城市化进程加快,快节奏的都市生活造成了许多亚健康问题。医疗卫生服务亟需"重心前移"。《黄帝内经》中指出:"圣人不治已病治未病,不治已乱治未乱。"随着"实施中医治未病健康工程"的提出,我国的医学发展战略也从"治已病"转向"治未病"。药食同源中药材资源作为我国中医药和饮食康养的重要组成部分,在新的医疗形势下受到前所未有的关注,成为近年来中医药及食品健康领域的热点研究对象。值此之时,回顾药食同源中药材的发展历史,审视其现状,展望它的未来发展,将有利于我们更深刻地认识药食同源中药材,为其应用和开发提供理论参考。

一、药食同源中药材的历史源流

农耕时代以前,人类生产力低下,食物主要通过采集和捕猎获得。《淮南子·修务训》记载:神农"尝百草之滋味,水泉之甘苦,令民知所避就。当此之时,一日而遇七十毒。"《医腾》中解释神农尝百草是"为别民之可食者,而非定医药也。"上古之人虽然对食物和药物没有划分明确的界限,但药物的发现和人类的觅食活动有着紧密的联系,这便是"药食同源"的开端。

随着生产力的发展,人们对食物和药物的认识与区别愈发清晰。《资治通鉴》记载,商朝名相伊尹,擅长"调和五味",被尊为"烹饪始祖",他烹制的"紫苏鱼片",可能是我国最早运用中药紫苏来制作的药膳。西周建立了国家级的医疗体系,设专职的膳夫和食医。据《周礼》记载,食医主要为周天子调配"六食""六饮""六膳""百馐""百酱"的性、味、量等,与今天的营养师类似。我国最早的医学典籍《黄帝内经》强调饮食在养生保健和疾病诊疗中具有重要作用,提出饮食宜忌,并创立了药食结合的药膳方,如"生铁落饮""鸡矢醴""兰草汤"等。我国最早的中药学著作《神农本草经》则详尽介绍了365种药,包括木、米、兽、谷、草、鱼、禽、果等,分成上、中、下三品,为"药食同源"理论的形成提供了坚实的物质基础。医圣张仲景的《伤寒杂病论》《金匮要略》在治疗上除了用药,采用了大量的饮食调养方法来配合治疗。由此可见,食物已从仅能满足人类充饥果腹,发展到与药物结合,兼具保健养生的功效,"药食同源"理论在这一时期已初现雏形。

唐代著名医学家孙思邈是"以食疗疾"

学说的倡导者和实践者，他强调"安身之本，必资于食"，他所著的《千金要方》中专列有"食治"一项。孙思邈的弟子孟诜所著的《食疗本草》，集前人食疗、食养、药膳等学说之大成，是全世界最早的一部食疗类专著。至此，"药食同源"理论已趋于成熟，并在历代医家的传承和创新中得到长足的发展：宋徽宗下旨编写的《圣济总录》中记载了285个食疗保健方，适用于29种病证；元朝饮膳太医忽思慧所著的《饮膳正要》，被称为药膳的百科全书，提出食养、食疗须以"春食麦""夏食绿""秋食麻""冬食栗"四时为宜的理论，并根据元朝皇帝食疗的需求精心设计了"生地黄鸡""木瓜汤""良姜粥""山药面""姜黄腱子"等药膳方剂；明代《景岳全书》提倡"治形保精"和"滋养阳气"的养生思想，张景岳本人创制的"天麻鱼头""附片羊肉汤""归芪鸡汤"等都是著名的食疗方，已沿用至今；清朝中医药与养生的文献史料极多，有尤乘的《食治秘方》、沈李龙的《食物本草会纂》、文晟的《食物常用药物》、王孟英的《随息居饮食谱》、章穆的《调疾饮食辨》、袁枚的《随园食单》、费伯雄的《食鉴本草》和《食养疗法》等，成熟的药膳方已经大量涌现；民国时期，随着西方先进科学知识的引入，拓展和丰富了"药食同源"理论，如张若霞的《食物疗病新书》、程国树的《伤寒食养疗法》、秦伯未的《饮食指南》等。中华人民共和国成立后，国家对中医药的发展十分重视，开设了多所不同层次的中医药类学校，其中不少学校还开设了中医食疗学、中医药膳学等专业课程。原国家卫生部2002年印发了《既是食品又是药品的物品名单》，进一步规范了"药食同源"理论，为其发展开创了新的局面。

二、药食同源中药材产业的发展现状

为引导药食同源中药材产业健康发展，国家自2016年相继印发了《中医药发展战略规划纲要（2016—2030年）》《"健康中国2030"规划纲要》和《国民营养计划（2017—2030年）》等文件。文件中明确了中医药资源科学发展的主要方向，药食同源产品作为中医药产业的重要组成部分，得到了极大的重视和扶持。2017年7月原农业农村部农产品加工局成立了由农业、食品、轻工、医药、金融等单位组成的国家药食同源产业科技创新联盟，标志着我国药食同源产业进入了新的发展时期。2022年是第四次全国中药资源普查工作的收官之年，大量药食同源植物的药用功效与食用价值被调查或发现，并纳入《药食同源目录》，为挖掘药食同源新资源、拓宽药食部位、开展传统特色食用方法，以及建立完备的药食同源药用植物的利用体系提供了翔实的基础。根据2019年中药材市场盘点，近十年百余种药食同源品种整体需求量增长42.95%，年均增长率3.91%，贡献了中药材需求量增长的80.06%，药食同源中药材的市场占有率在逐年增加。

各省市在国家提出打造"健康中国"战略背景下，也根据国家政策要求，结合本地社会经济、卫生健康和产业需求，提出符合本地实际的食药物质管理试点方案和措施。截至2022年9月，全国先后有20多个省、自治区和直辖市开展了试点探索。如江西省3种试点食药物质铁皮石斛、杜仲叶、灵芝等已经进入实质性生产销售阶段；广西壮族自治区第一批筛选了11家企业启动对铁皮石斛、灵芝、杜仲叶等进行试点，生产加工成饮料、酒类等7大类食品。此外，广西药食同源作物产业种植面积超过13.33万公顷的有八角、桑叶、桑葚和桂圆。云南推进三七进入地方特色食品，发挥精准扶贫的积极作用。在大健康发展趋势的不断向前的形势下，中医药产业的发展同样带来了诸多效益。就鱼腥草蔬菜种植行业计算，2016年四川因鱼腥草创造社会经济效益15.6亿元，全国鱼腥草种植行业创造社会经济效益达到78.1亿元。而据云南文山壮族苗族自治州相关部门估算，该州以三七为重点的中医药产业业务收入从2019年的210亿元增长到2021年的260亿元。《中国健康产业战略规划和企业战略咨询报告》公布数据显示，我国健康产业市场规模于2017年突破了6万亿元大关，预测至2030年健康产业规模将达到16万亿元，药食同源类药用植物也由此迎来了广阔的发展空间。

三、药食同源中药材的应用前景

自1987年原卫生部公布第一批《既是食品又是药品的品种名单》以来，经多次增补，目前国家共发布110种可用做食品的中药材品种。药食同源物质性味多平和，具调养、康复、保健作用，多为补益药。研究表明，它们在降血压、降血脂、降血糖等方面具有显著优势，已被广泛应用于药品、食品、保健品等，将对经济发展和生态文明建设产生积极贡献。

1. 基于现代营养学理论的药食同源食品开发

食品是药食同源中药材的主要开发方向。现代人群多处于亚健康状态，药食同源物质兼具营养与食疗作用，且安全，适于长期服用。现代营养学理论强调营养和膳食因素在满足人体需要、维持人体健康和正常生理功能中的作用，合理摄入营养素不仅有助于疾病预防，还在疾病的干预控制、改善治疗效果、提高生存预后方面有重要价值。

近年来，黑芝麻丸作为一种食补养生产品备受欢迎，其主要以黑芝麻为主，辅加枸杞、红枣、黄精等物质制成丸，不仅具有高能量，还有补元气、养心安神、健脾、乌发等功效。根据市场调研数据显示，截至2021年，黑芝麻丸市场规模已达到10亿元，并且呈现出稳定增长的趋势。以药食两用为产品理念的"猴菇米稀"主要适用于脾胃虚弱人群，以健脾养胃的中医经典方剂参苓白术散为组方依据，主要原料为山药、茯苓、莲子、白扁豆、薏苡仁等药食同源物质，2017年的销售额超过5亿元。以灵芝、桑葚、百合、莲子、菊花、茯苓、淡竹叶、黄芪等原料开发的"安神茶"，具有补气安神、生津润燥、舒缓神经、消除疲劳的功效，十分有利于失眠人群，且采用袋泡茶包装，使用简单方便，产品价格低廉，推广性强，市场反响良好。基于现代营养学研究成果，在传统药食同源中药组方应用的基础上，依据不同人群营养需求补充必要的微量营养素将是未来药食同源产品开发的重要方向。

2. 针对现代都市生活方式的药食同源保健品开发

随着经济社会发展，人们生活方式、饮食习惯发生巨大变革。都市生活的快节奏和高效率增加人们的压力，都市的环境污染、食品的富营养化等对人们的身体健康产生了负面影响。针对现代都市生活方式产生的亚健康状态开发新型保健品，是药食同源中药材的另一热门方向。

据统计，2023年中国保健品市场规模有望达到3 282亿元，2027年有望达到4 237亿元。基于已批准的具"增强免疫力（免疫调节）"功能的保健食品中，原料使用了中药的产品数量占70%，使用频次前20位的中药包括枸杞子、灵芝、黄芪、西洋参、茯苓、蜂蜜、山药、大枣、黄精、当归、阿胶、甘草、党参等补益类中药，药食同源物质占65%。另外，药食同源物质中提取的功效成分也大量应用到保健食品开发中，如葛根、甘草、枸杞子、姜黄和黄精等的提取物广泛用于对化学性肝损伤有辅助保护作用的产品中；紫苏油、薏苡仁油、姜黄素等在增强免疫力产品中多有应用。药食同源物质在中药保健食品市场发展迅速，并有望进一步扩大。

3. 丰富市场的新食品添加剂及日化产品开发

除食品和保健食品外，药食同源物质还可开发成食品添加剂，替代过去常用的化学原料，满足绿色、健康的市场需求。例如，香辛料类的药食同源物质肉桂、丁香和八角茴香等可直接使用或制成精油、浸膏、香脂和酊剂等加入食品中以增味；栀子、沙棘等药食同源物质可提取天然色素，用于食品着色；甘草甜素、罗汉果苷、紫苏醛等天然甜味剂高甜度、低能量，兼具营养价值，可作为高血压、高血脂、糖尿病、龋齿和肥胖人群的食糖代用品。此外，药食同源物质还能开发功能性日化产品，如槐花、当归提取物因具有酪氨酸酶抑制活性，可用于美白化妆品；当归、桔梗、生姜、枸杞子可滋养毛发，用于生发养发产品；金银花可用于开发抗炎健齿牙膏；具有芳香精油的肉桂、丁香、小茴香等可用于日化产品的调香；玫瑰、薄荷等精油可用于芳香疗法、身体舒缓等。以药食同源中药材为基础的新食品添加剂及日化产品的开发，将满足特定的市场需求，增加市场的丰富程度。

四、广西药食同源资源的现状和应用

广西位于中国南疆，地理坐标为东经104°28′~112°04′，北纬20°54′~26°24′，北回归线横贯全区，土地总面积23.76万平方千米。广西地处云贵高原东南边缘，南面临海，地貌以山地丘陵性盆地为主。广西地势为西北高，东南低，呈西北向东南倾斜状，境内地形复杂多变，素有"八山一水一分田"之称，除丘陵外尚有约占广西总面积41%的石灰岩石山。广西属于亚热带季风气候区，气候温暖湿润，各地年均气温17.5~23.5℃，气温由北向南呈递增趋势，大部分区域终年无积雪；雨量充沛，年均降水量在1 500毫米以上，其东部、北部和南部的年降水量比西部和中部多；热量充足，年日照时数为1 169~2 219小时。优越的自然环境孕育了种类繁多、经济价值和医疗效果显著的药食同源植物。

据统计，广西药食同源植物总计146科435属741种，分别占广西植物总科数的49.16%、总属数的23.90%和总种数的8.65%，大部分集中在豆科、菊科、蔷薇科、唇形科，其中双子叶植物596种、单子叶植物102种、蕨类植物28种及裸子植物15种。不同性状类型植物的品种由多到少依次为草本364种、乔木170种、灌木128种及藤本79种。在741种广西药食同源植物中，375种为无危状态，占50.61%，近危、易危、濒危共计占11.60%，同时有69种被列入《既是食品又是药品的物品名单》和44种被列入《可用于保健食品的物品名单》，合计仅占其总种数的15.25%，表明其中80%以上的物种尚未经国家权威机构认定。此外，广西药食同源植物的入药部位以果实和种子为主，占总种数的23.08%，其余依次为全草、根、叶、茎藤、花、皮、地上部及变态茎。

广西常见的药食同源植物有罗汉果、橘红、杜仲、肉桂、砂仁、龙眼肉（桂圆）、姜、八角、桑、葛根、山楂、槐米、山药等。目前，全区药食同源植物中种植面积13.33万公顷以上的有八角、桑、杜仲和桂圆等，其中八角的种植面积最大、分布最广，为25万公顷；其余药食同源植物的种植面积均小于6.67万公顷，其中超过1.33万公顷的有肉桂、罗汉果、姜，超过1万公顷的有葛根、槐米、山药，剩余物种的种植面积小于0.67万公顷，而666.67公顷以下的有百合、菊花、灵芝、藿香、黄精、姜黄。

目前，随着生活水平和健康意识的提高，药食同源植物的市场供应需求进一步扩大。广西因丰富的药食同源植物资源吸引了大批的公司和合作社开展相关种植及产品加工，获得了"永福罗汉果""平南石硖龙眼""橘康陆川橘红""白石山铁皮石斛""广西肉桂""黄姚黄精酒""博白桂圆肉""上林八角""靖西大果山楂"等区域品牌及地理标志保护产品认证。

据调查，广西药食同源植物在临床应用中可制成片剂、丸剂、颗粒剂和胶囊剂等中成药制剂。加工食品则主要以干、粉、汁为主，如百合干、龙眼干、葛根粉、山药粉、罗汉果汁、姜汁等，少量以酒、提取物等形式存在，如葛根酒、桑果酒、山楂酒及罗汉果提取物等。也可以果实、花、叶等为原料制成冲剂、压片糖果、固体饮料和茶等产品形态的保健食品，例如利用罗汉果作为中成药生产或中间提取物的原料制成复方罗汉果止咳冲剂、罗汉果咽喉片、罗汉果雪梨膏及罗汉果保健茶等。除此之外，其还可应用在食品添加剂领域，如肉桂、八角等香辛料可直接食用或制成精油等加入食品中以增味，紫苏、栀子等可提取天然食用色素作为食品着色剂，罗汉果苷、紫苏醛、甜茶苷等天然高效甜味剂可成为食糖替代品。同时，在护肤品和日用品领域中，灵芝、积雪草、姜黄、高良姜、桑葚、薏苡仁、槐米、银杏等提取物可广泛应用于美白祛斑化妆品，菊花、薄荷、姜可用于美发产品。此外，杜仲、肉桂和山楂等还可作为饲料添加剂应用于农业生产，提高畜禽的免疫应答能力及抗病能力，而且菊花的除虫菊酯、八角的茴香油和银杏的白果酸具有良好的杀虫抑菌效果。

五、小结

药食同源产业既是中国健康产业，也是民族文化传承产业，还是新时代快速兴起的产业，更是中国医药经济中独具特色的重要健康产业，国家对于中医药的重视必将给药食同源中药材的应用发展带来新机遇。广西药食同源中药材资源丰富，正确认识我区药食同源中药材资源，并因地制宜开发利用，将提升贫困地区的经济竞争力，为实现脱贫致富和产业振兴起到示范作用。同时，让普通民众知晓药食同源中药材的外形辨别方法、栽培技术、食性和药性，掌握一些药膳制作方法，有助于药食同源中药材知识的进一步传播与关注，为药食同源中药材产业的发展奠定基础。

广西中药材种植与应用：药食同源篇

第二章 广西57种特色中药材

一、核桃

【种名】胡桃
【学名】*Juglans regia*
【别名】核桃、核桃仁、胡桃肉
【科属】胡桃科胡桃属
【药用部位】种子
【食用部位】种子

（一）生物学特性

1. 形态特征

乔木，高达 20~25 米；树干较别的种类矮，树冠广阔；树皮幼时灰绿色。奇数羽状复叶长 25~30 厘米，叶柄及叶轴幼时被有极短腺毛及腺体；小叶通常 5~9 枚，椭圆状卵形至长椭圆形。雄性葇荑花序下垂。雄花的苞片、小苞片及花被片均被腺毛；雄蕊 6~30 枚，花药黄色，无毛。雌花的总苞被极短腺毛，柱头浅绿色。果序短，杞俯垂；果实近于球状，无毛；果核稍具皱曲，有 2 条纵棱，顶端具短尖头；隔膜较薄，内里无空隙；内果皮壁内具不规则的空隙或无空隙而仅具皱曲。花期 5 月，果期 10 月。

2. 生长习性

喜光，耐寒，抗旱、抗病能力强，适应多种土壤生长，喜肥沃湿润的砂质壤土，但对水肥要求不严，常见于山区河谷两旁土层

< 图 2·果实

< 图 1·植株

< 图 3·种子 <

深厚的地方。

3. 分布与生境

分布于中亚、西亚、南亚和欧洲；在中国分布于华北、西北、西南、华中、华南和华东。生于海拔400~1 800米的山坡及丘陵地带，我国平原及丘陵地区常见栽培。

（二）种植技术

1. 繁殖方法

可用种子繁殖或嫁接繁殖，实际生产中主要以嫁接繁殖为主。

嫁接时间一般为砧木萌芽到展叶的10天内，更有利于愈伤组织形成和成活。接穗选取生长健壮、发育充实、髓心小且无病虫害、长1米左右、直径为1~1.5厘米的发育枝，每个接穗上至少有2~3个萌发芽。

嫁接方式包括枝接和芽接2种，枝接主要分为切接和劈接。一般1~2年生砧木大多采用劈接方法，选取砧木的平滑部位锯断并削平锯口，用刀在砧木中间垂直劈入，深约5厘米。接穗两侧各削一对长4~5厘米斜面，撬开切口对准一侧形成层，插入接穗，然后用塑料条绑严，保持接口湿度，以利愈合。

2. 选地和整地

尽量选择背风向阳面、土肥水多、土壤通透性好的地块。

在选好的林地上挖坑处理，定植穴的深度和直径为80~100厘米，要将表土与深层土分开放置。定植穴挖好后，将表土、有机肥和化肥混合后进行回填，回填要达到距坑口30厘米。选取品质纯正、根系完整、无病虫害、抗逆性强的嫁接苗，苗高100厘米以上，枝干直径1厘米以上的2~3年生壮苗。在苗木剪去烂根、伤根并浸泡吸水后，垂直将其放置于坑中，然后用表土埋盖，定根系，再填新土，提苗轻踩。填土面要稍低，以利于灌透水，水渗完后，覆盖100厘米×100厘米的塑料薄膜或草帘覆盖保墒。

3. 种植方法

株行距应为3米×5米，一些水肥等条件相对较差的地方株行距可以为3米×4米。施肥量可按每株20~50千克，加入适量磷肥和氮肥效果更好。另外，做好松土除草工作，做到有草必锄、雨后必锄、浇后必锄。

4. 田间管理

（1）定干除萌

依据培养树形确定定干高度，发芽后及时抹除砧木萌芽。

（2）中耕除草

幼树生长期，在夏秋季结合灌水、施肥进行中耕除草。

（3）施肥

果实采收后至落叶前施入基肥；萌芽前后追肥1次，果实发育期再追施1次；果实发育期和硬核期各喷施叶面肥2~3次。

施肥方法可采用环状、穴状、条状施肥。施肥量基肥以腐熟的有机肥为主，幼树25~50千克/株，初果期树50~100千克/株。追肥每平方米/树冠影面积施纯氮50~100克，纯磷和纯钾30~60克。

（4）灌水与排水

灌水时间和次数依当地气候条件而定。

疏通沟渠，排水防涝。

（5）整形修剪

栽植当年或第二年定干，定干高度一般在60~80厘米，可将树形整成主干疏散分层形、单层高位开心形、纺锤形。及时疏除过密枝、交叉枝、重叠枝、背下枝、干枯枝和病虫枝。

（6）病害防治

白粉病　主要为害核桃幼芽与新梢，导致核桃树提早落叶及死亡。防治措施：连续清理带病的叶片，将病叶焚烧；每年7—8月，在发病初期，使用0.3~0.5波美度的石硫合剂进行喷施。

褐斑病　为害核桃叶片、果实及嫩梢，会使叶片枯焦，感染后叶片会出现一些灰色的小褐斑，随着病斑逐渐增多，果实表面会慢慢凹陷。嫩苗上则呈现椭圆形或不规则形状的病斑。防治措施：清理病叶，结合修剪情况剪去病梢，集中深埋或焚烧；在开花前后及6月中旬各喷施1次200倍波尔多液进行防治。

黑斑病　主要为害核桃果实，在每年4—8月发病。在受害前期，核桃表面会出现许多黑色小斑，之后病斑逐渐扩大并下陷，导致核桃表面变黑。防治措施：选择抗病品种；及时清理病果和病叶；在树木发芽前先喷施2~6波美度的石硫合剂，在5—6月喷施50%甲基托布津450~850倍液进行防治。

（7）虫害防治

核桃举肢蛾　幼虫深入果实内部蚕食，导致黑桃果实变黑、干瘪。防治措施：在春季和秋季对树盘进行深翻；及时清理受害果实；及时采收黑果；成虫产卵期喷施20%速灭杀丁乳油3 000~4 000倍液防治。

云斑天牛　为害树木皮层，树皮呈现开裂状态，虫孔处溢出粪屑。防治措施：人工捕杀成虫，刮卵涂药；消灭虫卵和幼虫；蛀孔用80%的敌敌畏200倍液或50%的巴丹可溶性粉剂与黏土拌成糊状泥团堵塞虫孔，熏杀幼虫。

5. 采收

在果实青皮由绿色逐渐变为黄绿色，一半以上果实顶部青皮离壳时采收。

（三）功能主治

补肾，温肺，润肠。用于肾阳不足，腰膝酸软，阳痿遗精，虚寒喘嗽，肠燥便秘。

（四）药食考证

1. 药用考证

核桃以种子入药。《中华人民共和国药典》记载：以干燥种子入药，补肾，温肺，润肠。用于肾阳不足，腰膝酸软，阳痿遗精，虚寒喘嗽，肠燥便秘。核桃为汉代张骞出使西域带回的植物之一，其入药约始于唐代，如《千金食治》《食疗本草》均有记载。

2. 食用考证

《神农本草经》将核桃列为久服轻身益气、延年益寿的上品。唐代孟诜著《食疗本草》中记述，吃核桃仁可以开胃，通润血脉，使骨肉细腻。宋代刘翰等著《开宝本草》中记述，核桃仁"食之令肥健，润肌，黑须发，多食利小水，去五痔"。

(五)食疗药膳方

1. 膳方制作方法

核桃酥

核桃碎65克,鸡蛋1个,普通面粉200克,植物油60克,糖65克,泡打粉1/2小勺(每小勺5毫升),苏打粉1/4小勺,黑芝麻适量。将65克核桃仁放入烤盘,送入预热好的烤箱中层,150℃烤约8分钟,晾凉后擀成核桃碎备用;将60克植物油、65克糖、30克全蛋液一起倒入小盆中,搅打均匀;加入过筛的200克普通面粉、1/2小勺泡打粉、1/4小勺苏打粉的混合物;再倒入65克核桃碎,拌匀;翻拌均匀后,用手抓成团即可(成团即可,不要过度揉搓);(烤箱预热150℃)将面团分成35克左右的小面团,搓圆后用手掌压扁摆入烤盘;最后在面团的表面涂上全蛋液,粘上芝麻即可;放入预热好的烤箱中,烤箱中层,上下火,150℃,25~35分钟。烤好的核桃酥晾凉后会非常酥脆。

琥珀核桃仁

核桃仁150克,蜂蜜22克,白砂糖37克,黑芝麻15克,清水80克。锅中放入水、白砂糖、蜂蜜,大火烧开转小火熬制;熬制时要不断搅拌,由大气泡变成密集小气泡;颜色由白色变成深色且黏稠,用筷子蘸糖水,迅速放入凉水中,糖稀迅速结晶,咬一下有硬、脆的感觉,就熬制好了;熬好后迅速加入核桃仁快速翻拌均匀;关火,倒入芝麻快速翻拌均匀即可;然后盛出来,一个一个分开,晾凉,装盘。

2. 食用注意

核桃仁一次不宜吃太多,不然会对消化有影响,通常情况下,一天吃20~40克的核桃仁较合适,大概4~5个核桃;核桃仁表面的褐色薄皮不要剥掉;上火、腹泻的人不宜吃。

图4·核桃酥

图5·琥珀核桃仁

(白隆华)

二、罗汉果

【种名】 罗汉果

【学名】 *Siraitia grosvenorii*

【别名】 拉汉果、假苦瓜、光果木鳖

【科属】 葫芦科罗汉果属

【药用部位】 果实

【食用部位】 果实

（一）生物学特性

1. 形态特征

多年生攀援草本。茎暗紫色，长3~10米，嫩茎被白色和红色腺毛。单叶互生，卵形、长卵形或卵状三角形，顶端急尖或渐尖，基部心形，边全缘。卷须生于腋侧，顶端二分叉。雌雄异株。雄花为腋生的总状花序，每一花序有5~7朵花；苞片1枚，矩圆形；花瓣5枚，分离，淡黄色略带红色，卵形有脉纹6~8条；花萼、花瓣外面均被绒毛及红色腺毛；雄蕊3枚，药室"S"形，花药分离，绿黄色。雌花单生于叶腋，或2朵簇生于总花梗上。子房下位，与萼管合生，花柱3枚，绿色，柱头2分叉，有3枚退化的雄蕊，黄色，长者可同花柱等长；瓠果矩圆形，具10条纵线；种子淡黄色，扁长圆形。花期6—9月，果期8—11月。

2. 生长习性

喜温，怕霜冻。早春低于15℃新梢停止生长，13℃以下就出现枯梢，22~28℃生长良好，35℃以上高温对其生长发育不利，果实发育受阻，坐果率明显下降。要求空气湿度在75%以上、田间持水量在60%~80%的条件下生长。栽培地要雨量充沛，年降雨量为1 366~1 929毫米。罗汉果属短日照植物，幼苗期耐荫，忌强光，在半荫蔽的环境中生长发育良好，每天有6~8小时光照。一般土壤均能生长，以排水良好、土层深厚、含腐殖质多的壤土为适宜，红黄壤最

图1·结果植株

图2·丰产的罗汉果果园

为适宜。

3. 分布与生境

分布在中国南方的广西、广东、湖南等省区（自治区）。主产于广西北部地区，湖南、贵州、广东、福建、江西等省区（自治区）也已引种栽培。

（二）种植技术

1. 繁殖方法

可用种子繁殖、薯块繁殖、压蔓繁殖、组培快繁和扦插繁殖，实际生产中主要以组培快繁和扦插繁殖为主。

组培快繁：从罗汉果植株群体中选择优良单株，剪取茎尖、茎段、叶片组织或以种子培养无菌苗后取其茎尖、茎段、叶片作为外植体，进行组织培养培育出试管苗。由于罗汉果为雌雄异株，种子无法鉴别雌雄性别，因而此法培育的试管苗需要通过作性别鉴定后方可在生产上应用。目前多采用优良结果植株的材料作茎尖或茎段培养，以 MS 附加 BA 0.3~1.0 毫克/升、IAA 0.1~0.5 毫克/升、IBA 0.1~0.5 毫克/升或 NAA 0.2 毫克/升培养基上培养，经不同配比可以诱导出愈伤组织、丛生芽、根。无花叶病苗培育以 0.8~1.0 毫米茎尖和 38.5℃ 热处理 1 周后再切取 2 毫米茎尖在 MS 附加 BA 0.5~1.0 毫克/升、IAA 1.0 毫克/升培养基上培养，脱毒率及成活率均达到 100%。

2. 选地和整地

选择海拔在 200~1 000 米的向阳坡地，最好是新开垦的生荒地。一般不能连作，选择前茬作物为禾本科水稻、玉米等非感染病寄主植物的地块种植，轮作年限 2 年以上。定植地应选排水良好、土层深厚、腐殖质多、疏松湿润的黑黄沙质土，南向或东南向山坡地块，以新垦竹林地或杂木林地为好。

在定植的上一年秋冬季节对种植地进行除草、翻耕，深度 25~30 厘米，撒石灰曝晒越冬；并于当年的 2—3 月，对种植地再次翻耕松土，按照畦面 1.3~1.5 米，畦高 15~20 厘米，畦沟 30 厘米整地，开挖好排水沟，以避免下雨时积水。

3. 种植方法

每亩（666.67 平方米）开穴 120~150 个，穴长、宽各 50 厘米，深 40 厘米，株距 1~2 米为宜。每穴施腐熟猪粪等农家肥 5~10 千克，磷肥 0.25 千克。施基肥 3~4 天后种植，一般在 3 月下旬至 4 月中旬（清明节前后），当温度稳定在 15℃ 以上后种植。选择优良品种，无病、抗病、长势好、均一的幼苗，苗高 5~15 厘米。每亩栽种罗汉果苗雌雄比按 100：3~5 进行种植。

4. 田间管理

（1）水肥管理

苗期每株用腐熟稀粪水 1~1.5 千克，浅沟追肥 3 次，第一次在移植 5~10 天后苗木恢复旺长时施，第二次在主蔓长至 40~50 厘米时施，第三次在主蔓上棚时施，每株加施以氮为主的复合肥 0.1~0.15 千克。遇到干旱天气 3~4 天浇一次水。

在现蕾期，每株施腐熟稀粪水 2~3 千克，加施以钾为主的复合肥 0.15~0.2 千克。8—9

月大批果实迅速发育时期,为促进果实膨大,减少小果,增加花数,提高产量,施1~2次壮果肥,每株施腐熟稀粪水1~1.5千克,加施以钾为主的复合肥0.15~0.2千克。

追肥以有机肥为主,化学肥料有限度使用,鼓励使用经国家批准的菌肥及中药材专用肥。禁止使用膨大素等生长调节剂。

(2)引蔓上棚、整形

每株只留一条主蔓,在苗长至30厘米高时在植株旁边插一根竹子或树枝并用绳子将藤蔓绑上,引蔓上棚,棚底侧蔓全都清除。上棚时或上棚后留3~5节摘心,促进抽生2~3条一级蔓,一级蔓长至30~50厘米摘心,促进抽生8~12条二级蔓,如二级蔓未见现蕾则通过疏剪短截促发8~12条三级蔓,形成单主蔓多侧蔓自然扇形或同向平行结构。

(3)人工授粉

晴天早上6—11时,采摘发育良好微开的雄花,放于阴凉处备用。在雌花开放时,左手拿雄花,将花冠翻转,露出雄蕊,右手拿一根竹片,将雄蕊上花粉刮下少许,轻轻地抹在雌花柱头上;也可用雄蕊花药直接对准雌蕊柱头轻轻触碰完成授粉。

(4)病害防治

花叶病毒病 主要为害叶片和植株。受害病株的叶子出现褪绿、花叶,呈斑驳状,产生皱缩畸形,全株矮化、早衰,提早黄化落叶、枯萎。为害病株不结果、少结果或结小果。防治措施:选用无病毒种苗;在生长期积极防治蚜虫为害;发病初期,用病毒必克400~500倍液或5%菌毒清200~300倍液(安全间隔期≥7天),连喷3~4次,控制病毒的蔓延。

根结线虫病 主要为害块根和须根,使块根长瘤而腐烂,须根膨大呈球状、棒状、念珠状等,最后腐烂,使植株不能吸收水分和营养,引起叶片枯黄脱落、藤蔓细弱,重者导致植株死亡。防治措施:加强检疫,防止此病扩散;采用生荒地作园址,尽量选用脱毒组培苗作种苗;种植前对土壤、施用的农家肥进行消毒,发病果园用3%氯唑磷拌土施于根系附近,每亩用量为1千克(安全间隔期≥28天)。

疱叶丛枝病 主要为害叶片和枝条。植株的嫩叶首先发病,脉间褪绿,随后植株叶肉呈疱状畸形变厚、变粗、褪绿,最终黄化;老龄叶黄化但叶脉仍呈绿色;腋芽感病后早发而成丛枝。防治措施:采用远离生产区建立无病种苗地;尽量选用脱毒组培苗作种苗;在发病初期用800倍的病毒A或病毒必克500倍兑水喷雾可以减轻疱叶丛枝病的发生和为害。

芽枯病 主要为害嫩芽、嫩梢。感病植株嫩叶黄化,顶芽枯死。顶芽枯死前多呈棕红色、质脆、易折断,枯死后呈褐色至黑褐色,内部组织产生褐变。重病株不能开花结果,轻病株结果的果柄易枯死,果实过早黄化。防治措施:定植时每穴深施硼砂15克+石灰15克;苗期喷施硼砂石灰混合液(比例为15克硼砂+15克石灰+50千克水)。

(5)虫害防治

癒斑天牛 主要为害罗汉果蔓茎,其幼虫钻蛀到蔓茎上可看到米头大小的蛀孔,堆满木屑,幼虫在里面蛀食藤蔓使其中空腐烂,无法输送水分和营养而全株枯死。防治方法:

人工捕杀成虫，刮卵涂药；修剪藤蔓除去带虫枝；蛀孔用80%的敌敌畏200倍液或50%的巴丹可溶性粉剂与黏土拌成糊状泥团堵塞虫孔，熏杀幼虫。

红蜘蛛 以成虫、若虫在叶背嫩芽处刺吸为害，初期叶片上散布白色的小褪绿斑，后期随着虫口密度的增加，叶片逐渐变黄脱落。防治方法：冬季清洁果园，减少越冬虫源，减轻为害；使用3~5波美度的石硫合剂，防治在枝叶上越冬的成虫、若虫、卵；用20%哒螨灵2 500~3 000倍液喷施（安全间隔期≥21）。

黄守瓜 成虫为害叶、嫩叶、花、幼果，常将叶子咬成弧状缺刻、斑痕或小洞；幼虫为害根部，影响植株生长发育，甚至使植株枯萎死亡。防治方法：成虫产卵期，露水未干时在根部附近的土壤上洒草木灰，可防止其产卵；成虫为害期喷洒90%的敌百虫1 000倍防治，幼虫为害可用乐斯苯灌根防治。

5.采收

授粉后75~95天，果柄变为黄褐色，果皮呈鲜黄色时采摘。采回的鲜果摊放在阴凉通风处放置3~5天，使其完成"后熟"糖化。

（三）功能主治

罗汉果味甘性凉、无毒，有生津止渴、消热解暑、化痰润肺、降压及增加肌体细胞免疫功能等功效，用于治疗伤风感冒、咳嗽多痰、暑热、便秘、慢性气管炎、咽喉炎等病症。

（四）药食考证

1.药用考证

罗汉果以果实入药。《中华人民共和国药典》记载：以干燥果实入药，有清热润肺、利咽开音、滑肠通便之功效。用于肺热燥咳，咽痛失音，肠燥便秘。《中国植物志》记载：果实入药，味甘甜，甜度比蔗糖高150倍，有润肺、祛痰、消渴之效；叶子晒干后临床用以治慢性咽炎、慢性支气管炎等。《岭南采药录》记载：理痰火咳嗽，和猪精肉煎汤服之。《广西中药志》记载：止咳清热，凉血润肠；治咳嗽，血燥胃热便秘等。《中华本草》记载：清肺利咽，化痰止咳，润肠通便；主治肺热痰火咳嗽，咽喉炎，扁桃体炎，急性胃炎，便秘。《中药大辞典》记载：清肺，化痰，止咳，润肠；主治痰火咳嗽，百日咳，咽喉炎，扁桃体炎，急性胃炎，便秘。

2.食用考证

《中国植物志》记载：罗汉果果实也可作清凉饮料，煎汤代茶，能润解肺燥。《食物中药与便方》载治疗喉痛失音：罗汉果1个，切片，水煎，待冷后，频频饮服。

（五）食疗药膳方

1.膳方制作方法

罗汉果陈皮饮

罗汉果1个，陈皮1/3瓣。用手破开洗净的罗汉果外壳，取半个种子连壳和1/3瓣陈皮放入锅中，加水1 500毫升，用文火煮20分

图 3·罗汉果陈皮饮

图 4·罗汉果瘦肉粥

钟后自然冷却。温热的罗汉果饮口感最佳。

罗汉果瘦肉粥

罗汉果 1 个，猪瘦肉末 50 克，粳米 100 克，各种调料适量。罗汉果切片，与粳米、猪瘦肉末一起熬至黏稠时，加盐、味精、麻油调味。

2. 食用注意

罗汉果作为一种日常生活中常见的药食两用中药材，一般情况下大多数人均可食用，且无明显副作用，但因个体差异原因，也需要注意。①体质虚寒人群：因罗汉果味甘，同时性凉，易伤及脾胃，应用后易使得体内寒气加重，特别是对于有肺寒或外感咳嗽者，易加重病情，同时还可能会有手足冰冷、大便溏薄等症状，故不建议体质虚寒人群应用罗汉果。②胞宫虚寒人群：对于胞宫虚寒、失于和煦，易有经期疼痛、手脚冰冷等症状的人群，因罗汉果味甘、性凉，对此类女性而言，应用后可能会加重病情，因此不主张应用罗汉果。③脾胃相对虚弱的人群：罗汉果味甘、性凉，对于脾胃相对虚弱的人群，如儿童、年老体弱者、孕妇以及哺乳期妇女而言，会导致身体虚寒，应该慎用。

(白隆华)

三、橘红

【种名】柑橘
【学名】Citrus reticulata Blanco
【别名】芸皮、芸红、番橘、橘仔、橘子、立花橘
【科属】芸香科柑橘属
【药用部位】外层果皮
【食用部位】外层果皮

（一）生物学特性

1. 形态特征

小乔木。分枝多，枝扩展或略下垂，刺较少。单身复叶，翼叶通常狭窄，或仅有痕迹，叶片披针形，椭圆形或阔卵形，大小变异较大，顶端常有凹口，很少全缘。花单生或2~3朵簇生；花萼不规则5~3浅裂；雄蕊20~25枚，花柱细长，柱头头状。果通常扁圆形至近圆球形，果皮甚薄而光滑，或厚而粗糙，淡黄色、朱红色或深红色，甚易或稍易剥离，橘络甚多或较少，呈网状，易分离，通常柔嫩，中心柱大而常空，稀充实，瓢囊7~14瓣，稀较多，囊壁薄或略厚，果肉酸或甜，或有苦味，或另有特异气味。种子或多或少数，稀无籽，通常卵形。花期4—5月，果期10—12月。

2. 生长习性

柑橘喜欢微酸、潮湿的环境，最适宜的生长湿度约为75%。

3. 分布与生境

广泛栽培，很少半野生。产于中国的浙江、江苏、福建、四川等地。

（二）种植技术

1. 繁殖方法

生产中以嫁接繁殖为主。应选择有较强抗病性、抗逆性的品种。适宜于柑橘的砧木

图1·花

图2·果实

有：枳、枳橙、香橙、枸头橙、红橘、朱橘、酸柚、酸橘等。

2. 选地和整地

选取土壤质地良好，疏松肥沃，有机质含量宜在 1.5% 以上，土层深厚，活土层宜在 60 厘米以上，地下水位 1 米以下，土壤 pH 5.5~7.5。宜选择平地或坡度小于 25° 的丘陵山地，背风向阳的地势地形。平地及坡度在 6° 以下的缓坡地，栽植行为南北向，采用长方形栽植。坡度在 6~20° 的山地、丘陵，宜采用等高栽植。

3. 种植方法

裸根苗一般在 9—10 月秋梢老熟后或 2—3 月春梢萌芽前栽植，容器苗宜在 3—10 月栽植。根据品种、砧穗组合、环境条件和管理水平等条件，按每亩栽植 30~70 株。将苗木的根系和枝叶适度修剪后放入定植穴中央，舒展根系，扶正，边填土边轻轻向上提苗，踏紧实，使根系与土壤紧密接触。容器苗栽植时，先从容器中带土取出苗木，用手抹去外层土壤，露出部分根系，再放入定植穴中央，根颈露出地面 5~10 厘米，浇透定根水。

4. 田间管理

（1）及时补种

在种植后 7~10 天，加强巡查，发现死亡或缺株应及时补种。

（2）水肥管理

柑橘树在春梢萌动及开花期（3—5 月）和果实膨大期（7—9 月）对水分敏感，应注意及时浇水。以土壤施肥为主，配合叶面施肥。1~3 年生幼树单株年施纯氮 100~300 克，氮、磷、钾比例 1∶0.25~0.4∶0.5~0.8。结果树施肥量一般以产果 100 千克施纯氮 0.6~0.8 千克，氮、磷、钾比例以 1∶0.4~0.5∶0.8~1.0 为宜。采果后施足量的有机肥，氮施用量占全年的 20%~40%，磷施用量占全年的 20%~25%，钾施用量占全年的 30%；花前肥以氮、磷为主，氮施用量占全年的 20%~30%，磷施用量占全年的 40%~45%，钾施用量占全年的 20%；稳（壮）果肥以氮、钾为主，配合施用磷肥，氮施用量占全年的 40%~60%，磷施用量占全年的 35%，钾施用量占全年的 50%。

（3）中耕除草

中耕在夏季、秋季或采果后进行，雨季不宜。每年中耕 1 次或 2 年中耕 1 次，保持土壤疏松。中耕深度 ≤ 10 厘米。提倡柑橘园实行生草制，种植的间作物以矮秆浅根性豆科或牧草为宜，适时收割翻埋于土中或覆盖于树盘。

（4）病害防治

溃疡病 幼果期或夏、秋梢抽发至 2 厘米左右时喷药，每 10~20 天喷 1 次，连续 3~4 次。可选用农药有氢氧化铜、络氨铜、链霉素、碱式硫酸铜、波尔多液等。

炭疽病 春、夏梢抽发期和果实成熟前及时喷药，15 天左右喷 1 次，连续 3~4 次。可用农药为代森锰锌、代森锌、溴菌清、甲基硫菌灵、多菌灵等。

（5）虫害防治

螨类（柑橘红蜘蛛、四斑黄蜘蛛、锈壁虱） 主要为害柑橘的叶片、嫩枝、花蕾和果实部位。发病之后会造成叶片大面积脱落，严

重影响柑橘树的生长。幼果出现虫害后，果实表面会出现淡绿色斑点。成熟果实受害之后会出现淡黄色斑点，导致果实的品质下降，甚至造成大范围落果。防治措施：开花前后（3—5月）是防治柑橘红蜘蛛、四斑黄蜘蛛的重点时期。幼果期和果实膨大期为锈壁虱防治主要时期，当年生春梢叶背初现铁锈色时需进行防治。可选用的农药有噻螨酮、哒螨灵、三唑锡、唑螨酯、溴螨酯、双甲脒等。

潜叶蛾 主要为害柑橘叶片及嫩梢。柑橘潜叶蛾1年能够发生数代，蛹和老熟的幼虫会在卷曲的叶片内越冬，在第2年3月开始取食嫩梢的叶片，7—9月为害最严重，被害部位会形成银白色不规则隧道，造成叶片的卷曲硬脆，影响新梢的生长和来年的开花结果。防治措施：新梢抽发至1~2厘米时喷药，7~10天喷1次，连续2~3次。可选用的农药有阿维菌素、啶虫脒、吡虫啉等。

5. 采收

秋末冬初果实成熟后采摘，削取外层果皮，晒干或阴干。

（三）功能主治

散寒燥湿，理气化痰，宽中健胃。主治风寒咳嗽，痰多气逆，恶心呕吐，胸脘痞胀。

（四）药食考证

1. 药用考证

散寒燥湿，理气化痰，宽中健胃。主治风寒咳嗽，痰多气逆，恶心呕吐。《医学启源》记载：理胸中滞气。《本草要略》记载：能除汗发表。《本草纲目》记载：下气消痰。《药品化义》记载：消谷气，解酒毒，止呕吐。

2. 食用考证

《得配本草》去白名橘红，消痰下气，发表邪，理肺经血分之郁。留白和中气，理脾胃气分之滞。治痰，姜汁炒。下气，童便炒。理下焦，盐水炒。虚人气滞，生甘草、乌梅汁煮炒。汗家、血家、痘疹灌浆时，俱禁用。橘红为《中华人民共和国药典》（2020年版）收录品种，用量为3~10克，橘红作为食品可适量食用，可做茶、熬膏等。

（五）食疗药膳方

1. 膳方制作方法

橘红10克，蜂蜜适量。橘红用开水泡饮，可以加蜂蜜调节口感。理气宽中，燥湿化痰。

图3·橘红茶饮

2. 食用注意

阴虚燥咳及久嗽气虚者禁服。

（陈乾平）

四、杜仲叶

【种名】杜仲
【学名】*Eucommia ulmoides* Oliv.
【别名】思仙、扯丝皮
【科属】杜仲科杜仲属
【药用部位】树皮、叶
【食用部位】叶

（一）生物学特性

1. 形态特征

落叶乔木，高达 20 米；树皮灰褐色，粗糙，内含橡胶，折断拉开有多数细丝。嫩枝有黄褐色毛，不久变秃净，老枝有明显的皮孔。芽体卵圆形，外面发亮，红褐色，有鳞片 6~8 片，边缘有微毛。叶椭圆形、卵形或矩圆形，薄革质；边缘有锯齿；叶柄上有槽，被散生长毛。花生于当年枝基部，雄花无花被；苞片倒卵状匙形，顶端圆形，边缘有睫毛，早落；雄蕊长约 1 厘米，无毛，花丝长约 1 毫米，药隔突出，花粉囊细长。雌花单生，苞片倒卵形，子房无毛，1 室。翅果扁平，长椭圆形，先端 2 裂，基部楔形，周围具薄翅；坚果位于中央，稍突起，与果梗相接处有关节。种子扁平，线形，两端圆形。早春开花，秋后果实成熟。

2. 生长习性

喜温暖湿润气候，耐寒性较强。年降水量 500~1 500 毫米。以阳光充足，土层深厚肥沃、富含腐殖质的砂质壤土、黏质壤土栽培为宜。

图 1 · 植株

图 2 · 叶

（注：图片由许为斌提供）

< 图 3 · 果实 <

3. 分布与生境

分布于中国的贵州、陕西、甘肃、浙江、河南、湖北、四川、云南等省，多地均有广泛栽培。生于海拔 300~1 500 米的低山、谷地或疏林中。

（二）种植技术

1. 繁殖方法

用种子、扦插、压条、分蘖、嫁接等方式繁殖，以种子繁殖为主。选 20~40 年生的发育健壮、树皮光滑、无病虫害和未剥过树皮的植株，9—10 月果实成熟后采摘，晾干，扬净，切忌暴晒。尤以有光泽、饱满、新鲜、色呈淡褐色者为优。种子寿命短，不宜用陈种。播种期为冬播（11—12 月）或春播（2—3 月），以冬播为宜。春播因种子外皮含胶质，干燥后会影响发芽，播前将种子在 20~25℃温水中浸泡 2~3 天，每日换水 1 次，待种子膨胀后再用湿砂拌匀，每隔 2~3 天翻动 1 次，经约 15 天种子即可萌动。每公顷用种量 75~150 千克。播种方法用条播法，按行距 20~30 厘米开条沟，沟深 4 厘米，将种均匀播入沟内，覆土 1~1.5 厘米，稍加镇压，浇水，覆盖草，以防霜冻。出苗后，幼苗 5~7 厘米时，选阴天进行第 1 次间苗，苗高 15~20 厘米时进行第 2 次间苗或定苗。苗期适量灌水，保持土壤湿润，7—8 月生长旺盛时，加强施肥，全年施肥 6~8 次，有机肥和无机肥交替施用。培育 1~2 年后移植。

2. 选地和整地

选取阳光充足的山地、丘陵或岗地。坡度为 25°以下的缓坡、山脚、山坡中下部地段，忌低洼涝地。土层深厚、疏松肥沃、土壤酸性至微碱性，pH 5.5~8.5。造林前 1~2 个月清理造林地，清除林地杂草、灌木等杂物，坡度 15°以下地块全垦整地，按照宽窄行栽植方式：即宽行距 2 米，窄行距 0.5 米，株距 0.5 米；坡度大于 15°地块采取梯带整地或大块状整地，栽植株行距 1.0 米 × 3.0 米。挖穴规格 50 厘米 × 50 厘米 × 40 厘米。每穴施有机肥 5 千克，钙镁磷肥 0.5 千克，饼肥 0.5 千克，回填土拌匀。

3. 种植方法

选取一年生苗木，生长健壮，根系发达，地径 0.6 厘米以上，无明显损伤，无病虫害。裸根苗木起苗后修剪过长主根，截干留高 15~20 厘米，用浓度 2%~3% 的钙镁磷肥拌黄泥浆蘸根，或加 30 毫克/千克的绿色植物生长调节剂（GGR）溶液调泥浆蘸根，然后竖立放置背风阴处。12 月至翌年 2 月，选择雨前、阴天栽植。在栽植穴位置，挖开表土，将苗木置于穴内，覆土后向上轻提苗木，使根系舒展，再逐层覆土压实，最后覆盖一层松土。

4. 田间管理

（1）及时补种

在种植后 7~10 天，加强巡查，发现死亡或缺株应及时补种。

（2）水肥管理

定植当年 7 月上旬，结合抚育追施复合肥，每株 50 克。以后每年 3 月中旬施尿素一次每株 50 克，7 月上旬施 45%（15：15：15）三元复合肥一次，每株 50 克，挖环形沟撒施。干旱时要灌溉以保持土壤湿润。多雨季节低洼地要挖排水沟排水，防积水。

（3）中耕除草

栽植后 3 年内，每年春、夏季中耕除草各 1 次，将砍除的杂草覆盖于树蔸处。或者采用防草地布覆盖树蔸控草。定植当年，结合除草进行 1 次培土壅蔸。

（4）病害防治

叶枯病　主要为害杜仲叶片，叶片上出现边缘褐色、中间灰白色的病斑。防治措施：发病初期喷施杀菌剂预防，交替用药，连喷 2~3 次，间隔期 7~10 天。

枝枯病　枝条皮层红褐色，皮下长出颗粒物，严重的枝条枯死。防治措施：发病初期喷施杀菌剂预防，交替用药，连喷 2~3 次，间隔期 7~10 天。

（5）虫害防治

刺蛾、蓑蛾　主要为害杜仲叶片，呈缺口或不规则形状，严重时仅剩叶脉。老熟幼虫在枝上的茧里越冬。5 月下旬至 6 月上旬化蛹，6 月上旬至 7 月中旬成虫发生，7 月中旬至 8 月下旬为幼虫发生期。防治措施：消灭越冬虫蛹；灯光诱杀成虫；释放赤眼蜂；选有机磷或菊酯类农药喷雾。

蚜虫　在嫩芽及叶片上吸食汁液为害，被害叶从边缘向背面纵卷，严重时全叶卷曲成筒状。防治措施：及时中耕除草；喷施新烟碱类杀虫剂或真菌杀虫剂。

5. 采收

一般在春末夏初采摘香椿幼芽或嫩叶作为蔬菜；采摘头茬后，根据生长情况，隔 15~20 天进行采摘；头茬椿芽香味浓郁，品质最佳。如作为药材，树皮、根皮和叶可常年采收，花则在 4—6 月花期采收，果实在秋季采收，采收后晒干即可。

6 月采收嫩叶，采叶量以 50% 为宜；10 月采收全部叶片。一年内采叶次数不宜超过 2 次。杜仲叶采集后，清除枯枝烂叶，晒干或 60℃以下烘干。制茶根据制茶工艺而定。

（三）功能主治

补肝肾，强筋骨。用于肝肾不足，头晕目眩，腰膝酸痛，筋骨痿软。

（四）药食考证

1. 药用考证

杜仲主要以树皮入药，嫩叶亦可药用。《神农本草经》记载：主腰脊痛，补中，益精气，坚筋骨，强志，除阴下痒湿，小便余沥，久服轻身耐老。《别录》记载：（主）脚中酸痛，不欲践地。《药性论》记载：治肾冷臀腰痛也，腰病人虚而身强直，风也。腰不利加而用之。《日华子本草》记载：治肾劳，腰脊挛。《医学入门》记载：治妇人胎脏不安，产后诸疾。

> 图 4 · 杜仲叶茶

2. 食用考证

宋代《本草图经》记载杜仲初生嫩叶时可采食，"采食，主风毒脚气，及久积风冷、肠痔、下血。亦宜干末作汤"。清代《广群芳谱》中再次阐述"杜仲嫩叶可食"。杜仲叶为《中华人民共和国药典》(2020 版) 品种，用量为 10~15 克。杜仲叶作为食品可适量食用，如杜仲叶绿茶、杜仲茶饮料、杜仲荞麦面、杜仲果冻、杜仲大酱等。

（五）食疗药膳方

1. 膳方制作方法

杜仲叶茶

杜仲叶 5 克，夏枯草 3 克。煮水，饮用；或用沸水泡服。

2. 食用注意

阴虚火旺者慎服。

（陈乾平）

五、淡竹叶

【种名】淡竹叶
【学名】*Lophatherum gracile* Brongn.
【别名】碎骨草、山鸡米、金竹叶、长竹叶、山冬
【科属】禾本科淡竹叶属
【药用部位】茎叶
【食用部位】茎叶

（一）生物学特性

1. 形态特征

多年生，具木质根头。须根中部膨大呈纺锤形小块根。秆直立，疏丛生，高40~80厘米，具5~6节。叶鞘平滑或外侧边缘具纤毛；叶舌质硬，褐色，背有糙毛；叶片披针形，具横脉，有时被柔毛或疣基小刺毛。圆锥花序分枝斜升或开展；小穗线状披针形，具极短柄；颖顶端钝，具5脉，边缘膜质；雄蕊2枚。颖果长椭圆形。花果期6—10月。

2. 生长习性

喜阴凉气候。宜选山坡林下及阴湿处栽培。以富含腐殖质的砂质壤土为宜。

3. 分布与生境

主产于中国的浙江、安徽、湖南、四川、

◁ 图1·植株 ◁

◁ 图 2 · 花 ◁

湖北、广东、江西等地,以浙江产量大、质量优,称杭竹叶。生于山坡林下或阴湿处。

(二)种植技术

1. 繁殖方法

种子繁殖,采用直播法。在 7—9 月,种子成熟时割取果穗,搓下种子,晒干、簸净贮藏备用。

2. 选地和整地

喜温暖阴湿环境,故宜选山沟、山坡或山林隐蔽处栽种。对土壤选择不严,但以肥沃、微酸性的砂质壤土及黏壤土生长较好。

3. 种植方法

于 3—4 月春播,在整平的林下地,按沟心距 25~30 厘米开横沟,播幅约 10 厘米,深 2~5 厘米。播前,种子用草木灰拌匀,播时先在沟里施有机肥,把种子灰均匀撒入,上覆盖一层薄细土。

4. 田间管理

(1) 及时补种

在种植后 7~10 天,加强巡查,发现死亡或缺株应及时补种。

(2) 水肥管理

苗高 3~6 厘米时追肥 1 次,以后在 7 月、10 月再进行中耕除草、追肥各 1 次,肥料以有机肥为主。

(3) 中耕除草

每年在春、秋季各中耕除草 1 次。

(4) 病害防治

白粉病 主要为害叶片,严重时在叶鞘、茎秆、穗部也能发生。可选用 20% 粉锈宁 2 000 倍液进行喷洒防治。

(5) 虫害防治

蝗虫 地栽的植株易遭蝗虫为害茎叶,可用 40% 菊杀乳油 2 000 倍至 3 000 倍液进行喷洒灭虫。

5. 采收

栽后 3~4 年开始采收。在 6—7 月将开花时,除留种以外,其余一律离地 2~5 厘米处割起地上部分,晒干,理顺扎成小把即成。但在晒时,不能间断,以免脱节;夜间不能露天堆放,以免黄叶。可连续收获数年。

(三)功能主治

清热,除烦,利尿。主治烦热口渴,口舌生疮,牙龈肿痛,小儿惊啼,小便赤涩,淋浊。

(四)药食考证

1. 药用考证

《滇南本草》记载:治肺热咳嗽,肺气上逆,治虚烦,发热不眠;退虚热,止烦热,煎点童便服。《本草纲目》记载:去烦热,利小便,清心。《生草药性备要》记载:凉心,消痰止渴,除上焦火,治白浊,退热,散痔疮毒,明眼目。《握灵本草》记载:去胃热。《玉楸药解》记载:祛湿,解热。《药性考》记载:散结。《本草再新》记载:(治)小儿痘毒,外症恶毒。《草木便方》记载:治烦热,咳喘,吐血。《现代实用中药》记载:为清凉解热利尿药,用于热病口渴,烦热不寐等症;又对于牙龈肿痛,口腔炎等有效。《湖南药物志》记载:生津止渴,治胃痛、喉痛、肺痨、感冒初起;预防麻疹、中暑。《广西民族药简编》记载:治感冒咳嗽,睾丸肿大,小儿麻疹初起咳嗽,肝炎。

2. 食用考证

淡竹叶为《中华人民共和国药典》(2020年版)品种,用量为6~10克。淡竹叶作为食品可适量食用,可做粥、茶等。

(五)食疗药膳方

1. 膳方制作方法

麦冬竹叶粥

麦冬10克,淡竹叶15克,粳米100克,红枣6枚。将麦冬、淡竹叶水煎取汁,入粳米、红枣共煮粥。

图3·麦冬竹叶粥

2. 食用注意

无实火、湿热者慎服,体虚有寒者禁服。

(陈乾平)

六、巴戟天

【种名】巴戟天

【学名】*Morinda officinalis* How.

【别名】巴戟、巴吉、鸡肠风、大巴戟

【科属】茜草科巴戟天属

【药用部位】根

【食用部位】根

（一）生物学特性

1. 形态特征

藤本；肉质根不定位肠状缢缩，根肉略紫红色，干后紫蓝色；嫩枝被长短不一粗毛，后脱落变粗糙，老枝无毛，具棱，棕色或蓝黑色。叶薄纸质，干后棕色，长圆形、卵状长圆形或倒卵状长圆形；叶柄下密被短粗毛。花序 3~7 伞形排列于枝顶；花序梗长 5~10 毫米，被短柔毛，基部常具卵形或线形总苞片；头状花序具花 4~10 朵；无花梗；花萼倒圆锥状，下部与邻近花萼合生；花冠白色，近钟状，稍肉质；雄蕊与花冠裂片同数，花丝极短，花药背着；花柱外伸，柱头长圆形或花柱内藏，柱头不膨大，2 等裂或 2 不等裂，每室胚珠 1 颗，着生于隔膜下部。聚花核果由多花或单花发育而成，熟时红色，扁球形或近球形；分核三棱形，外侧弯拱，被毛状物，内面具种子 1 枚，果柄极短；种子熟时黑色，略呈三棱形，无毛。花期 5—7 月，果熟期 10—11 月。

< 图 2 · 果实 <

< 图 1 · 叶 <

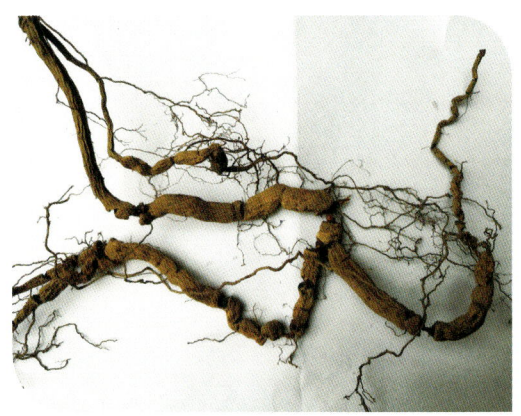

< 图 3 · 根 <

2. 生长习性

喜气候温热、光照充足、雨量充沛。年平均雨量在 1 200~1 800 毫米，年平均相对湿度在 80% 左右。

3. 分布与生境

产于福建、广东、海南、广西等省区（自治区）的热带和亚热带地区。生于山地疏、密林下和灌丛中，常攀于灌木或树干上，亦有引作家种。

（二）种植技术

1. 繁殖方法

选取 1~2 年生长苗壮、肉质根肥壮的植株作为母株藤茎。可采用组织培养、播种、扦插三种方式繁育种苗。

2. 选地和整地

土壤宜选择砂质壤土，土层厚度 ≥ 50 厘米，pH 4~6。平整土地后，每亩施腐熟农家肥或有机肥 2 000 千克，撒匀深翻。然后，按每垄的宽度 100 厘米左右，长度 10~12 米，垄沟宽、垄高均为 30 厘米起垄。

3. 种植方法

种植在春、夏、秋三季均可进行。种植密度 ≤ 20 万株每公顷。

4. 田间管理

（1）及时补种

在种植后 7~10 天，加强巡查，发现死亡或缺株应及时补种。

（2）水肥管理

定植后注意遮阴，如遇干旱天气时，应注意浇水，保持土壤湿润。如遇雨水天气应注意排水，防止积水。追肥施用复混肥，每次 750 千克/公顷。

（3）中耕除草

在苗期需结合实际情况，及时进行除草、松土，以杂草不掩盖种苗生长为准。在春末、夏季和秋季，至少除草 1 次，结合除草进行松土。

（4）病害防治

茎基腐病 长期阴雨潮湿的天气、土壤排水不良时容易发生。防治方法：加强田间排水管理，避免外伤。发病时用 1:3 的石灰及草木灰混合施于茎基部，或 600~800 倍代森锌稀释液，或 50% 托布津可湿性粉剂 1 500 倍稀释液喷施茎基及地面处理。

烟煤病 主要为害茎、叶、果，由蚜虫、粉虱、蚧壳虫等为害引起，发病后为害部位的表面发生褐黑色。防治方法：发现有蚜虫、蛤壳虫、粉虱等害虫为害时，应随时除虫。发病后可用 0.3~0.5 波美度石硫合剂或代森锌 800~1 000 倍稀释液喷洒。

轮纹病 主要为害叶片。此病在高温多湿、通风条件不良时发作，病株叶片穿孔，枯黄脱落。防治方法：在病发初期及早摘除病叶烧毁，或用 1:1:200 的波尔多液或代森锌 600~800 倍稀释液喷洒。

5. 采收

一般种植 5~7 年后可采收。全年均可采收，以秋冬采收较好。挖取根部，洗净泥土，除去须根，晒至六七成干，轻轻捶扁，将粗条者切成9~13厘米长的段,中细条者切成6~10厘米长的段,晒干。

(三)功能主治

具有补肾助阳,强筋壮骨,祛风除湿等功效。主治肾虚阳痿,遗精早泄,少腹冷痛,小便不禁,宫冷不孕,风寒湿痹,腰其酸软,风湿脚气。

(四)药食考证

1. 药用考证

巴戟天主要以根入药。《别录》记载:疗头面游风,小腹及阴中相引痛,下气,补五劳,益精利男子。《药性论》记载:治男子夜梦鬼交泄精,强阴,除头面中风,大风血癞,病人虚损,加而用之。《日华子本草》记载:安五脏,定心气,除一切风,治邪气,疗水肿。《本草纲目》记载:治脚气,去风痰,补血海。《本草备要》记载:强阴益精,治五劳七伤;辛温散风湿,治风气,脚气,水肿。《得宜本草》记载:功专温补元阳。《本草述钩元》记载:治中风,劳倦,虚劳肾气虚而恶寒眩晕,及虚逆咳喘(元阳虚者),腰痛,积聚,痹痿,不能食,消瘅,泄泻,淋浊,小便不禁,疝,并治目疾、耳聋。《本草求原》记载:化痰,消水肿,治酒人脚气,嗽喘。

2. 食用考证

巴戟天在古代泡酒用来保健比较多见。《神农本草经》谓其:"主大风邪气,阴痿不起,强筋骨,安五脏,补中,增志益气。"

(五)食疗药膳方

1. 膳方制作方法

巴戟天100克,怀牛膝100克,白酒1500克。

将以上两物同浸于白酒中,每日早晚服15~30毫升。温肾阳,健筋骨,祛风湿。适用于肾阳虚弱之阳痿不举、腰膝冷痛或风湿日久,累及肝肾,筋骨痿弱。

图4·巴戟天酒

2. 食用注意

火旺泄精、阴虚水乏、小便不利、口舌干燥,四者禁用巴戟天。

(陈乾平)

七、百合

百合

【种名】百合

【学名】百合 Lilium brownii F. E. Brown var. viridulum Baker、卷丹 Lilium lancifolium Thunb. 或细叶百合 Lilium pumilum DC. 的干燥肉质鳞叶

【别名】山百合、香水百合、天香百合、番韭、摩罗、百合蒜

【科属】百合科百合属

【药用部位】鳞茎

【食用部位】鳞茎、鲜花

（一）生物学特性

1. 形态特征

药典记载可入药百合为百合科植物百合、卷丹或细叶百合的干燥肉质鳞叶。

百合：鳞茎球形，直径2~4.5厘米。鳞片披针形，白色。植株高0.6~2米，茎上有紫色条纹。叶散生，披针形，无毛。花喇叭状，向外张开，不卷，单生或几朵排成伞形，乳白色，有香味。矩圆形蒴果。花期5—6月，果期9—10月。

卷丹：鳞茎宽球形，直径4~8厘米。鳞片宽卵形。植株高0.8~1.5米，茎上有紫色条纹，具白色棉柔毛。叶散生，矩圆状披针

图1·植株

图2·卷丹花

图 3·百合花

图 4·鳞茎

形或披针形先端有白毛,边缘有乳状突起,有条脉,上部叶腋有珠芽。花 5~6 朵或多,花瓣披针形,橙红色,反卷,上有紫黑色斑点。长卵形蒴果。花期 7—8 月,果期 9—10 月。

细叶百合：鳞茎圆锥形或卵形直径 2~3 厘米,鳞片长卵形或矩圆形,白色。植株高 0.15~0.6 米,茎上有紫色条纹。叶生于茎中部,长条形。花单生或总状花序,红色,下垂。花瓣反卷。矩圆形蒴果。花期 7—8 月,果期 9—10 月。

2. 生长习性

喜凉爽、温暖的半阴环境,生长于肥沃、土层深厚、富含腐殖质、排水性极为良好的微酸性至中性湿润土壤中,以砂壤土为好。

3. 分布与生境

分布在亚洲东部、北美洲等北半球温带地区,我国华东、华北、东北、西北等各地均有分布。路边、山林、灌丛、草甸上均能够生长。

(二) 种植技术

1. 繁殖方法

可用种子繁殖、组织培养、鳞片繁殖、球茎繁殖等,实际生产中主要以球茎繁殖为主。

将鳞片抱合紧密,色白,无损伤和无病虫害的小球茎在低温 5℃条件下冷藏处理 56 天以上,打破球茎的休眠后,即可种植。

2. 选地和整地

建议选择含腐殖质丰富、土层深厚且疏松、排水良好砂壤土,或郁闭度为 50% 的疏林或缓坡地。每亩施有机肥 2 000 千克,过磷酸钙 30 千克,撒均匀,耕 25~30 厘米深,有条件每亩用土壤消毒剂与耕地时拌匀消毒杀菌。然后起 130 厘米宽的畦。排水沟深 30~40 厘米。

3. 种植方法

一般在 9 月下旬至 10 月上旬种植。取种球茎用 2% 的福尔马林消毒 15 分钟或多菌灵浸种,取出晾干,备用。在畦面上挖株行距为25厘米×15厘米,深15厘米的沟,将种球放沟内,芽向上,盖上土,弄平畦面,再盖一层树叶或草,每亩用种球150~200千克。

4. 田间管理

(1) 摘蕾

在5—6月现蕾,除用于留种的,其他花蕾全部剪除,使养分流向鳞茎,促进鳞茎生长,利于增产。

(2) 施肥

第二年春季施肥一次,开沟施有机肥800千克,腐熟粪水1 000千克,和过磷酸钙20千克,避免肥与球茎接触。5月第二次施肥,同第一次,腐熟粪肥改为饼肥600千克。7月开花后再施一次,用肥同第一次。

(3) 中耕除草

根据需要及时进行除草、松土,浅耕除草,注意不要伤到鳞茎。

(4) 水的管理

植株怕涝,夏天高温多雨季节和大雨天,疏通排水沟,将雨水及时排出;若干旱时节,则灌水。

(5) 病害防治

叶斑病 主要为害百合叶片和茎。叶片出现圆斑,下陷,随病害发展,病斑变为褐色或黑色,叶片死亡。茎部则茎秆变细,最后腐烂倒苗。防治措施:合理密植,改善通风透光条件和排水,提高抗病能力;及时清除病枝、病叶,集中堆沤处理或烧毁,减少初次侵染来源。在发病前可喷新洁尔灭,发病初期喷100倍等量式波尔多液,或500倍65%代森锰锌溶液连续喷3~4次。每周喷1次。

炭疽病 主要为害植株叶片,由高温高湿引起。叶片出现黄褐色凹陷小斑,病斑变为褐色或黑色。防治措施:及时排灌,以降低湿度,改善通风条件,加强光照,清除病株,集中烧毁,减少初次侵染来源。同时喷洒可选用苯醚甲环唑+嘧菌酯、咪鲜胺、戊唑醇·肟菌酯等进行防治。

灰霉病 发病从叶尖开始,呈"V"形沿叶脉间向内扩展,黄褐色,病区交界分明。严重时,叶片枯死。茎受感染时,从侵染处腐烂折断。苗期受染时,则会造成生长点死亡。防治方法:合理密植,改善通风、透光和排水条件,提高抗病能力;及时清除病枝、病叶,集中堆沤处理或烧毁,以减少初次侵染来源。用咯菌腈+啶酰菌胺、嘧霉胺、咪鲜胺防治。

(6) 虫害防治

蚜虫 由高温高湿引起,主要为害百合叶片和茎干,吸食营养,致叶片枯黄。防治方法:定期喷洒蚜松剂1 500倍液,或用吡虫啉兑水后喷药治疗,一周喷一次,连续喷2~3次。

地老虎 主要为害百合花、地下鳞茎及根,吃掉根和鳞茎,损坏鳞茎,造成根腐死苗。防治方法:用敌敌畏500~600倍液浇灌根部;用90%晶体敌百虫1 000~1 200倍液喷雾,也可用菊酯类农药防治。

5. 采收

一般在定植第二年的立秋后,地上部分的茎叶全部枯萎,则地下鳞茎成熟,南方一般在7—8月。选择在晴天轻轻挖起,挖出后剪去茎和根,除净泥土,按球茎大小分开装，轻拿轻放，薄层摊开，晾干。

（三）功能主治

具有养阴润肺，止咳，补中益气，清心安神的功能。治疗阴虚燥咳，久咳肺痨、惊悸、失眠多梦、神志恍惚、咳喘痰血，脚气浮肿等。

（四）药食考证

1. 药用考证

始载于本草著作《神农本草经》中，味甘平，主邪气腹胀心痛，利大小便，补中益气。《神农本草经赞》记为味甘平，主邪气腹胀，心痛，利大小便，补中益气，除浮肿颅胀，通身疼痛，温肺止咳。《本草纲目》草部中记为甘，平，无毒；主治：邪气腹胀心痛，利大小便，补中益气。

2. 食用考证

始见于唐代的《食疗本草》：主心急黄，蒸过，蜜和食之，作粉尤佳。红花者名山丹，不堪食。宋代《本草图经》更为详细地记录了当时所使用药用百合的植物形态："春生苗，高数尺，秆粗如箭；四面有叶如鸡距，又似柳叶，青色，叶近茎微紫，茎端碧白；四五月开红白花，如石榴嘴而大；根如胡蒜重叠，生二三十瓣。二月、八月采根，曝干。人亦蒸食之，甚益气。"

（五）食疗药膳方

1. 膳方制作方法

蜜汁百合

百合 60 克，蜂蜜 30 克，放碗内拌匀，锅隔水蒸熟食用。百合、蜂蜜两者同用。适用于秋冬肺燥咳嗽咽干、肺结核咳嗽、痰中带血、老年人慢性支气管炎干咳及大便燥结等症。功效：滋润心肺，润肠通便。

图 5·蜜汁百合

2. 食用注意

一般人群都可以食用百合鳞片。食用时尽量选择新鲜和无虫迹的。百合性微寒，要注意：不适宜大量食用；患有风寒咳嗽、脾胃不佳、脾胃虚寒者不宜吃百合；不宜和羊肉、猪肉一起吃；大便稀溏者不宜。

（翟勇进）

八、菊花

【种名】菊花

【学名】*Chrysanthemum morifolium* Ramat.

【别名】鞠、秋菊

【科属】菊科菊属

【药用部位】干花

【食用部位】花

（一）生物学特性

1. 形态特征

草本。茎直立，分支或不分支，被柔毛，高60~150厘米。药材按产地和加工方法不同，分为"亳菊""贡菊""滁菊""怀菊""杭菊"等。

亳菊：花型呈倒圆筒形圆或锥形，直径1.5~3厘米，离散。总苞片3~4层碟状，草质，黄绿色或褐绿色，外被柔毛。外围舌状花数层，类白色，向上，上有黄色腺点；位于中央的两性管状花，多数，黄色。瘦果，不发育。清香，微苦。

贡菊：花呈扁圆形或不规则圆形，直径1.5~2.5厘米。舌状花类白色或白色，斜向上，上部反折。

滁菊：花型圆形或扁圆形，直径1.5~2.5厘米。类白色舌状花，扭曲，内卷；管状花隐藏。

怀菊：花呈扁圆形或不规则圆形，直径1.5~2.5厘米。多为舌状花，白色或黄色，内卷，扭曲，边缘皱缩；管状花隐藏。

杭菊：花呈扁圆形或碟形，直径2.5~4

图1·植株

图2·植株

图 3·花

图 4·花

厘米，常数个成片相连。舌状花黄色或类白色，平展或微折叠，相互粘连，无腺点；管状花外露。

2. 生长习性

短日照植物，喜光，喜肥，忌荫蔽，怕涝，耐旱。种植土层深厚、富含腐殖质、疏松肥沃而排水良好的砂壤土。

3. 分布与生境

我国大部分地区有分布。生于原野、山坡和路旁。

（二）种植技术

1. 繁殖方法

可播种繁殖、扦插繁殖和分株繁殖，实际生产中主要以扦插和分株繁殖为主。

扦插：每年 4—5 月，选择新枝无病害、粗壮的中段，剪成 10~15 厘米，浸泡激素后将插条插入准备好的育苗袋中，压实浇水，15 天左右即可发根。

分株：每年 11 月末花凋谢以后，沿地面将菊花茎割除，挖出，重新种植在一块新地中，盖一层杂肥。次年 3—4 月扒开杂肥，浇水，当菊花苗长至 15 厘米高时，挖出植株，分成几株，重新种植。

2. 选地和整地

育苗地：选择地势平坦、疏松肥沃、土层深厚和能灌溉。上年秋冬季进行深耕，使土壤风化。次年春季亩施基肥 4 000~5 000 千克有机肥或厩肥，浅耕，与土壤混匀，除杂，耙平。起高 20 厘米、宽 1~1.5 米、长随地形而定的畦，开宽 30 厘米、深 40 厘米排水沟。

种植地：宜选光照足、地势高、土质疏

松、排水良好的砂质壤土为种植地。栽培前，深耕，每亩施基肥2 500千克，与土壤混匀，耙平。起高25~30厘米，宽1~1.2米的畦，长度小于30米。开排水沟宽30厘米，深40厘米，利于排水。

3. 种植方法

南方冬季和早春供应切花，独株栽培。每畦种4行，行距25厘米，株距6厘米。当菊花生长到30厘米时，用12平方厘米×12平方厘米的塑料网，对主株采用张网固定，促使枝条分布均匀。排水沟做到平时能蓄水，下雨及时排出。切花植株生长旺盛，需肥大，应施长效性肥，促进根系生长。忌连作。

4. 田间管理

（1）施肥

当幼苗成活后，每亩施淡粪水1 000千克左右或尿素1千克；植株分株时每亩施粪水1 500~2 000千克，促苗生长，多长花枝；现蕾时，再施1次粪水1 500~2 000千克或尿素15千克及磷酸二氢钙25~30千克，促进开花。

（2）中耕除草

及时松土除草。每2个月除草1次，松土3~4厘米深，避免伤根。

（3）打顶

当菊花分枝长10~14厘米时，晴天，用枝剪剪去顶梢1~2厘米。随后在夏至、小暑、立秋三季节各打顶1次。

（4）搭架

当菊花的茎高且多时，可搭架，用支架固定菊茎秆，使菊茎内通风和不倒枝条，促使菊花开花大而多。

（5）病害防治

白粉病　主要为害菊花叶片。防治措施：及时整枝打叶，改善通风透光性；调节土壤湿度；去除患病部位；停施氮肥，多施磷钾肥。初期喷50%退菌特可湿性粉剂1 000毫克/升、36%甲基硫菌灵悬浮剂2 000微升/升、20%三唑酮乳油667微升/升，40%达科宁悬浮剂1 430~1 667微升/升，隔7~10天喷施1次，连续防治2~3次。

黑斑病　为害植株叶片。叶片出现圆形黑色小点，边缘深褐色，分界明显，严重病斑合成大斑。防治措施：初期交替喷施200倍波尔多液，或1 250毫克/升的80%敌菌丹可湿性粉剂，浓度为1 667毫克/升的20%富士可湿性粉剂等。每7~15天喷施1次，连喷3~4次。

（6）虫害防治

潜叶蝇　幼虫吃叶肉、吸叶汁，造成叶片留许多白点甚至枯萎，影响其光合作用和生长。防治方法：清除发病植株，予以烧毁。在早期叶片有虫迹时，及时喷施300倍液园科3号或1 500倍液杀螟松。每8~10天喷1次，连续3次。

菊长管蚜　吸食叶片和茎干的汁，春天为害植株发芽和长叶，使新芽抽不出，茎长不长和叶片长不大，影响植株生长。秋季聚集在花梗和花蕾，不能长出开花，影响花的品质和产量。防治措施：春天喷施1 000倍液50%辟蚜雾，2 000倍液20%杀灭菊酯。5天喷1次，交替使用。

5. 采收

分批采收，当三分之二的花蕾开放，花瓣平直、花瓣洁白色或由黄转白而花心略带黄时可采收。采收时注意不要在早上和花有水。第一次采花后5天进行第二次采花，2天后进行第三次采花，一般第一次、第二次和第三次采花量分别是总量的50%、30%和20%。花采收后，不要堆积，应立即加工。

杭白菊加工：以笼蒸为主，将菊花放笼内，最多4层，笼内温度保持90℃，蒸4~5分钟，取出放竹席上晒3天，其间翻一次，然后放房间晾干，7天后收起。

贡菊加工：采收放烘房内，摊在竹席上，用无烟木炭烘，保持温度在用40~50℃，九成干时，降温至30~40℃，直至花色呈现出象牙白时，取出，放室内通风干燥处阴干。

（三）功能主治

味甘，苦，性微寒。归肺、肝经。具有散风清热，平肝明目，清热解毒。用于风热感冒，头痛眩晕，目赤肿痛，眼目昏花，疮痈肿毒。

（四）药食考证

1. 药用考证

菊花主要以干花入药。载于《神农本草经》，列为上品，又称为节华。味甘平，主治风头眩肿痛，目欲脱，泪出，皮肤死肌，恶风湿痹。《本草求真》曰"甘菊专入肝、肺、肾。其味辛，故能祛风而明目；其味甘，故能保肺以滋水；其味苦，故能解热以除烦。"明代《本草乘雅半偈》描述药用菊花"性之不媚者则耐久。更生延年，名实相副"。

2. 食用考证

据《食疗本草》载山楂菊花茶，用山楂（拍碎）、菊花和荷叶各10克。将各药材放入保温罐中，冲入适量的沸水浸泡，闷泡15分钟，然后当茶饮，一天内喝完。功效：减肥降脂。《寿世青编·病后调理服食法》记"蜀人多种菊，以苗可以菜，花可以药，园圃悉能植之"。

（五）食疗药膳方

1. 膳方制作方法

山楂菊花茶

将几片山楂片、几朵菊花、几颗白冰糖放入碗中备用，用小锅加少量水，加热，水烧开后，将碗中材料倒入小锅中，煮3分钟，盖上锅盖再焖3分钟后，倒入小杯，放晾后即喝。功效：降火开胃。

图5·山楂菊花茶

2. 食用注意

菊花属寒性，阴阳两虚者则不宜用寒凉的菊花，同时痰湿型、血瘀型高血压病患者也不宜用菊花。

（翟勇进）

九、牛大力

牛大力

- 【种名】美丽崖豆藤
- 【学名】*Millettia speciosa* Champ.
- 【别名】大力薯、牛牯大力、山莲藕
- 【科属】豆科崖豆藤属
- 【药用部位】根
- 【食用部位】膨大根

（一）生物学特性

1. 形态特征

藤状。皮褐色。小枝圆柱形，初被褐色绒毛，后渐脱落。叶互生，羽状复叶全缘，边缘略反卷。总状花序腋生，聚集枝梢成大花序，成长尾状。荚果扁平线形，长10~30厘米，宽1~2厘米，顶端狭尖，具喙，被锈色绒毛，果瓣木质。种子卵圆形或略扁。花期6—11月，果期12月至次年2月。

2. 生长习性

喜温，幼苗需适当遮阴，成年喜光。适合年均日照时数1 500~2 000小时，年均降雨量1 200~2 400毫米的热带亚热带季风气候区。

3. 分布与生境

国内分布于广东、海南、广西、福建、湖南、贵州、云南等省区（自治区），国外如越南也有分布。生于海拔低于1 500米以下的山谷、路旁、疏林及灌木丛中。

图1·植株

图2·幼苗

图 3 · 花

图 4 · 膨大根

（二）种植技术

1. 繁殖方法

种子繁殖和扦插繁殖，生产中主要以当年后成熟种子繁殖为主。

用 50% 多菌灵可湿性粉剂 500 倍液 +9.1% 碘·恶唑菌酮（碘 3.6%，恶唑菌酮 5%）500 倍液浸泡消毒 5 分钟。再用自来水浸泡 6 小时后，在装满黄土育苗杯表面放一粒种子，并以薄土盖住种子，浇足水，起拱棚，高约 60 厘米，用塑料薄膜盖住，控制温度，到 3 月中旬至 4 月初去膜，当苗高 10 厘米，有 3 片以上真叶时移栽。

2. 选地和整地

（1）育苗地

苗床选择：远离污染源、阳光充足、排

图 5 · 果荚

灌方便，坡度小于15°的丘陵缓坡地或平地，pH 5.5~7.5的红黄壤土或微酸性的砂壤土。按1米宽的标准将苗床整平，长度根据场地具体条件决定。

苗床消毒：可选择30%恶霉灵1 000倍液、95%敌克松300倍液或甲基托布津1 000倍液等杀菌剂喷洒苗床消毒，15天后再进行播种。

种植袋选择：选择直径3~5厘米，长12~20厘米的营养杯袋装透气、透水的新鲜红黄壤土或微酸性的砂壤土，装好杯，横行按20~30杯袋排列，纵行依次排列，长度视育苗地的实际情况定。

（2）种植地

日照时间长，阳光充足，有水源的山坡地和丘林地。土层宜为深厚、疏松、湿润、肥沃、排水良好的砂壤土、黄壤土和黑土种植。忌平地、低洼积水地种植。种植地块准备：钩机深翻曝晒，按深1米，高20~25厘米，宽1.0~1.5米起垄。施足基肥，每亩用磷肥200~250千克，腐熟有机肥1 500~2 000千克。

选择肥沃的山地种植，先将杂草和基地杂树清除，按株间距5米，行间距7米开穴，每穴长、宽、高均为60厘米，施有机肥5千克、过磷酸钙2千克、尿素1千克，与土充分拌匀。

3. 种植方法

选择土层深厚，有机质含量丰富，pH 5.5~7.5的红黄壤土或微酸性的砂壤土，坡度小于15°的丘陵缓坡地或平地。全垦、翻晒20~30天，除草，清理干净后碎土起畦备用。

每亩撒腐熟粉碎的农家肥2 000千克、磷肥200千克，畦宽1.5~1.8米、高30~40厘米，畦长视地形而定，畦上覆盖1.2~1.5米黑色无纺布，开挖排水沟，防积水。

4. 田间管理

（1）中耕除草

牛大力幼苗期生长慢，藤蔓少，株间容易生长杂草。因此，提倡高畦地膜种植，能有效防止水土流失，降低除草成本，促进植株生长。种植当年6—9月根据需要除草；第二年植株长大后，可用除草剂除草，注意不要将除草剂喷到牛大力叶片上；不铺地膜的种植地块，每年根据实际需要及时人工除草。

（2）追肥

牛大力为多年生根类药用植物，种植三个月后，在距植株20~30厘米开挖浅沟，每株施有机肥2.5~5.0千克、复合肥100克，以后每年修剪后沟施1~2次复合肥，每株施150~300克。

（3）修剪

第一年种好的牛大力苗，自然生长，注意每株用杆或枝条引导向上生长，上架第二年3月底，进行修剪，将离地30厘米以上的茎全部剪掉。

从第三年开始，按留壮去弱、留上去下、留疏去密的原则，剪去病、弱和过多的枝条，促进养分供应根部生长。一年修剪2次，以3—4月修剪1次为宜。控制株高在1.5米左右，整株呈伞形。

（4）搭架

从第一年开始，给牛大力植株搭1.8~2.0

米高的棚架，可用水泥杆、竹竿或木杆支撑，引蔓上架，形成新枝向上长，老枝下垂的树冠型，增加植物光合作用，促进生长。

（5）病害防治

叶斑病与炭疽病的防治 在高温多雨阴湿条件下少量发生，但严重时引起叶片变黄掉落。防治方法：用50%多菌灵粉剂+80%代森锌各600倍液喷酒即可。

线虫病和根腐病防治 主要是在高温多雨季节发生，影响植株正常生长，甚至死亡。防治方法：定期扒开表土观察根部是否有线虫或根腐病的为害，如出现则用淡紫拟青霉、阿罗蒜兹等生物杀线虫剂兑水淋蔸或土施防治线虫；用金吉尔灭萎等杀菌剂防治根腐病。

（6）虫害防治

蚜虫的防治 苗期啃食叶片和幼苗嫩茎，严重时整块地幼苗被啃光。防治方法：20%福戈8克每亩、全园1.8%阿维菌素3 000倍液、BT杀虫剂800倍液（每亩用40克兑水75~80千克）进行防治；放入瓢虫等天敌；利用糖醋液诱杀蚜虫，酒、水、糖、醋按1∶2∶3∶4配好，放入上端开口的容器内，傍晚放于蚜虫大量发生的地点，进行诱杀。

5. 采收

种植5年以后，采挖时间一般在每年12月至次年3月。去掉地上部分枝叶，用小型挖掘机或人工整株挖起，注意不要挖伤、挖断膨大根。食用，将挖出的牛大力块根抖去泥土，剪去须根，尽快运到阴凉处避免脱水。药用，将挖出的牛大力块根洗去泥土，切成0.5~1厘米的薄斜片，摊放在阳光下曝晒，晒至足干。

（三）功能主治

干燥根入药，性平味甘。有补虚润肺，强筋活络作用。用于病后虚弱，阴虚咳嗽，腰肌劳损，风湿痹痛，遗精，白带，肺结核，慢性支气管炎，慢性肝炎。

（四）药食考证

1. 药用考证

《中国植物志》记载：根含淀粉甚丰富，可酿酒，又可入药，有通径活络，补虚润肺和健脾的功能。《生草药性备要》记：味甜，性平，壮筋骨，解热毒，理内伤，治跌打。《岭南采药录》别名牛大力、扮山虎，从化多出产。味甘、性平、壮筋骨，解热，理内伤，治跌打。以之浸酒，滋肾。《陆川本草》载该药"味苦，性寒"，能"清肺，止咳，止衄，清凉解毒。主治痢疾，咳血，温病身热口渴，头昏脑胀"。

2. 食用考证

《生草药性备要》文中记载的牛大力，其名大力牛，浸酒壮肾。《岭南采药录》文中记载：子有红白二种，味甘、性温、无毒。止咳化痰，润肺滋肾，宜和猪精肉煎汤饮之，又和童尿姜水黄酒盐水十蒸服之。

（五）食疗药膳方

1. 膳方制作方法

牛大力五指毛桃汤

鲜牛大力150克，五指毛桃50克，无花果3枚，瘦肉250克，调味适量。功效：

图6·牛大力五指毛桃汤

图7·牛大力枸杞炖鸡汤

润肺、止咳、强筋活络。

牛大力枸杞炖鸡汤

半只老母鸡、牛大力150克,以及适量的枸杞。

将所有材料放入锅中熬制3小时后加入适量调味料即可。功效：养肾补虚、强筋活络、平肝润肺。

2. 食用注意

尚未明确，儿童和孕妇应禁止使用。

（翟勇进）

十、铁皮石斛

铁皮石斛

【种名】铁皮石斛

【学名】*Dendrobium officinale* Kimura et Migo

【别名】还魂草、不死草、吊兰

【科属】兰科石斛属

【药用部位】假鳞茎

【食用部位】假鳞茎

（一）生物学特性

1. 形态特征

根生长在节处，根尖呈浅绿色，无毛。茎直立，肉质，扁圆或圆柱状，长5~60厘米，粗0.5~1.3厘米，不分枝，多节，长1.3~4厘米，节上有残存的叶鞘。叶品膜质，长圆形或长披针形，长3~11厘米，宽0.9~4厘米。总状花序生于有叶或无叶茎的上部或中部，1~4朵花，花瓣白色、紫色、黄色等，有花梗和长子房。花期3—5月，秋石斛花期9—10月，蒴果。

2. 生长习性

喜温，喜在温暖、潮湿、散射光为主的环境中生长，以年降雨量1000毫米以上、空气湿度大于80%的亚热带森林中。

3. 分布与生境

分布于东南亚；在中国分布于广西、四川、云南、贵州、浙江、福建、广东部分地区。生于深山老林的树干上，也有生长在石缝中或岩石上。

（二）种植技术

1. 繁殖方法

可用种子组培繁殖和分株繁殖，实际生产中主要以分株繁殖为主。从2年生、无病虫害、健壮的每株中选2~3条茎，剪去老根，于12月份或次年2—3月绑在树上或岩石上，

图1·植株

图2·幼芽

图3·花

图4·果实

固定即可。

2. 选地和整地

建议选择适于石斛生长的环境作为种植地。在散射光丰富的森林中选择壳斗科植物或树皮厚的活的杂木，树干的直径大于15厘米，清除地上杂草。

选择散射光丰富，有苔藓植物的岩石，清除岩石周边的杂草。

3. 种植方法

剪好根、待种植的石斛茎用50%多菌灵1 000倍液消毒后备用。

树木：先用50%多菌灵1 000倍液消毒树干几次后备用。将2~3条石斛茎用棉绳或布条捆在一起，紧贴树干，剪短的根部紧贴树皮，一般株距20厘米，行距根据树木的实际情况，一般大于成年石斛茎的长度。

岩石：先用50%多菌灵1 000倍液消毒待种植的岩石表面几次后备用。将剪去老根的石斛根兜插入苔藓植物中，以风吹不掉为宜。或用固定夹将石斛根兜部位固定在岩石表面，株距在60厘米×60厘米。种植后，即喷雾定根水，保证石斛根部水分和空气湿度。

4. 田间管理

（1）及时补种

在种植后7~10天，加强巡查，发现死亡或缺株应及时补种。

（2）水肥管理

石斛为草本植物，湿度是石斛生长重中之重，每天用喷雾方式保持环境中的水分含量达到90%以上，以叶面肥喷施为主，可以加在水中以喷雾的方式给石斛施肥，石斛的叶片上下面均要喷湿。

（3）病害防治

软腐病 高温高湿的季节容易发生，主要为害石斛叶片和枝条。从植株的伤口、虫啃食的伤口、叶裂处感染，开始病害处呈暗绿色水浸状，然后快速变褐色软化腐烂，发出特殊的臭味。防治措施：合理密植，改善通风、透光和排水条件，提高抗病能力；及时清除病枝、病叶，集中堆沤处理或烧毁。做好防治工作，用1 000倍代森锰锌溶液与2 000倍农用链霉素溶液混匀，喷洒植株和种植机质，其次用1 000倍甲基布托津溶液喷施，也可用1 000倍科博溶液，三种方法交叉使用，一周1次，直到控制。

炭疽病 高温高湿引起，为害石斛叶片。叶片出现黄褐色凹陷小斑，逐渐扩大为圆形，叶尖病灶可延伸使叶片分段死亡。1—5月均有发生，依靠浇水、风和雨水传播孢子，植株伤口感染，或植株交叉感染。防治措施：及时排灌，以降低湿度，改善通风条件，加强光照，清除病株，集中烧毁，减少初次侵染来源。同时喷洒25%碳特灵可湿性粉剂500倍液，75%甲基托布津1 000倍溶液，80%的炭疽福美可湿性粉剂800倍溶液喷洒防治，交替使用，每隔7天喷1次，直到控制病情。

（4）虫害防治

蜗牛 专食性害虫，为害石斛的枝干和叶。幼树主干和叶被害常致整株死亡。该虫每年4—5月产卵于草根、土缝隙、枯叶或基质中，一个成虫可产卵50~300粒，6—9月活动旺盛。防治措施：排水，降低土壤中的水分。除草，破坏蜗牛的栖息场所。春末夏初翻土，晒太阳，杀死虫卵。在种植基地的地块边撒生石灰。虫害发生后需化学防治，用5%的密达杀螺颗粒剂0.5~0.6千克，或10%的蜗牛敌颗粒0.6~1.0千克，或8%灭蜗灵颗粒剂0.6~1.0千克，于傍晚均匀撒施于基地土面。

斜纹夜蛾 是暴食性和杂食性害虫，一般在7—9月发生，白天一般躲在基质中，夜间则爬出咀嚼式取食，为害铁皮石斛茎和叶片，石斛茎或新芽被啃出缺口。防治措施：清洁田园，残枝落叶带出种植基地。勤中耕除草，减少产卵场所，人工捉虫和不种植斜纹夜蛾喜欢的作物。虫害发生后，需用90%晶体敌百虫1 000~1 200倍液喷雾，也可用菊酯类农药防治；10%的吡虫啉2 500倍液；菜虫净1 500倍溶液在傍晚喷施。

5. 采收

在清明前后采摘石斛的营养价值最好；一般生长期超3~5年，用消过毒的干净剪刀，从石斛根部往上两节处剪断，采摘后将石斛枝条成捆捆好，带回工厂加工。鲜条可直接销售。茎晒干或烘软，再边搓边烘晒，至叶鞘搓净，干燥，加工成石斛干条或枫斗。

（三）功能主治

石斛性微寒，味甘。具有益胃生津，滋阴清热。用于热病津伤，口干烦渴，胃阴不足，食少干呕，病后虚热不退，阴虚火旺，骨蒸劳热，目暗不明，筋骨痿软，增强免疫力，消除声带疲劳，抑制癌细胞，降低血压和血糖，抗衰老。

(四)药食考证

1. 药用考证

石斛主要以新鲜或干燥茎入药。《神农本草经》有记载,且被列为上品,"味甘平。主伤中;除痹,下气,强阴,补五脏,虚劳羸瘦。久服利肠胃,轻身延年"。《本草经集注》则说"久服浓肠胃,延年,轻身"。明《本草蒙筌》载:味甘,性平。无毒。益精强阴,定志除惊。补虚,壮筋骨,驱冷痹,健膝。逐皮外邪热,除胃中虚火。浓肠胃,长肌肉,轻身,下气。《本草纲目》载:味甘、性淡、微咸。治发热、自汗、痛疽、排脓内塞。

2. 食用考证

《本草纲目拾遗》记载,以石斛代茶,可清胃火,除虚热,生津液,润咽喉。《神农本草经疏》提出"夏月一味酒蒸,泡汤代茶,顿健足力"。

(五)食疗药膳方

1. 膳方制作方法

石斛酒

500克高度粮食白酒放入适量的石斛枫斗、干品麦冬和枸杞,浸泡两周以上即可饮

< 图 5·石斛酒 <

用,每天20~30毫升,可滋阴,生津。

2. 食用注意

怀孕的女性或处于发育期的青少年,以及年龄较小的婴幼儿,都禁止食用石斛;石斛具有一定的助湿功效,患温热疾病者,过量服用石斛易引起腹泻、惊厥、血压降低等不良反应。新鲜铁皮石斛助阴敛邪气,感冒初期禁用,胃寒者易伤阳气。

(翟勇进)

十一、灵芝

【种名】灵芝

【学名】*Ganoderma lucidum* (Leyss. ex Fr.) Karst.

【别名】灵芝草、木灵芝、椿瑞草、菌灵芝、芝草、神芝

【科属】多孔菌科灵芝属

【药用部位】干燥子实体

【食用部位】子实体、孢子

（一）生物学特性

1. 形态特征

包含赤芝或紫芝。

赤芝：外形伞状，菌盖近圆形、半圆形或肾形，直径8~18厘米，厚2厘米左右。皮壳褐色至红褐色，坚硬有光泽，具辐射状皱纹和环状棱纹，边缘稍内卷。肉白色至淡棕色。菌柄圆柱形，侧生，直立或弯曲，长少于15厘米，直径1~2.5厘米，光亮，褐色至紫褐色。

紫芝：壳紫黑色，呈漆样光泽。肉呈锈褐色。

2. 生长习性

一般生长在湿度大，通风，有散射光，肥沃、疏松、透气性比较好的厚重土壤，树木较稀疏的地方或者空旷地带，子实体适宜生长温度在20~28℃，湿度为80%~90%，pH 4.5~5.2，生长周期8~10个月。

图1·子实体

图2·菌丝培养

图3·子实体培养

< **图 4·竹林下仿野生种植** <

3. 分布与生境

赤芝分布于华北、华东、华中、华南和西南地区，广西各地均有野生分布；紫芝分布于西南和华南。生于阔叶林、杂木林或疏林中，常见于腐树或者树木的树杆或木桩根部。

（二）种植技术

1. 繁殖方法

孢子繁殖，先进行有性繁殖，然后无性繁殖。有性繁殖为两个性别不同孢子萌发生成初生菌丝，再相互间结合，形成母种。培养基灭菌 30 分钟，冷却，无菌条件下接入母种，放入 25℃培养箱中培养，当菌丝长满培养基表面后，即可接到消毒好的菌棒两端上。接好后菌棒放入发菌室堆成长度为 1.2~1.5 米，具体根据发菌室长度而定，进行发菌。

2. 选地和整地

选择交通相对方便，透光率仅为 20%~40% 的常绿阔叶、针叶落叶混交林或落叶阔叶林。

在森林树木的空隙处沿山坡的方向，横向挖出长 110 厘米、宽 37 厘米、深 40 厘米的菌棒坑，根据森林的土壤情况，2~3 个坑为一组，每组之间隔 50 厘米作为走道。

3. 种植方法

将发好菌，无污染、菌丝褐色的菌棒脱去外面塑料袋后埋入菌棒坑中，每个菌棒坑放 3 棒，棒纵向间隔 45 厘米，周围填入腐殖土压实，覆盖树叶。

4. 田间管理

（1）疏蕾

在出灵芝季节，要不时查看灵芝蕾的出土情况，若灵芝蕾密集，影响相互生长时，必须疏去部分灵芝蕾，一般每个菌棒留 2~3 个灵芝蕾，使留下的灵芝蕾生长更好。

（2）防畜、防杂

森林中野兽较多，防踩踏为林下种植灵芝的重中之重，可将塑料网或钢丝网沿种植灵芝的山下围起来。

（3）病害防治

木霉菌 木霉菌适应性强，生长速度快，不仅争夺灵芝的营养，还会分泌毒素破坏灵芝菌丝的细胞质，抑制灵芝菌丝的生长，严重影响着灵芝的产量和质量。防治措施：选择抗杂性好、菌丝生长势强的灵芝品种；不能使用腐败霉变的培养基质；若发现料面有绿色木霉污染，可采用撒生石灰粉或浇 5% 石灰水 2~3 次。

（4）虫害防治

黑翅土白蚁 防治办法是诱捕。每亩挖 4~6 个长、宽为 60 厘米、深 40 厘米的土坑，坑内放置用事先准备的 2% 红糖水浸泡的树叶、树枝、稻草、果皮引诱白蚁，10~15 天检查一次，若有大量白蚁，应立即清理坑缘杂草后火烧。

5. 采收

当灵芝的子实体完全展开，颜色变深且未喷发孢子粉时，即可采收。用剪刀贴灵芝的基部剪断，除去泥土等杂质。一年可收 1~2 次。采回的灵芝子实体立即晒干或烘干。

（三）功能主治

灵芝味甘，性平。归心、肺、肝、肾经。具有补气安神，止咳平喘的功效。用于心神不宁，失眠心悸，肺虚咳喘，虚劳短气，不思饮食。

（四）药食考证

1. 药用考证

《神农本草经》中记载赤芝味苦、平，主胸中结，益心气，补中，增慧智，不忘。久食，轻身不老，延年。紫芝味甘温，主耳聋，利关节，保神，益精气，坚筋骨，好颜色。久服，轻身不老延年。《本草纲目》记赤芝具解胸胃郁结，补中益气的功效，使人神志清明；紫芝具益精气，坚筋骨，利关节，疗虚劳功效。《名医别录》上品卷一记载赤芝，味苦平，主胸中结，益心气，增智慧，久食轻身不老，利关节，保神谷。

2. 食用考证

《列子·汤问》记载：煮百沸，其味清芳，饮之目明、脑清、心静、肾坚、其宝物也。《神农本草经》载灵芝有益心气、安精魂、补肝益气、好颜色、久食可轻身不老，延年益寿的功效。主养命以应天，无毒，多服、久服不伤人。《本草纲目》菜部卷二十七亦有"四皓采芝而心逸，食芝而长寿"的说法。

（五）食疗药膳方

1. 膳方制作方法

灵芝百合瘦肉汤

灵芝 6 克，百合 30 克，瘦肉 200 克。安神健脾，清肺燥止干咳，凡阴虚咳嗽或肺结核患者，可常服。

灵芝煲鸡汤

鸡肉 100 克，灵芝 9 克，红枣 20 克，食盐适量，葱适量。

将灵芝、鸡肉、红枣洗净，放入瓦锅内，加清水适量，武火煮沸后，文火煮沸至鸡肉烂熟为度，加食盐调味即可。

2. 食用注意

一般人群均可食用灵芝。但需注意：①实证患者忌用。比如热入营血所导致的发热等，否则会加重病情。②不宜大量使用。灵芝滋补效果强，长期、大量食用可能导致体虚不受，甚至副作用。③不能和松花蛋一起吃。松花蛋有分解灵芝成分的作用，降低灵芝的药效。

图 5 · 灵芝百合瘦肉汤

图 6 · 灵芝煲鸡汤

（翟勇进）

十二、土茯苓

土茯苓

- 【种名】光叶菝葜
- 【学名】*Smilax glabra* Roxb.
- 【别名】冷饭团、硬板头、红土苓、山竹粪、毛尾薯
- 【科属】百合科菝葜属
- 【药用部位】根状茎
- 【食用部位】根状茎

（一）生物学特性

1. 形态特征

攀援灌木。根状茎粗厚，块状，常由匍匐茎相连接。茎、枝光滑，无刺。叶薄革质，狭椭圆状披针形至狭卵状披针形，背面绿色，偶带苍白色；叶柄长 5~20 毫米，具狭鞘，有卷须，脱落点位于近顶端。伞形花序通常具 10 余朵花；总花梗通常短于叶柄；在总花梗与叶柄之间有一芽；花绿白色，六棱状球形；雄花外花被片近扁圆形，兜状，背面中央具纵槽；内花被片近圆形，边缘有不规则的齿；雄蕊靠合，与内花被片近等长，花丝极短；雌花外形与雄花相似，但内花被片边缘无齿，具 3 枚退化雄蕊。浆果，熟时紫黑色，具粉霜。花期 7—11 月，果期 11 月至次年 4 月。

2. 生长习性

喜温暖、湿润气候，耐干旱和荫蔽。砂质壤土或黏壤土均能生长，pH 6.0~7.0，富

图 1·植株

图 2·幼苗

< 图3·果实 <

< 图4·根茎 <

< 图5·药材 <

含有机质的土壤中生长良好。

3. 分布与生境

产甘肃（南部）和长江流域以南各省区（自治区），包括广东、广西、云南、湖南、浙江、四川、安徽直到台湾、海南。国外越南、泰国和印度也有分布。生于海拔1 800米以下的林中、灌丛下、河岸或山谷中，也见于林缘与疏林中。

（二）种植技术

1. 繁殖方法

繁殖方式有根茎分株和种子繁殖，生产中以种子繁殖为主。于11月至来年3月，当果实颜色变成黑褐色时采收，置阴凉处堆沤，待种皮腐烂后洗出种子。播种于有荫蔽度为60%~80%的沙床中，保湿培养。出苗后，移栽到育苗杯中培育。

育苗以土质疏松，pH 6.0~7.0的砂质壤土作基质，在荫蔽度为60%~80%、排灌良好的环境下，为起畦高10厘米，宽100~110厘米，长8~10米的苗床，将已种植有小苗的育苗杯整齐摆放在苗床上。保湿培养，当苗高8~12厘米时，出圃移栽。

2. 选地和整地

选择荫蔽度为30%~60%的稀疏林下或山谷，土质疏松，湿润，排水良好，土层深度大于30厘米，pH 6.0~7.0的砂质壤土地块作种植地。秋冬季节进行开垦，深翻30~50厘米，晾晒。种植前，耙碎、耙平。可起宽60~70厘米、高30~40厘米、长8~10米的单畦，也可起畦宽1.0~1.1米、高30~40厘米的畦，以双行种植。每一亩施腐熟的农家肥约2 000千克，整地时，将基肥放于畦中间，条施与土拌匀，覆盖表土。

3. 种植方法

宜选在3—5月的阴雨天或晴天的下午进行，依地形地势，单畦单行种植，株距30~35厘米；宽畦双行种植，株距40~50厘米，行距70~90厘米。每亩种植约2 000株。

4. 田间管理

（1）及时补种

在种植后7~10天，发现死亡或缺株时，要及时补种。

（2）覆盖干草

种植后，及时覆盖稻草或干草，提高土壤湿润度。

（3）水肥管理

在苗期满足其水分的正常需求，保持土壤湿润；在多雨季节，需及时排涝。苗期可用10%的沼气液或0.2%有机水溶肥浇灌2~3次。生长期结合除草松土进行施肥；每年于春季和秋季进行，选用腐熟羊粪等有机肥加复合肥，春季每亩施入有机肥600千克、复合肥10千克，秋季施有机肥500千克、复合肥5千克。在两株中间，距离植株20厘米处开浅沟施入，覆土。

（4）引蔓上架

当苗高30厘米时，搭架引蔓。棚架可用小竹子建造"人"字形架；也可柱子竖立于畦两端，用钢线或塑钢线连接，再用绳子后小竹子建立"丁"字形架。

（5）中耕除草

在苗期生长缓慢，需及时进行除草、松土，以杂草不掩盖种苗生长为准。生长期每年除草2~3次，结合除草进行松土。

（6）病害防治

白粉病　主要为害叶片和枝条。防治措施：合理密植，及时整枝打叶，改善通风透光条件，提高抗病能力；及时清除病枝、病叶，集中堆沤处理或烧毁，减少初次侵染来源。可喷一次3~5波多美度的石硫合剂，每10天喷1次，连续喷2~3次。在发芽前或发病初期也可选用40%福星乳油8 000~10 000倍液、40%多硫悬浮剂600倍液等均匀喷洒枝叶，10~20天防治1次。

叶锈病　为害叶片。叶片出现锈斑，受

害植株生长衰弱，提早落叶，影响产量。防治措施：及时排灌，以降低湿度，合理施肥，避免过量施用氮肥，适当增施磷钾肥；冬季清除病叶，集中烧毁，减少初次侵染来源。发现橙黄色的夏孢子堆时，喷洒15%可湿性粉锈宁600倍液喷洒防治，喷药次数根据发病轻重而定。或喷施100倍等量式波尔多液，每隔10天喷1次，连喷2~3次。

（7）虫害防治

蚜虫 为害其嫩叶、芽，通常在春夏季出现。防治措施：在发生初期，选用50%抗蚜威1 500倍液喷洒，连续喷3~4次，每次间隔7~10天。

5. 采收

移栽定植后3~5年可采收，于夏、秋二季采挖。除去须根，洗净，干燥；或趁鲜切成薄片，干燥。晒干或烘干。

（三）功能主治

土茯苓味甘、淡，性平。归肝、胃经。有解毒，除湿，通利关节的功效。用于梅毒及汞中毒所致的肢体拘挛，筋骨疼痛；湿热淋浊，带下，痈肿，瘰疬，疥癣。

（四）药食考证

1. 药用考证

土茯苓功能主治的记载最早见于唐代《本草拾遗》：人食之当谷，不饥，调中，止泻，健行不睡；其后《证类本草》载：调中止泻，健行不睡；《滇南本草》中除沿用前人的记载外，新增"健脾胃，强筋骨，去风湿，利关节，治杨梅疮"。李时珍在《本草纲目》中记载：近时弘治、正德间，因杨梅疮盛行，率用轻粉药取效，毒留筋骨，溃烂终身，至人用此，遂为要药。说明误服轻粉筋骨成疾者，服此能去轻粉之毒，补充了"治拘挛骨痛，恶疮痈肿，解银珠毒"。《本草乘雅半偈》载：主调中止泄，黄中通理之为用乎。若健行不睡，强筋骨，治拘挛，利关节，此阴以阳为用，应地无疆，自强不息矣。

2. 食用考证

土茯苓食用始载于南朝梁·陶弘景著作的《本草经集注》，名为"禹余粮"，"南人又呼平泽中有一种苴叶，如菝葜根作块有节，似菝葜而色赤，根形似薯蓣，谓为禹余粮。言昔禹行山乏食，采此以充粮，而弃其余，此云白余粮也"。唐代的《本草拾遗》中载草禹余粮生海畔山谷，根如盏连缀，半在土上，皮如茯苓，肉赤味涩，人取以当谷食，不饥。

（五）食疗药膳方

1. 膳方制作方法

土茯苓瘦肉煲龟

龟1只，瘦肉150克，鲜土茯苓300克，蜜枣2~3颗，水、盐适量。

先将龟放入盛有冷水的锅中，盖好后加热至水开，使龟将尿排干净，然后剖去龟内脏；新鲜土茯苓洗净、刮皮、切片后，将三种原料同放汤煲内，加入适量开水煲2个半小时，以盐调味便可食用。此汤喝完后，可在煲内再加适量开水煲40分钟，然后再饮用。具有滋阴、清热、去湿毒和解疮毒的作用，并可预防和减少痱子、疥疮。

< 图6·土茯苓瘦肉煲龟 <

< 图7·土茯苓槐花粥 <

土茯苓槐花粥

生槐花、土茯苓各30克，粳米60克红糖适量。

将生槐花、土茯苓放入锅内加适量水煎煮20~30分钟，弃渣取汁，再用汁煮粳米成粥，加红糖调匀即可食用。具有清热凉血、祛风止痒的功效。适用于手皮癣、银屑病的食疗。

2. 食用注意

忌与辛辣、燥热、肥腻食品及鱼虾、韭菜等同食。

（冯世鑫）

十三、三七

【种名】三七
【学名】*Panax notoginseng* (BurK.) F. H. Chenr
【别名】人参三七、金不换、山漆、假人参
【科属】五加科人参属
【药用部位】根、根茎
【食用部位】根、根茎、叶、花

（一）生物学特性

1. 形态特征

草本，根状茎短，竹鞭状，横生；肉质根圆柱形，表面灰褐色或徽行色，有断续的纵皱纹和支根痕。地上茎单生，有纵纹，无毛。叶为掌状复叶，3~6枚轮生于茎顶。伞形花序单个顶生，花黄绿色；萼杯状（雄花的萼片为陀螺形），边缘有三角形的齿。核状浆果，果扁球状肾形，鲜红色，有光泽；种子黄白色，卵形或卵圆形渐尖，长5~7毫米。6—7月现蕾，8—10月开花结实，果熟期为10—12月。

2. 生长习性

对光照敏感，忌强光直照，喜阴。不同的生长期光照要求不一。育苗地的透光度15%~25%；种植地透光度20%~40%。喜湿润，怕干旱，怕涝。要求年平均降雨量1 000~1 800毫米，空气相对湿度保持在70%~85%。

图1·植株

图2·根茎

< 图 3·果实 <

土壤含水量在 23%~26% 最为适宜。对土壤要求不严,以腐殖质丰富、疏松的砂质壤土、红壤、棕红壤,pH 5.0~7.5 生长良好。

3. 分布与生境

主产于广西、云南。在广西的西部、西北地区人工栽培较多,主要集中在靖西、德保、那坡、田林、隆林、西林等地。

(二)种植技术

1. 繁殖方法

主要繁殖方式为种子繁殖。培育一年得到"子条"(一年生种苗)。用"子条"作种苗种植于大田。具体方法如下:

(1)育苗地

选择富含有机质、排水良好的缓坡地作育苗地。秋冬季翻耕,去除草根、杂物、晾晒、风化。种植前撒施 100 千克/亩石灰粉,耙碎,施 2 500 千克/亩农家肥作底肥,拌入土中。起宽 1~1.5 米,高 15~25 厘米的畦,沟宽 30~40 厘米。

(2)种子处理

10—11 月,在 3 年生或 3 年以上的植

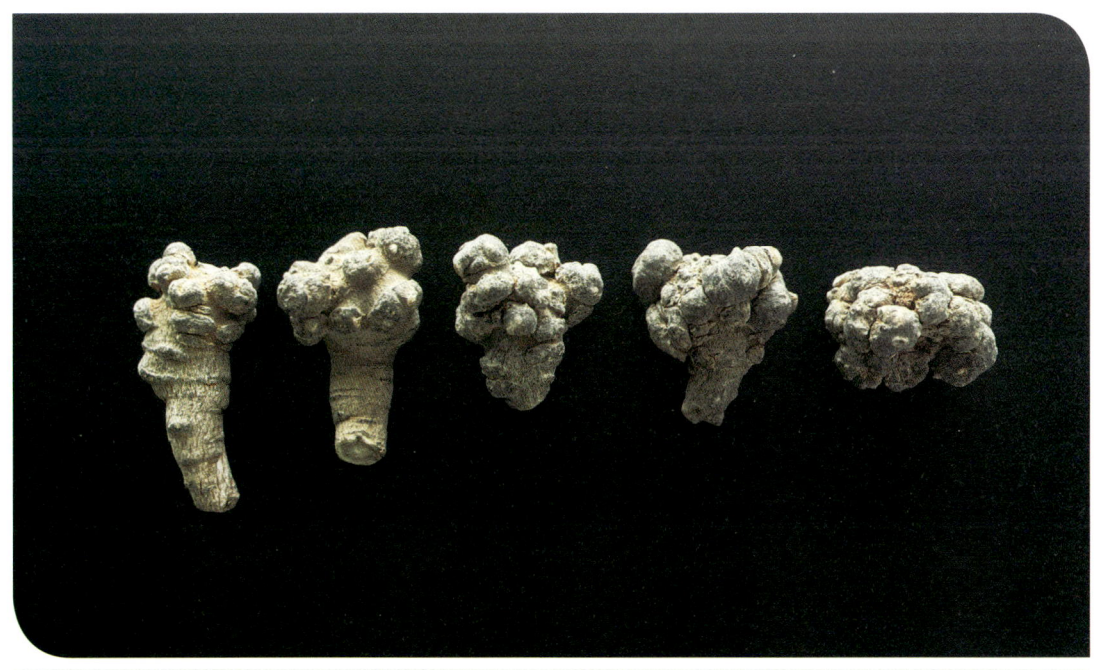

< 图 4·根(干药材)<

株上,选择粒大、饱满完全变红的果实,除去果皮,洗净,筛出种子。用 50% 的腐霉利可湿性粉剂 1 500~2 000 倍液或 80% 的代森锌可湿性粉剂 500~700 倍液浸种 30 分钟,取出。置于含水量为 25% 的湿沙中保存 45~60 天。播种前,用 65% 代森锌 400~500 倍液浸泡种子 10 分钟,沥干表面水滴,待播。

（3）播种

在 12 月至来年 1 月,在育苗地的畦上,按 4 厘米 ×5 厘米规格挖播种小穴。将种子放入小穴中,每穴 1~2 粒,盖上种肥,厚度 2~3 厘米,再覆盖一层松树叶。每亩用种量为 18~20 万粒。种肥可用泥炭土与农家肥按 3：1 的比例混合配制而成。

（4）育苗管理

水分：遇到干旱天气,每三天对畦面喷水一次。在雨天,及时排除积水。保持育苗地块湿润。

施肥：出苗后,用 0.1%~0.2% 氨基酸水溶肥液喷洒 1~2 次,5—7 月用 0.2%~0.3% 的黄腐酸钾溶液喷洒 2~3 次。每隔 15 天 1 次。

光照：育苗棚的透光度保持在 15%~25%,并根据生长季节进行调整。春秋季透光度调大一些,透光度为 20%~25%,夏季调小一些,透光度保持在 15%~20% 即可。

除草：及时拔除杂草。一般每隔 60 天左右除草一次。

出圃：培育一年后,在 1—2 月出圃,出圃前应对种苗进行分级。

（5）种苗质量分级

三七种苗按质量分为三级,详见下表 1。选择一级、二级种苗作生产用种。

表 1　三七种苗质量分级

级别	单株重/克	外观形态
一级种苗	≥ 2.5	休眠芽肥壮,根系生长良好,无病虫感染和机械损伤
二级种苗	1.25~2.5	休眠芽肥壮,根系生长良好,无病虫感染和机械损伤
三级种苗	0.75~1.25	休眠芽生长一般,根系生长一般,无病虫感染和机械损伤

2. 选地和整地

选择富含腐殖质、疏松肥沃,倾斜度为 5~15 度的缓坡地,土壤类型可为红壤、黄壤、黑色砂壤。以生开垦地或前茬为种植花生、玉米的熟地,pH 6~7 的范围为佳。避免前茬为茄科作物的地块。

秋冬翻耕,去除杂质,翻晒 1~2 次。种植前用石灰粉 100 千克/亩撒施,耙平打碎。施 2 000~2 500 千克/亩腐熟羊粪作基肥,混入土中。起宽 1.2~1.5 米、高 20~35 厘米的畦,畦面垒成龟背形；沟宽 30~40 厘米,畦的长度约 10 米或依地形而定。

3. 搭建阴棚

栽培前需要搭盖荫棚。棚高 1.8~2.0 米,可用木材、竹竿或水泥柱作支柱,每根支柱的距离以 2 米 ×2 米为宜。支柱间用塑钢线或钢线连接,再覆盖遮阳物。遮阳物可用三七专用遮阳网,也可用树枝、山草、作物秸秆等。使用三七专用遮阳网时,一般铺设 3 层,固定上面两层,下面一层可活动,以便调节光照度,用量约 125 千克/亩。

4. 种植方法

（1）种苗消毒

种植前需要对种苗消毒。可用15%多抗霉素500倍液或58%瑞毒霉锰锌500~800倍液浸种苗20~30分钟，取出，种植。

（2）种植方法

1—2月，在种植畦上，按株行距12厘米×20厘米开穴，穴深5~8厘米。将种苗芽头朝上放置，每穴种植一株。覆土，以不露芽头为度，铺上一层松树叶，然后浇透水。

5. 田间管理

（1）光照调节

三七需要根据生长季节和植株年龄相应的光照度进行调节。方法：在2—4月，将棚内透光度保持在25%~30%；5—7月阳光强烈透光度调节为20%~25%；8月可将棚内透光度调节为30%左右；进入10月份后，光照会减弱，应打开第三层遮阳网，使棚内透光度调节在30%~40%。随着植株年龄的增大，在相同季节的棚内，透光度可增多5%，以促进内含物的增加。

（2）水分管理

田间土壤含水量保持在25%左右为好。在少雨季节，若持续干旱时，需要及时喷水；在5~8月雨季，当降雨量较大，应及时排水。

（3）施肥

以有机肥为主，辅以复合肥和各种微量元素肥。禁止使用硝态氮肥。可用火土1 000千克、家畜粪便（羊、牛粪）400千克、钙镁磷肥50千克、饼麸100千克的比例混合，堆沤3个月以上制成复合有机肥。二年生植株，每年施肥2次；第一次施肥时间可在5—6月，第二次8—9月。每亩每次的施肥量为上述复合有机肥1 500千克、硫酸钾10千克。三年生植物，若不留种子地，每年施肥2次，可在4—5月及7—8月进行。第一次每亩施肥量为上述复合有机肥2 500千克、硫酸钾15千克。第二次每亩施肥量为上述复合有机肥2 500千克、硫酸钾20千克。三年生留种地植株年施肥3次。第一、二次施肥时间和用量同不留种地的；第三次施肥在9—10月进行，用量与第二次相同。

在三七的展叶期、现蕾期、花果期或防病、治病时，根据长势可进行根外追肥。可叶面喷洒含钾的生物活性肥500~800倍液，促进生长。

（4）除草

及时拔除杂草。可采用人工除草方法，在操作过程中避免伤根，若有露根现象，应及时用泥土覆盖。

（5）摘薹

于6—7月，对不需要留种的植株，摘除花薹。提高块根产量。留种植株应将花序旁的"花叶"摘除，减少养分消耗。

（6）病害防治

根腐病 为害根茎。发生时，茎秆基部最先感病，由上至下腐烂，出现"绿腐""黄腐"。逐渐蔓延至根部，引起根腐。该病多发生在高温多湿的雨季。湿度大，肥土积水地方发病严重，6—8月为害严重。防治方法：选择排水良好，疏松砂质壤土种植，雨季排水，防止积水，多施草木灰；发生初期，可喷施58%瑞毒锰锌+20%叶枯宁+50%多菌灵按1:1:1的比例混合，用水稀释500倍

灌根。或10%的叶枯净可湿性粉剂1 000倍液+70%的敌克松可湿性粉剂800倍液混合灌根。

立枯病　为害茎部。发生时，茎基部呈暗褐色病斑，逐渐收缩变软，叶片萎蔫，最后倒伏死亡，而地上部仍为绿色。湿度大时，受害处呈现一层白色霉状物。该病多发生在育苗期和5—7月，连续高温、多雨时加重感染。防治方法：在发生初期，可喷施58%腐霉利1 000~1 200倍液或50%的甲基立柏磷1 000倍液喷洒进行防治。

圆斑病　为害植株的地上部。发生时，受害的地上部呈明显褐色圆形病斑，传染性较强，扩散快。多发生在春季和夏季。防治方法：在发生初期，可喷施50%的腐霉利600倍液或80%的代森锰锌400倍液喷洒，7天一次，连续2~3次进行防治。

黑斑病　植株的地上、地下部均可感染，以茎、叶、花轴、果柄的细嫩部受害严重。当茎、复叶柄、花轴受害时，初呈椭圆形褐色病斑，扩展形成凹陷，上面分生黑色霉状子实体；严重时在病部折坠、枯萎。当发生在叶片时，受害叶片产生近圆形或不规则水浸状褐色病斑，后期病斑中心色泽褪淡，引起叶片脱落。全年均有发生。防治方法：在发生初期，可喷施40%菌核净500倍液或50%的代森铵500倍液喷洒进行防治。

疫霉病　植株各部均可侵染。叶片受害初期，叶尖、叶缘产生水渍状病斑。继而叶脉发黄，呈褐色干枯，病叶常残存在植株上。根部感病时，块根或根呈软腐状，病斑处出现白色绵状物。高温高湿天气和环境容易发生。防治方法：在发生初期，可喷施80%克霉灵500倍液或40%霜疫灵300倍液。

（7）虫害防治

地老虎　幼虫在叶背取食，造成穿孔、缺刻或取食叶肉留下网状表皮；成虫咬食茎秆，造成缺株、死亡。在4—5月为害严重。防治方法：出苗前，结合清园，用5%阿维菌素乳油1 500~2 000倍喷洒园边、畦面、畦沟。发生时，用鲜蔬菜：米饭：糖：酒：敌百虫按10:1:0.5:0.3:0.3的比例制成毒饵诱杀。或者人工扑杀。

蛞蝓　又名鼻涕虫。为害植株地上部，取食休眠芽，咬食茎叶。全年均有为害，于夜间或清晨活动频繁。防治方法：于播种或出苗前，结合冬季清园，喷洒1:2:200的波尔多液2~3次。并在园边撒石灰粉。发生时，可在傍晚喷施浓度为5%的茶饼水液或3%的石灰水液进行驱避和毒杀。

短须螨　又名红蜘蛛，主要为害叶片和花序，成螨和幼螨群集在叶背及花序中吸取汁液，造成叶片凹点、变黄。4月始有发生，8—9月为害严重。防治方法：可喷施20%浏阳霉素1 000~1 500倍液或50%抗蚜威1 000~1 500倍液来防治。每隔7~10天一次，连用2~3次。

6.采收

三年生植株可采收，于10—11月进行。采收时，用竹木或小棍撬挖，从畦的一头开始，朝另一方向按顺序挖取。或用锄头从畦的一端开始，深挖，连同须根一起挖取，避免块根损伤。挖取后，应将机械损伤的三七和病虫损伤的分开存放。

（三）功能主治

药用根和根茎。味甘，微苦，性温，散瘀止血，消肿定痛。用于咯血、吐血、衄血、便血、崩漏，外伤出血，胸腹刺痛，跌扑肿痛。是历代医家和现代医学公认的活血化瘀、消肿定痛、预防和治疗心脑血管病的高效药材，是"云南白药""漳州片仔癀""复方丹参片""血塞通""三七总甙片"的主要成分。

（四）药食考证

1. 药用考证

最早记载于明代异远真人著《跌损妙方》（约1523年），至1596年，李时珍于《本草纲目》记载三七生广西南丹诸州番峒深山中。有止血、散血、定痛之功。《本草从新》《本草备要》等仍一致强调三七止血、散血、定痛的作用。到《植物名实图考》中除记载其止血、散血、定痛之功效外，提到与滋补相关的记载，"田州多以煨肉""产后服亦良"。直到现代，《云南中草药选》中明确记载，三七"熟食生血，补血"。

对于三七茎叶和花的药用，早年也有记载：《生草药性备要》称田七茎叶"味辛，入肝、胃二经"。《本草纲目》称三七茎叶"治折伤、跌扑。出血，敷之即止，青肿经夜即散，余功同根"；《生草药性备要》称三七茎叶"治跌打，消瘀散血，敷毒疮，治痰火，又能止血"。吴其濬在《植物名实图考》中曰："余在滇时，以书询广南，答云，田七茎叶，畏日恶雨，土司利之，亦勤栽培……盖皆种生，非野卉也。"《云南中药志》中记载："田七来源于五加科植物。田七花甘、凉。清热、平肝、降压。用于高血压、头昏、目眩、耳鸣、急性咽喉炎。用法用量：内服，开水冲泡茶服，适量。"

2. 食用考证

三七有近600年的使用历史和400年的栽培历史，但由于三七的食用习俗主要集中在少数民族地区，可读文献资料并不多。据《昆明市志》记载，1947年，昆明市福照街开设第一家专营汽锅鸡的餐馆，其中就有三七汽锅鸡。三七茎叶主要用于生产袋泡茶，如1994年云南省卫生厅批准的金不换袋泡茶、三七明珠茶等。据《南国明珠——三七》记载，三七茎叶生产的茶及酒获得了市场广泛认可。三七花与三七茎叶相似，最早在《广南地志资料（上）》，记载了"其（田七）花可作茶饮"，距今已有90年的食用历史。

（五）食疗药膳方

1. 膳方制作方法

鸡肉150克、三七8克、食盐适量、姜适量、调和油适量、桂圆5克、红枣适量、红葱头适量。

三七块用药盅锤碎，和桂圆、红枣一起放入水洗净。将各种药材放入炖盅内备用。葱头拍碎，姜切片备用。鸡肉放姜片、葱头、盐、花生油稍腌制。将腌制过的鸡肉放入炖盅内，加适量的凉水入炖盅内。盖上炖盅盖，隔水炖4~5小时，放盐调味即可食用。

< 图5·三七炖鸡 <

< 图6·三七养生茶 <

三七养生茶

三七（花）3 克、野山茶 1 克、绞股蓝 2 克。

将上述药材洗净混合，水煮 3~5 分钟，饮用。有治疗高血压、头昏、目眩、耳鸣、急性咽喉炎，降血脂，降血糖，抗肿瘤，抗衰老，保护肝脏及增强肌体免疫功能等作用。

2. 食用注意

一般人群都可食用三七。孕妇和月经期的妇女不宜服用。

（冯世鑫）

十四、益智

【种名】益智

【学名】*Alpinia oxyphylla* Miq.

【别名】益智仁、益智子

【科属】姜科山姜属

【药用部位】果实、果仁

【食用部位】果实、果仁

（一）生物学特性

1. 形态特征

草本，茎丛生，根茎短。叶无柄或具短柄，叶 2 列互生，披针形或狭披针形。叶舌膜质，2 裂，被淡棕色疏柔毛。总状花序顶生，花蕾全包于鞘状苞片中。蒴果，椭圆形或纺锤形。种子不规则扁圆形，棕黑色，被淡棕色假种皮。花期 3—5 月，果期 6 月。

2. 生长习性

喜温，最适宜的生长温度为 24~28 ℃，20 ℃以下不开花或不完全开花，10 ℃以下则开花结果受到严重影响，不散粉，不能实现授粉而造成落花落果，低于 2 ℃则落果严重。忌强光直照，喜漫射光，是一种半阴性植物，一般在荫蔽度 60%~80% 的林下，空气相对湿度 75%~80%，土壤含水量约 25% 的地方生长。对土质要求不严格，除海滩冲积地、盐碱地、砂地及旱生地外均能生长。但在土壤肥沃、松软湿润，蓄水保水能力较强，pH

图 1 · 植株

图 2 · 花

< 图 3 · 果实 <

< 图 4 · 药材 <

4.4~6.0 的地块生长良好。常生长在海拔 800 米以下的疏林中。

3. 分布与生境

主要分布于我国的海南、广东、广西，近年云南、福建等地也有少量栽培。

（二）种植技术

1. 繁殖方法

可用种子繁殖和分株繁殖。种子繁育周期长，在实际生产中，以分株繁殖为主。

种子繁殖：在 6 月果实成熟时进行，将收获的种子放置 5~7 天，用草木灰和细沙以 3∶7 的比例混合在一起，加入适量的水进行搓揉，再用始温为 40~43℃热水浸泡种子 24 小时，可放在细沙或基质中进行集中培育，保持湿润，至种子露白后再播于苗床；也可直接播于苗床。苗床需建立在有荫蔽度 60%~80% 的环境中，保湿培养。出苗后适当施肥。苗高 30 厘米左右，并有 2~3 个新芽时，即可移栽。

分株繁殖：选择 2~3 年生、健壮产量高、分蘖多的植株进行分株，于收果后进行。把地下茎及连带新芽整株挖出，分离出含有 3~4 个新芽作为种植丛，剪除弱、病茎及病根，留取地上茎 15~20 厘米，移栽。

2. 选地和整地

选择有一定荫蔽度的山谷、山沟和稀疏的林地，在土壤肥沃、松软湿润、排水良好的区域种植。在准备好种植地之后，还需要进行整地，将种植地周围的杂草和小灌木进行清理，在周围挖好排水沟，提高种植地的排水能力。按株行距 1.5 米 × 2 米挖穴，穴的长、宽可为 30~40 厘米，高为

30厘米。每穴施入腐熟厩肥、土杂肥3~5千克或生物有机肥1千克作基肥，与表土拌匀，填回穴中，覆盖表土，起稍高于地面的小土堆。

3. 种植方法

6—7月，选择在阴天、雨天或晴天的傍晚进行，在小土堆上栽入种苗，每穴1丛，盖土，轻压，浇足定根水。

4. 田间管理

（1）及时覆盖

定植后及时清除田间杂草，除草时避免伤害植株根和嫩芽，及时剪除枯叶、病株和结过果的老苗。同时剪去3—7月生出的新发芽所形成的枝条，减少养分消耗，促进新芽萌发，增加开花结果的有效植株。结合施肥进行松土，促进根系生长。

（2）水肥管理

在苗期满足其水分的正常需求，避免干旱植株萎蔫；在多雨季节，需及时排涝，避免长时间浸泡。栽植第1年施肥，每丛施尿素100克，在6—8月的雨后，分2次撒施。第2年用氮磷钾复合肥，每植丛用量为300克施入。第3年，在6—8月施催芽壮株肥，用量为300~500克/丛。当年12月至次年1月主要用有机肥与P、K混合肥，用量为500克/丛。以促进花芽分化及花的形成与发育。

成龄植株施肥也要2次进行，第1次在清除园中杂草、剪除老茎后进行，一般可每丛用复合肥（15∶15∶15）用量为1 000克。第2次在花芽分化期（11—12月）进行。用量为500克/丛。以促进花芽分化及花的形成与发育。有条件的可以在越冬前每丛施腐熟的有机肥10千克加复合肥100克，以利提高益智抗逆能力。施肥还要结合培土，把周围的表土肥泥覆于植株周围，可以保护根状茎和笋芽的生长。

第2年至第3年以磷、钾肥为主，促进开花结果；开花期，施用0.5%硼酸溶液，提高益智坐果率；收果后多施氮肥，促进益智植株复壮和新芽生长。

（3）中耕除草

幼龄期每年在2月、4月、7月和9月进行中耕除草1~2次，以避免杂草丛生影响幼株生长及通风性。成年期的益智每年进行中耕除草2次。第1次是在收果后6—8月进行，割除老苗及松土；第2次是在12月至次年1月进行，拔除植丛周围的杂草，结合浅表松土。

（4）修剪

对成年的益智林，在每年9—10月需进行修剪，割除老、弱、病、残植株和结过果实的分蘖株，促进新芽生长，增加结果量。

（5）保花保果

在花期，可用爱多收1 000倍液或用0.5%磷酸二氢钾溶液进行喷施，均能提高益智产量。

（6）病害防治

立枯病　主要为害幼苗叶片或叶鞘。初期出现红褐色近圆形小斑点，继而病斑不断扩大形成不规则的褐色大斑块，斑块背面略呈灰绿色云纹状；最后，病斑蔓及全叶及所有叶片，直至整株变褐枯死，枯叶下垂呈立枯症状。防治措施：做好田间排水；及时除去残枝败叶。在发病初期，可用50%多菌灵1 000倍液或50%甲基托布津1 000倍液喷雾防治。拔除病株后，在其周围撒施石灰粉进行杀菌消毒。

轮纹叶枯病 主要为害叶片。病菌多从叶尖、叶缘侵入，老叶先发病。病斑大，不规则形，边缘红褐色，中央灰褐色，病斑外圈有明显的黄晕。重者病叶变褐枯死而濒于死亡。防治措施：加强管理，施足肥料，排除积水，清除落叶，适当遮阴。用50%代森锰锌或75%百菌清可湿性粉剂1 000~1 500倍液喷雾防治。

烂叶病 主要为害嫩叶，发生在苗期嫩叶，病斑淡绿色，烫伤状，转为棕褐色后干萎。防治措施：初期及时剪去病叶，可用25%腈菌唑乳油2 000倍液，每隔7~10天进行喷雾，连续2~3次。

（7）虫害防治

弄蝶 又称"苞叶虫"，幼虫先将叶片作成卷筒状的叶苞，后在叶苞中取食，使叶片呈缺刻或孔洞状。防治措施：人工摘除虫苞或用手捏杀。可用90%敌百虫800~1 000倍液或50%毒死蜱1 000~1 500倍液进行喷药防治，每隔5~7天一次，连续2~3次。

秆蝇 俗称"蛀心虫"，为害茎秆，幼虫孵化后，从叶鞘侵入取食，把心叶吸吮成烂伤状，形成枯心。之后转移到其他植株继续为害。防治措施：在幼虫发生期施用16%虫线清800~1 000倍液喷雾，每隔5~7天一次，连续2~3次。

5. 采收

6月中下旬，当果皮由青绿色变为红色或黄褐色，果皮茸毛脱尽，果肉带甜，种子具辛辣、芳香时采收。剪下果柄，充分晒干或低温干燥。

（三）功能主治

以果实入药，具有暖肾固精缩尿、温脾止泻摄唾、健脾胃、补心神、安神、暖胃等功效。用于肾虚遗尿，小便频数，遗精白浊，脾寒泄泻，腹中冷痛，口多唾涎。

（四）药食考证

1. 药用考证

在中医传统上，益智药用部位为果仁，因此，又有益智仁、益智子、摘芋子之称。《医学启源》载益智仁：治脾胃中寒邪，和中益气。治人多唾，当于补中药内兼用之。《本草拾遗》亦载其：治遗精虚漏，小便余沥，益气安神，补不足，利三焦，调诸气。《本草纲目》记载：益智仁治冷气腹痛，及心气不足，梦泄、赤浊，热伤心系，吐血，血崩。

西晋《南方草木状》中记载了益智炮制方法为"亦可盐曝"。宋代《开宝本草》中记载了益智治疗夜尿多的方剂：夜多小便者，取二十四枚，碎，入盐同煎服，有奇验。清代《本草害利》中记载其修治方式：去壳，或炒或煨，临用研。《中药志》记载用盐水炮制益智：拣净杂质，炒至黄黑色，用碾串碎，筛去末，簸净皮，用盐水拌匀（每10斤用盐4两），稍闷微炒即成。《中华本草》详细记载了益智的几种炮制方式：生益智仁，取原药材，除去杂质及外壳，用时捣碎。生用燥性较大，以温脾止泻，摄涎为主。炒益智，取净益智仁，置锅内用武火炒至外壳呈焦褐色，鼓起，果仁呈黄色，取出研去壳；盐益智，取益智仁，用盐水拌匀，稍闷，置锅内用文火加热，炒干，取出放凉，即可。

2. 食用考证

益智仁是药食两用的佳品，汉唐年间的典籍《异物志》中记载：益智类薏苡，实长寸许，如枳椇子，味辛辣，饮酒食之佳。可见，那时的人们就已经用其做下酒菜了。《本草图经》中有记载：益智子如笔头，而两头尖长，得天地之英华也；其花为长穗，而分为三节，观其上中下节，可以用来占卜早中晚稻谷收成之丰欠。破去核，取外皮蜜煮为粽馅，味极美，即名益智粽，有涩精补肾、开胃温中的功效。

（五）食疗药膳方

1. 膳方制作方法

益智仁炖肉

取益智仁 50 克，牛肉或瘦猪肉 30 克，同炖煮至肉熟，加调料即成。有健胃益脾、补脑安神、益智作用。

益智莲子包

益智仁 30 克，莲子 60 克，面粉 150 克，酵母 3 克，白糖 60 克。

益智仁洗净，加水，倒入锅内熬煮，煮出药汁后倒去药渣；莲子洗净，去心，放入蒸笼，煮熟，碾碎，加入白糖，搅拌均匀作为馅料备用；面粉、酵母混合，加药汁和适量的水，充分揉捏，等待发酵；待发酵至原来体积两倍左右，将面团揉成长条状，切成若干个剂子，裹入馅料，捏成包子状，上锅，蒸 20 分钟左右即可。

2. 食用注意

益智性温，阴虚火旺或因热而患遗滑崩带者少食。

图 5 · 益智仁炖肉

图 6 · 益智莲子包

（冯世鑫）

十五、广藿香

- 【种名】广藿香
- 【学名】*Pogostemon cablin* (Blanco) Benth.
- 【别名】刺蕊草、藿香、海藿香
- 【科属】唇形花科刺蕊草属
- 【药用部位】地上部分（茎、枝、叶）
- 【食用部位】叶、幼芽

（一）生物学特性

1. 形态特征

草本，根状茎短，竹鞭状，横生，有几条肉质根；肉质根圆柱形，干时有纵皱纹。地上茎单生，高约40厘米，有纵纹，无毛，基部有宿存鳞片。叶为掌状复叶，4枚轮生于茎顶；叶柄有纵纹，无毛；托叶小，披针形；小叶片3~4，薄膜质，透明，倒卵状椭圆形至倒卵状长圆形。伞形花序单个顶生，有花80~100朵或更多；总花梗有纵纹，被微柔毛；花梗纤细，无毛；苞片不明显，花黄绿色；萼杯状（雄花的萼片为陀螺形），花瓣5；雄蕊5；子房2室；花柱2（雄花中的退化雌蕊上为1条），离生，反曲。果实为核状浆果，肾形或球形，少数三棱形。未成熟的果实为绿色，逐渐变紫色、朱红色，最后为鲜红色，有光泽。2年生植株才开花结果。种子黄白色，卵形或卵圆形渐尖。6—7月现蕾，8—10月开花结实，果熟期为10—12月。

图1·植株

< 图2·花 <

< 图3·药材 <

2. 生长习性

喜温暖湿润，怕霜冻。幼苗期不耐日照，生长旺盛期可在全光照下生长，且表现出叶厚、茎枝苗壮、含油率高。生长于疏松肥沃、保水、保肥力强的砂质壤土。

3. 分布与生境

原产于菲律宾、马来西亚、印度等国。我国在宋代或更早已引种栽培，广东、海南、广西是广藿香的主产地，云南、台湾、四川也有引种栽培。

（二）种植技术

1. 繁殖方法

可用扦插繁殖和组织培养繁殖，以扦插繁殖较多。

在春季（2—4月）或夏季（7—8月）扦插。选取粗壮、叶厚、无病虫害的中上部枝条，截成长8~12厘米、含有2~3个节的插穗。剪口要平滑整齐，勿撕裂主茎与枝条皮部。插穗最上部留0.5片叶，顶芽插穗留一叶一心。育苗要求在荫蔽度为75%~80%的环境中进行。在整好的苗床上，按行距10厘米、株距5~6厘米，深度以基质（泥土）能覆盖插穗的三分之二为宜。喷水、保湿，培育25~30天可移栽大田。

2. 选地和整地

选择避风、无污染的水田、旱田、稀疏林间、河旁冲积地栽植。要求土质疏松、湿润、肥沃，pH 5.0~7.5、坡度13°以下的地块。

在秋末冬初收获前茬作物后，翻耕晾晒。至翌年栽植前再耕翻细耙，施入腐熟的土杂肥 1 000~1 500 千克、花生麸 40~60 千克作基肥，起畦宽 80~120 厘米、高 30~40 厘米，畦沟宽 30 厘米。

3. 种植方法

在春季和秋季均能种植，选阴天或晴天傍晚进行。在栽种前把苗床淋透水，以利带土，勿伤根部。在整好的畦中，按株行距 30 厘米 ×50 厘米或 40 厘米 ×40 厘米开穴，每穴栽苗 1 株。覆盖松土压实，浇水，每畦植株 2~3 行，种后插树枝荫蔽，或预先种植好间种作物如玉米、瓜类等，利用间种作物对广藿香幼苗期遮阴。

4. 田间管理

（1）及时补种

在种植后 7~10 天，加强巡查，发现死亡或缺株应及时补种。

（2）水肥管理

在种植或插后生根前，每天早晚各浇水一次，淋水量不宜过多，以浇湿畦面为度。在生长过程中，若遇干旱，及时将水引入畦沟，深达畦高的 1/2~2/3 为度，让水分慢慢渗透湿润畦面为止。如果不能引水灌溉，可早晚淋水一次，淋水要透。雨季或遇大雨，要注意排水，严防积水，以免根系腐烂。

插后生根长出新叶或移栽成活后便可追肥，施肥原则"先淡后浓，勤施薄施"。以水溶性含氮素较高的肥料为主，第一次每亩可施 10% 稀薄沼气水 1 000 千克或尿素 5 千克兑水施下，以后每隔 1~2 个月施肥 1 次，每亩施沼气水 1 500~2 000 千克或尿素 10 千克。需要越冬的植株，在 11—12 月，每亩可施腐熟厩肥、草木灰 3 000 千克、过磷酸钙 20 千克、花生麸 30 千克，混合均匀施下，培土，以利植株过冬。

（3）中耕除草

在育苗期和定植前期，杂草生长快，土壤容易板结，要勤除杂草和松土。在生长过程中，对广藿香还要培土，为了加速有机肥的腐烂，保护植株生长，经常把沟内的烂泥挖起，培在植株的基部周围，可以促进植株多长分枝和防止风倒。

（4）防霜冻

在有霜冻地区，到了冬初应盖草或搭棚防霜，或者加盖塑料薄膜，保暖防冻害以过冬。

（5）病害防治

根腐病 为害根茎。染病植株于根部和根状茎处发生腐烂，逐渐延至地上部，使皮层变褐色，萎蔫而死。在夏季多雨、排水不良的地方，发病严重。防治措施：栽种前先对种植区域进行全面消毒，及时排除积水，不连作；局部发病时，及时清除销毁病株，在病株栽穴撒放石灰消毒，对附近的其他植株用 25% 多菌灵可湿性粉剂 800~1 000 倍液浇灌根部，再撒施石灰消毒，也可用 75% 百菌清可湿性粉剂 500~600 倍液，或 70% 敌克松粉剂 1 000 倍液浇灌植株根部。

斑枯病 为害叶片。叶两面病斑呈多角形，初时暗褐色，叶色变黄，严重病斑汇合，叶片枯死，6—9 月发生。防治措施：防止积水，通风透光；间种作物不宜种植粉葛、黄瓜和红豆等。发生时可喷施 50% 瑞毒霉素 1 000 倍或 25% 多菌灵可湿性粉剂 500~1 000 倍液或 65% 代森锌可湿性粉剂 500 倍液，每 7 天喷一次，连喷 2~3 次。

细菌性角斑病 为害叶片。在高温多湿季节发生。开始时呈水浸状病斑，逐渐扩大成为多角形褐色病斑，严重时叶片干枯脱落。防治措施：做好排水和通风透光，发病初期喷施1:1.5:120倍波尔多液1~2次，每10天喷1次。

（6）虫害防治

蚜虫 防治措施：可用800~1 000倍的2.5%鱼藤精乳油或烟筋骨水喷洒。

红蜘蛛 施药前，先将病残体地上部分处理干净，再用5.7%甲维盐乳油3 000倍液喷洒。

卷叶螟 用5.7%甲维盐2 000倍液或将90%敌百虫300~400倍液喷洒。为了避免农药残留，收获前15~20天严禁使用各种农药。

5. 采收

在枝叶旺盛生长期至花序刚抽出时采收，可在当年10—12月进行，也可在次年4—5月或7—8月进行。采收时，宜选晴天露水消失后，拔起或挖起全株，抖去根上的泥土。

收获后，及时摊晒数小时，使叶片呈皱缩状后，捆扎成2.5~5千克小把，分层交错堆叠一夜，将叶色闷黄。堆叠时切勿将叶与根部混迭，堆上用稻草帘子覆盖后再用塑料薄膜盖面，四周压紧。次日再摊晒。可晒3天，堆放2天；也可晒5天，堆放3天，反复堆晒至全干。

（三）功能主治

广藿香茎、枝、叶具有芳香化浊，和中止呕，发表解暑。用于湿浊中阻，脘痞呕吐，暑湿表证，湿温初起，发热倦怠，胸闷不舒，寒湿闭暑，腹痛吐泻，鼻渊头痛。

（四）药食考证

1. 药用考证

最初以香料之用广为流传，《南州异物志》记载得非常形象："藿香可以着衣服中，用充香草"，《交州记》曰"藿香似苏合"，《通典》亦云"顿逊国出藿香，插枝便生，叶如都梁，以裹衣"，均十分形象地展现了其气味芬芳的特点，这与现今广藿香被当作香料植物以生产化妆品、定香剂的实际应用相符。而作为药名的"藿香"最早出现在南北朝《名医别录》，位列五香条中，"藿香治霍乱、心痛"。之后，南北朝陶弘景《本草经集注》、唐代苏敬《新修本草》、陈藏器《本草拾遗》、韩保昇《蜀本草》、宋代卢多逊《开宝本草》、掌禹锡《嘉祐本草》等对广藿香的功效亦沿袭《名医别录》所述"藿香疗霍乱、心痛"。唐代孙思邈《千金要方》卷五中记载癖结胀满症应用藿香汤"治毒气吐下、腹胀、逆害乳哺"等症。宋代苏颂之《本草图经》除保留"主霍乱、心痛"之记述，并推其为治疗脾胃吐逆的要药，云"故近世医方治脾胃吐逆，为最要之药"。《太平惠民和剂局方》首次记载"藿香正气散"，言其"治伤寒头痛，憎寒壮热，上喘咳嗽，五劳七伤，心腹冷痛，反胃呕恶"，此合剂影响深远，至今仍为治疗暑湿感冒的最佳选择。其后的《证类本草》对藿香的功效亦承袭前人"微温，疗风水毒肿，去恶气，疗霍乱心痛"。元代李东垣在《珍珠囊补遗药性赋》温性药中以"藿香叶"之名记述曰："味苦辛微温无毒"，并在木部将藿香与檀香归于一处，述其功效为"止霍乱吐呕，痛连心腹"。

2. 食用考证

元代王好古《汤液本草》描述藿香曰："气微温，味甘辛，阳也。甘苦，纯阳，无毒。入手足太阴经。补卫气，益胃进食。"《本草纲目》载其无毒。《百一选方》回生散中记载：陈皮（去白）、藿香叶（去土）；上等分，每服五钱，水一盏半，煎至七分，温服，不拘时候。

（五）食疗药膳方

1. 膳方制作方法

藿香茶

藿香叶 25 克放入煮锅内，加入适量清水，煮沸，加入白糖 5 克，每天服 3~4 次。以此代茶饮之，可扩张微血管，抗菌消炎，对于肠胃神经有镇静作用，并能促进胃液分泌，增强消化能力。

藿香粥

藿香末 10 克，粳米 50 克。先将粳米入锅中，加水煮粥，待米花将开时，加入藿香粉，再炖至粥熟即成。每日早晚各服 1 剂。功用解暑祛湿，开胃止呕。适用于夏季感觉暑湿之邪，发热胸闷，食欲不振，呕恶吐泻，精神不振等症。

2. 食用注意

阴虚火旺、胃热作呕者禁用。

< 图 4 · 藿香茶 <

< 图 5 · 藿香粥 <

（冯世鑫、侯小利）

十六、千斤拔

千斤拔

- 【种名】千斤拔
- 【学名】*Flemingia philippinensis* Merr. et Rolfe
- 【别名】蔓千斤拔、吊马桩、老鼠尾、千斤力
- 【科属】豆科千斤拔属
- 【药用部位】根茎
- 【食用部位】根茎

根单一,入地深,上粗下细,鼠尾状。茎多分枝,幼枝三棱柱状,密被灰褐色短柔毛。三出复叶互生,厚纸质,叶柄长2~2.5厘米;顶生小叶长椭圆形或卵状披针形,先端钝,或有小短尖,基部圆形,上面被疏短柔毛,背面密被灰褐色柔毛,基出脉3;侧生小叶略小,叶基部偏斜;托叶条状披针形。总状花序腋生,无限花序;苞片狭卵状披针形;花密生;萼裂片披针形,被灰白色长伏毛;花冠紫红色,约与花萼等长,旗瓣长圆形,基部具极短瓣柄,两侧具不明显的耳,翼瓣镰状,基部具瓣柄及一侧具微耳,龙骨瓣椭圆状,略弯,基部具瓣柄,一侧具1尖耳;雌雄二体;子房被毛。荚果椭圆状,被短柔毛;种子2颗,近圆球形,黑色。3—4月出新苗

(一)生物学特性

1. 形态特征

蔓性千斤拔为蔓性亚灌木,高1~2米。

图1·植株

图2·幼苗

图3·花、果

图4·根（药材）

（芽），6月为伸长期，8月现蕾，9月花果期，11月花末期，12月叶片枯黄、脱落。

2. 生长习性

喜温暖、湿润气候，耐寒，怕积水，幼苗期需要较多的水分，生长期能耐旱、耐贫瘠。喜欢土层深厚、肥沃疏松、富含腐殖质、排水良好的壤土或砂质壤土中生长。

种子硬实，外表有蜡质层，不易吸水，自然状态下，发芽率低。破皮后，经40~45℃热水浸泡4小时，萌发率大大提高。

3. 分布与生境

国内主要分布在云南、四川、贵州、湖北、湖南、广西、广东、海南、江西、福建和台湾等地。国外菲律宾也有分布。常生于海拔50~300米的平地旷野或山坡路旁草地上。

（二）种植技术

1. 繁殖方法

种子繁殖或组织培养繁殖，生产中以种子繁殖为主。

选择饱满、有光泽，当年产的种子，在春季气温稳定在18℃以上时播种。每亩用种量为0.75~1.0千克。播种前，先把种子晾晒3~4小时，后将种子与2倍的细河沙混合，置于布袋中扎好，搓揉30分钟，至种子表面失去光泽，有划痕为止。之后，在40~45℃水中浸泡4小时，置于25~30℃的环境下保湿催芽，待种子露白后播种；也可直接播种，但出苗较慢、历时较长。

2. 选地和整地

在海拔低于1 000米适宜区，选择在地势平坦、阳光充足、排灌方便、肥力较高、pH 5.5~7.5的砂质壤土。于秋冬季节进行开垦，深翻35厘米以上，晾晒。种植前，耙碎、耙平。起畦宽1.2米、高20厘米，长因地而定。每亩施腐熟的农家肥约1 200千克，加上复合肥约50千克。整地时，将基肥撒匀，翻入地里。

3. 种植方法

播种可分条播、撒播、穴播。

条播：按株行距20厘米×10厘米开浅沟，将种子播于浅沟里，覆盖0.5~1厘米的泥土。

撒播：直接将种子撒播于畦面上。

穴播：按穴距20厘米×15厘米，每穴播种2~3粒。覆盖薄土，以不见种子为宜。播种后，浇水，保湿。

4.田间管理

（1）及时补种

幼苗长至1~3片真叶时，按株行距20厘米×10厘米及时补种。补种应选择雨后播入经过催芽的种子。

（2）水肥管理

幼苗期需要水分较多，出苗期和开花结荚中期保持土壤含水量25%左右，结荚后期水分稍少，保持土壤含水量约22%即可。在雨季，需及时排涝。千斤拔喜磷钾肥，氮肥过多引进地上部徒长。可选用45%的复合肥作追肥，根据生长年龄使用。即一年生植株在伸长期至开花期和8月进行，用复合肥20千克/亩，在行间开浅沟撒入，盖上泥土。二年、三年生植株于4月、6月各施肥一次，用复合肥25千克/亩，开浅沟撒入行间，盖上泥土。每年开花结荚期可采用根外追肥，喷施0.2%的磷酸二氢钾1~2次。

（3）中耕除草

苗期生长缓慢，应及时除草，以杂草不掩盖种苗生长为度。生长期可在春末和秋季，各除草1次，结合除草进行松土。

（4）控制徒长

每年7月，在植株现蕾前，可喷施浓度为600毫克/升的多效唑，有利于控制千斤拔徒长，促进根部生长和增加种子产量。

（5）疏花促根

在现蕾或开花初期。用乙烯利10毫升兑水15千克作叶面喷施，连喷2~3次，能疏除花蕾，促养分集中供给地下根茎生长。

（6）病害防治

根腐病 主要为害根部和茎部。防治措施：及时排水、降低水位。发生初期，可喷洒50%代森锰锌可湿性粉剂500~800倍液，或50%甲基托布津可湿性粉剂800~1 000倍液2~3次。10~20天喷洒1次。

煤烟病 为害茎蔓、叶片和果荚。最初出现暗褐色点状小霉斑，后扩大成绒毛状黑色或灰黑色霉层。防治措施：及时对粉虱类、蚧类和蚜虫类的为害进行防治。发病初期，可用0.5∶1∶100（硫酸铜∶石灰粉∶水）波尔多液喷雾，或用70%甲基托布津可湿性粉剂1 000倍液喷雾1~2次。发生后，可在叶面上撒施石灰粉可使霉层脱落。

（7）虫害防治

豆荚螟 以幼虫为害荚果和种子。成虫把卵产于花苞或豆荚里，幼虫孵化后取食种子。防治措施：在发生期，用苏云金杆菌Bt 16 000可湿性粉剂约1 000倍液，或用20%毒死蜱2 000~2 500倍液，连续喷雾3~4次，也可用高效氯氰菊酯800倍液混合绿福800倍液喷雾，每7天1次，轮流用药，直至种子采收结束。

银纹夜蛾 幼龄虫咬食叶片和嫩茎。多发生于5—7月。防治措施：在发生初期，用50%辛硫磷乳油1 000~1 500倍液，或90%敌百虫800~1 000倍液，喷洒1~2次。

蚜虫 为害嫩茎、嫩叶和芽。造成畸形、生长不良，引发煤烟病。多发生于6—9月。防治方法：在发生初期，用50%抗蚜威2 000倍液，喷雾2~3次，或用吡虫啉1 500倍液均匀喷雾。

5. 采收

种植2~3年可采收，于11月至次年2月进行。分人工采收和挖掘机+人工采收两种方式。

人工采收：先刨去部分表土，露出千斤拔根头，用一根绳子将根头捆紧，利用杠杆将地下根茎拔出。

挖掘机+人工采收：用挖掘机挖松60~80厘米深的土壤，不翻倒，放散，人工跟进拔出千斤拔。去净泥土，剪去根部上面枝条，置阳光下晒干至水分10%以下，捆成小捆，包装待售。

（三）功能主治

千斤拔根茎具有壮腰健肾、消炎、祛风止痛等作用，用于盗汗、肾虚腰痛、风湿骨痛、黄疸肝炎、肾炎水肿、劳伤咳嗽等症，并有对抗疲劳、提高免疫力的作用，是中药制剂金鸡颗粒、金鸡胶囊、妇科千金片等著名中药的主要原料之一。

（四）药食考证

1. 药用考证

千斤拔最早记载在清代吴其濬所著的《植物名实图考》，谓其无毒，性温，补气血。1932年，《岭南采药录》记载：千斤拔祛风去湿。治手足痹痛、腰部风湿作痛、理跌打伤，能舒筋活络。随后，《山草药指南》《全国中草药汇编》记载千斤拔甘、微温、平。祛风湿，强腰膝，用于风湿性关节炎、腰腿痛、腰肌劳损、白带、跌打损伤。《中药大辞典》载其甘、微苦、平，祛风利湿，消瘀解毒；治风湿痹痛，慢性肾炎，跌打损伤，痈肿，喉蛾。《中华本草》载其甘、涩、平，祛风利湿，强筋壮骨，活血解毒；主风湿痹痛，腰肌劳损，四肢痿软，跌打损伤，咽喉肿痛。《南宁市药物志》载其：壮筋骨，去瘀积；治跌打损伤，风湿骨痛，四肢酸软无力，黄疸。

2. 食用考证

千斤拔作为食用在民间流传已久。《江西中医药》登载：千斤拔七钱至一两，同猪蹄一只或猪瘦肉二三两，以酒、水各半炖烂，去渣，食肉及汤。

（五）食疗药膳方

1. 膳方制作方法

千斤拔葛根脊骨汤

千斤拔50克，葛根（干品）50克，生粉葛250克，猪脊骨500克，生姜2片，植物油、盐适量。

粉葛去皮，洗净，切块，用淡盐水稍泡5分钟；葛根、千斤拔洗净，加水浸泡30分钟。猪脊骨洗净，斩成大块，用开水轻焯一下。将以上材料一并放入锅内，加适量清水，大火煮开后，小火煲2小时，调味，去千斤拔，即可食用。

< 图 5·千斤拔葛根脊骨汤 <

< 图 6·千斤拔杜仲桑寄生汤 <

千斤拔杜仲桑寄生汤

千斤拔 50 克,杜仲 50 克,桑寄生 50 克,花生 50~100 克,红枣 5 个,猪尾一条(带骨,约 400 克),生姜 2 片,植物油、盐适量。

将千斤拔、杜仲、桑寄生洗净,加水浸泡 30 分钟,装进纱布袋中。猪尾骨洗净,切成大块,放入锅内,用开水轻焯一下。花生洗净,先用开水煮 2 分钟以除涩味,捞起备用。红枣去核。把以上材料一起放进锅内,加入适量清水,放入生姜;大火煮开后,小火煮 2 小时。食用时,取出纱布袋,加入适量盐、植物油即可。

2. 食用注意

孕妇慎服。

(冯世鑫、候小利)

十七、肉桂

【种名】肉桂
【学名】*Cinnamomum cassia* (L.) J. Presl
【别名】牡桂、玉桂、大桂、菌桂、筒桂、辣桂
【科属】樟科樟属
【药用部位】树皮、枝条、叶等
【食用部位】树皮、枝条、叶等

（一）生物学特性

1. 形态特征

中等乔木，树皮灰褐色，老树树皮可达 13 毫米厚，当年小枝黄褐色，略呈四棱形。叶互生或近对生，革质，叶柄粗壮，长椭圆形至近披针形，三脉，背面中脉和基部侧脉隆起明显，基部急尖。圆锥花序腋生或近顶生。花被里面和外面均密被黄褐色的短绒毛，花被筒为倒圆锥形。果椭圆形，光滑无毛，成熟时黑紫色。花期 6—8 月，果期 10—12 月。

2. 生长习性

喜温暖、湿润气候，在过于干旱地带长势较差，而雨水过量可能导致其根部腐烂和叶子凋落。有一定的耐寒性，0~5℃低温亦少见冻害。幼苗需阴凉环境，成树则需要较充足的阳光。喜质地疏松、通透性强、土层深厚的偏酸性壤土或砂壤土。

图 1 · 植株

图 2 · 花

图 3·果实

图 4·皮

(注：上述四张图片由郭昌锋提供)

3. 分布与生境

起源自中国南部。现广泛种植于福建、广东、广西、贵州、海南、台湾和云南等热带或亚热带地区。国外越南、印度、印度尼西亚、马来西亚、老挝和泰国也有栽培。生于常绿阔叶林。

（二）种植技术

1. 繁殖方法

常用扦插繁殖和种子繁殖，大面积造林一般用种子繁殖。

每年 2—4 月，当果实呈紫黑色、果肉变软时采摘。果实采收后，在清水中搓洗果皮并去除果肉，然后取出沉淀在水底的种子将其晾干。肉桂种子寿命短，不宜暴晒和久存，春季是采摘并播种的最佳时期。幼苗萌发后要及时中耕除草。当幼苗长出 3~5 片真叶时，开始施用稀薄的肥水，并在 15 天后进行追肥 1 次。至 8—9 月，施用 1 次草木灰，冬季不适合施肥或灌溉。约在 1 年后，苗木高度达到 30 厘米以上时，可移植到固定位置。

2. 选地和整地

挑选阳光充足、土层深厚、排水良好、质地疏松、肥沃湿润的缓坡或山窝，整地后进行种植。采用大穴整地方法，穴距为 3~4 米，行距为 2~3 米，利用表土填穴，于每穴施入 15~20 千克土杂肥作基肥。

3. 种植方法

通常在 3—4 月，选择阴天或小雨天挖取苗木并进行定植。在剪去苗木基部枝叶和过长的主根后，将其在黄泥浆中浸泡后用湿草包装，再运往定植地点进行种植。每个栽苗穴栽植 1 株苗木，保证苗木端正、根系舒展，紧压土壤并松土培蔸，用草覆盖保持湿度，并保证充足的浇水，以促进苗木的生根生长。

4. 田间管理

（1）幼树遮阴

幼树郁闭前，可间作高秆作物遮阳。

（2）水肥管理

一般每年进行2次追肥，在春、秋季节一起进行中耕除草。幼树每株可施加0.1~0.2千克的尿素、过磷酸钙或者复合肥。成熟的树木每株施加0.1~0.5千克的肥料。可以进行穴施或沟施，并在施肥后用土覆盖。

（3）修剪树枝

每年的冬季是修剪肉桂树的最佳时间，有针对性地剪掉下垂、过于密集、有病虫的枝条，以及纤弱和无用的萌蘖，以确保更好的通风和透光条件，促进树干的成长和粗壮。同时，肉桂树的萌芽能力非常强，在砍伐后，树桩会重新萌芽成林。

（4）病害防治

根腐病 通常在多雨的5—7月较为常见，特别是在低洼积水的苗圃地发病比较严重。为了预防此类疾病，应选择排水良好的地块作为苗圃，在雨季要特别加强排水。如若发现病株，应立即除去并进行烧毁处理。对于出现病株的苗圃，建议每亩使用40~50千克生石灰粉撒在行间进行消毒处理。

褐斑病 真菌是褐斑病的罪魁祸首，该病对植物叶片造成为害，通常在新生苗木叶上发生。该病经常在7月出现，而在8月会更加严重。在高温高湿条件下，特别是在多台风的季节，该病会以较迅速的速度发展。如果发现该病，应立即清理田园，将残留的枝叶和病叶焚烧，同时使用1:1:100浓度的波尔多液喷洒，每10~15天喷洒一次，可以有效地防止病害蔓延。

（5）虫害防治

肉桂泡盾盲蝽 对肉桂为害较严重。主要为害一年生枝条和嫩枝梢。该虫利用刺吸式口器吸取汁液，并在枝条皮层内产卵，导致枝条形成瘤状愈伤组织，从而阻塞枝条的输导。为了控制虫害，建议在每年6—10月期间使用0.50~0.66克/升的桂虫灵（也称为"灭虫灵"）乳油喷雾1~2次。

肉桂木蛾 肉桂的主要害虫之一。在幼虫孵化时期需采用90%敌百虫晶体1 000~1 200倍液或50%辛硫磷乳油1 000倍液进行喷洒，可达到杀死害虫的目的。每10天进行1次，共喷洒2~3次。当幼虫变得较大并蛀入木质部时，可以用棉花球蘸取90%敌百虫原油后放入虫孔，并在虫洞口处使用黄泥将其封住以毒杀洞内幼虫。

5. 采收

树龄在10年以上者品质较好，最适合采收。采收期于春分前后或7—8月皮层容易剥脱时为佳。在距离地面20~30厘米处环形切割树皮，并在35~45厘米高处再次环切，然后在两个切口之间沿着竖直方向切开，缓慢地掀动以完全分离树皮和木材，形成整块树皮。由于肉桂树皮再生能力强，因此可以间隔收取树皮。在取完树皮后，注意用塑料薄膜包裹树干以帮助其再生。为了保护树木生长，建议隔年在不同的部位轮流取皮。将取得的肉桂树皮晒干即可。

（三）功能主治

肉桂味辛、甘，性大热。中医认为其可以补火助阳，温通经脉，缓解寒冷带来的疼痛。对阳痿、肾虚、宫寒、腰膝冷痛、呼吸困难、虚阳上浮、眩晕目赤、心腹冷痛、虚寒吐泻、寒疝腹痛、痛经和经闭等病症有效。

(四) 药食考证

1. 药用考证

肉桂主要以树皮和枝条入药。《日华子本草》记载其"治一切风气，补五劳七伤，通九窍，利关节，益精，明目，暖腰膝，破痃癖癥瘕，消瘀血，治风痹骨节挛缩，续筋骨，生肌肉"。《本草纲目》认为其"治寒痹，风痦，阴盛失血，泻痢，惊痫"。

2. 食用考证

肉桂始载于《神农本草经》："久服通神，轻身不老"。《本草图经》有云："牡桂，皮薄色黄少脂肉，气如木兰，味亦相类，削去皮名桂心，今所谓官桂，疑是此也。"在汉唐时期，肉桂被广泛应用于食品制作中的调味和防腐，同时也是皇室和贵族喜爱的熏香材料。长期以来，"人参、鹿茸、燕窝"与"肉桂"并称"参、茸、燕、桂"。在15~16世纪大航海时代，西方航海家远渡重洋来到东方搜寻香料，肉桂通过海上贸易路线大量传入西方。据埃皮西乌斯的《烹调书》记载，古希腊和古罗马人将肉桂用作调味香料，称为"东方黄金"。

(五) 食疗药膳方

1. 膳方制作方法

主料为高筋面粉250克，酵母粉2.5克，糖40克，盐4克，牛奶80毫升，鸡蛋60克，黄油50克。辅配料为黄油15克，肉桂粉10克，糖25克。将除黄油之外的主料混合在一起，揉成面团后放进面包机里，揉至初步扩展状态。加入黄油后，继续揉搓好面团，静置发酵约50分钟。将发酵好的面团擀成长方形饼状，35厘米×25厘米，在上面刷一层软化的黄油，均匀撒上辅配料中的肉桂粉和糖的混合物。将面团卷成细长的卷筒状，用锋利的刀将其横切成16份，平排放在烤盘中，放置在温暖湿润的地方进行二次发酵约50分钟。将二次发酵好的胚子肉桂卷表层刷上蛋液，放入预热好的烤箱中烘烤15~30分钟，直至表面金黄脆香即可。

图5·肉桂卷

2. 食用注意

肉桂性质温热，人在出现口渴、咽干舌燥、咽喉肿痛、鼻子出血等热性症状及急性炎症时，不建议食用。肉桂辛热，耗损阴液，可能引起肠道干燥和便秘，且有动血之虞，孕妇不宜食用。另外，内热或内火过盛、阴虚火旺、舌红无苔者也应避免食用肉桂。

(桂凌健)

十八、砂仁

【种名】砂仁

【学名】本品的药典品种有 3 种,分别为
阳春砂 *Amomum villosum* Lour.、
绿壳砂 *Amomum villosum* var.
Xanthioides T. L. Wu & S. J. Chen
和海南砂 *Amomum longiligulare*
T. L. Wu

【别名】缩砂仁、缩砂蜜、缩砂密

【科属】姜科豆蔻属

【药用部位】果实

【食用部位】果实

(一)生物学特性

1. 形态特征

多年生草本,根茎延长而匍匐状,茎基部略膨大成球形。叶片长圆状披针形。花萼圆筒状,顶端具 3 齿。花冠管圆筒形,唇瓣圆匙形。阳春砂和绿壳砂的果实形状为椭圆形或卵圆形,三棱不明显,长 1.5~2 厘米,直径 1~1.5 厘米。果皮薄而柔软,密被刺状突起。种子聚集成团,中央有白色隔膜将种子团分为三瓣,每个瓣中有 5~26 粒种子,直径 2~3 毫米,表面呈棕红色或暗褐色,有细浅纹,具有香气浓烈的特点,味道凉辣微苦。海南砂的果实则有明显的三棱,长 1.5~2 厘米,直径 0.8~1.2 厘米。果皮较厚而坚硬,被片状、分枝的软刺。种子较小,直径 1.5~2

◁ 图 1·植株 ◁

< 图2·叶 <

< 图3·花 <

毫米,气味相对较淡。

2. 生长习性

砂仁生长在亚热带地区。通常见于肥沃、湿润、荫蔽的山谷地区,对寒冷的气候不适应,但能够承受短暂的低温。在生产区,砂仁要求年平均气温为19~22℃,降雨量要在1 000毫米以上。最佳种植环境为保持完好的山区沟谷林,周围有长流水的溪沟,并且存在丰富的传粉昆虫资源。如果栽培砂仁,应选择土壤深厚、疏松、保水保肥力强的壤土或砂壤。

3. 分布与生境

主产于广东、广西、云南、海南。多生于山地阴湿之处。

(二)种植技术

1. 繁殖方法

常见的繁殖方法包括种子繁殖和分株繁殖。

为了避免苗木运输的困难,在新种植

< 图4·果实 <

(注:上述四张图片由林杨提供)

区可以采用种子繁殖,从而加快繁殖速度。采摘果实后于9—10月及时播种新鲜种子,有利于萌芽率的提高和早期发育。于第二年5—6月雨季初,将苗子移栽到苗圃内生长。而在老种植区,分株繁殖是更为常见的方法,以促进其早结果。种植者可以直接从大田或者苗圃地里取得健壮、具有1~2条匍匐茎和5~10片叶子的幼苗作为种苗。

2. 选地和整地

种植砂仁宜选择湿度较高,有水源的阔

叶常绿林地、山坡、山谷和平地，同时要方便排灌。在种植过程中，应清除杂草并适当砍除过多的荫蔽树，同时在遮阴不足的区域补种荫蔽树。为应对干旱和排涝问题，可同时挖掘环山排灌水沟。附近宜种植多种果树，以扩大蜜源，吸引更多的昆虫传粉。

3. 种植方法

播种期分为春播和秋播两种，其中秋播发芽率较高。苗床可通过条播或撒播的方式实施，但以条播为佳。在行距为 15 厘米的坑沟中撒放种子，株距 3 厘米，覆盖 2 厘米左右的腐熟堆肥。每亩需要 750~1 000 克的种子量，育苗可以达到 2 万~3.5 万株。株行距应为 1 米 ×1 米，每个挖穴长、宽、深约 30 厘米 ×20 厘米 ×20 厘米，每穴只栽种 1 株苗，覆土应为 6~7 厘米，压实土壤，浇水，覆盖草来保持湿度。

4. 田间管理

（1）中耕除草

在定植后 1~2 年应注意勤除草、松土和施肥，并根据实际情况适当培土。

（2）水肥管理

一般在种植 3 年后即可进入结果期，建议在 3 月开花之前进行除草和施肥，以促进开花和结果。旱季施水肥根据各地条件而定。在 9—10 月采果后，将枯枝、衰苗、杂草割去，再次施肥。

（3）荫蔽生长

生长期需要适当遮阴。进入开花结果年限后，植物在花芽分化期需要更多的阳光，荫蔽度保持在 50%~60% 最为适宜；当种植在保水能力较差的砂质壤土或缺乏灌溉水源的砂地上时，荫蔽度应该控制在 70% 左右。

（4）人工授粉

砂仁花是常见的昆虫传粉花之一，需要依赖昆虫传粉才能结出果实。若栽培地缺少传粉昆虫，则需在花期用抹粉法进行人工授粉，以提高结果率。

（5）病害防治

茎枯病 容易在 7—8 月的雨季发生。当幼苗受到侵害后，茎秆会变干枯并倒伏死亡。通过喷洒 1∶1∶1 400 000 倍的波尔多液，可以有效地控制这种病害。

叶斑病 可能在苗期或大田阶段发生。除去受到侵害的病株，并使用 1∶1∶120 倍的波尔多液或 1 000 倍的代森铵水溶液进行喷洒，可以有效地控制病害。

果腐病 容易在植株密集、通风透光和排水不良的条件下发生。对于平原的种植地，需要注意在高温多雨的季节确保通风和排水畅通，及时清除积水。在幼果期，可以使用 1% 的甲醛液进行喷洒，每亩使用量为 50 千克。收果后，可以撒施 1∶240 比例的石灰草木灰，每亩 15~20 千克，以控制病害的发生。

（6）虫害防治

幼苗钻心虫 主要为害幼苗。需在平时加强水肥管理，在钻心虫产卵盛期时，使用 90% 敌百虫原粉 800 倍液喷洒，以控制病虫害。

5. 采收

通常砂仁果实在八月中旬至九月中旬成

熟，要及时采收。在处暑当天就可采摘上市。宜用小刀割取果穗，以免撕破根茎，影响植株后续生长。鲜果采摘后，马上进行烘干处理。

（三）功能主治

砂仁的药性属辛、温性，宜归于脾、胃、肾经。中医认为其有着化湿开胃的功效，可以温中止泻，也有理气安胎的效果。因此，对于湿浊中阻、脘痞不饥、脾胃虚寒、呕吐泄泻、妊娠恶阻以及胎动不安等症状都有一定的治疗效果。

（四）药食考证

1. 药用考证

砂仁主要以干燥果实入药。《本草纲目》有云：缩砂主醒脾调胃，引诸药归宿丹田，故补肾药用同地黄丸蒸，取其达下之旨也。《日华子本草》：治一切气，霍乱转筋，心腹痛。《本草经疏》：缩砂蜜，辛能散，又能润。

2. 食用考证

本品最早出自《本草原始》。《本草纲目》摘录韩愗《医通》云：肾恶燥，以辛润之，缩砂仁之辛，以润肾燥。《本草经疏》：气味辛温而芬芳，香气入脾。

（五）食疗药膳方

1. 膳方制作方法

砂仁鲫鱼汤

砂仁15克，鲫鱼500克，豆腐一块，生姜若干，葱花或香菜适量。将生姜下热锅，鲫鱼煎至微黄，加水熬煮20分钟，然后放入豆腐、砂仁等继续熬煮5~10分钟，起锅撒适量的葱花或香菜。

◁ 图5·砂仁鲫鱼汤 ◁

2. 食用注意

不适宜阴虚有热的人，以及产后的妇女食用。肺结核、支气管扩张、干燥综合征等疾病的患者也不宜用。

（桂凌健）

十九、广金钱草

【种名】广金钱草
【学名】*Desmodium styracifolium* (Osb.) Mer
【别名】落地金钱草、马蹄香、假花生、广东金钱草、假地豆、银蹄草、山地豆
【科属】豆科假地豆属
【药用部位】地上干燥全草
【食用部位】地上干燥全草

（一）生物学特性

1. 形态特征

多年生亚灌木状草本，茎枝常铺于地面或斜升，地面基部为木质，地上部分茎枝呈圆柱形细长茎，茎的横断面为淡黄色，断面中心部位的髓心呈白色，互生叶叶片为肾形至圆形，质稍脆，先端均微凹。总状花序通常腋生或顶生，紫色蝶形花冠，散发香气；荚果线状长圆形，种子肾形。花期6—9月，果期7—10月。

2. 生长习性

喜温、喜湿、喜阳，耐旱不耐寒，对土壤要求不严，黄壤土、红壤土、砂质壤土均能生长，但以排灌方便、土质肥沃、不易板结、透水性好的砂质壤土栽植最好。适宜育苗与幼苗移栽期在3—4月气温为25℃左右，生长旺盛时期为6—9月，9月后逐渐停止生长。

图1·植株

< 图2·花 <

< 图3·果实 <

3. 分布与生境

分布于广东、广西、云南、四川、湖南、福建等地。多生长在海拔1 000米以下的山坡、草地、土坎或灌木丛中。广西的贵港、桂林等地，现多为人工种植。

（二）种植技术

1. 繁殖方法

一般采用种子繁殖，传统以春播为主。选择果饱满、无病虫害的种子，置含75%的乙醇水中浸泡24小时或用90℃热水浸泡1分钟或用市售浓硫酸（95%~98%）腐蚀种皮5~6分钟后马上用大量清水冲洗，再用盆装好，盖上湿毛巾保湿催芽，种子膨胀露白后播于苗场，覆土1厘米，当有6~8片真叶时即可移植。也可选择当年生的生长粗壮、节密、无病虫害、3~4节位的小段匍匐茎进行扦插育苗。

2. 选地和整地

选择向阳、日照时间长的缓坡或者灌水方便的农田或旱地。于冬天翻犁，翌年春耙犁、耙细备用。畦土耙细整平前，先施基肥，整地每亩施1 500千克腐熟农家肥作基肥，施肥后浅耕耙匀，使表土与肥料拌匀。起畦开沟，畦宽1.2~1.4米，高10~20厘米，畦沟宽30~50厘米，周围开排水沟，行距5厘米，沟深2厘米，防止积水。

3. 种植方法

定植宜选在阴天或晴天傍晚进行，按株行距为35厘米×25厘米或30厘米×20厘米在畦面开穴，穴深5厘米，每穴种植苗2~3株，每亩种植种苗7 000~8 000株。将幼苗移植入穴中，扶正苗身，覆土压实，种后淋足定根水。

4. 田间管理

（1）及时补苗

扦插植株长出新叶时进行检查，若有缺苗或死苗，可进行补苗，若没有苗木了，可剪下较长的插条进行补救。

（2）水肥管理

遇天气干旱，要适时淋水；从植株开始

迅速生长的6月份起，每10天灌一次水，雨季要注意排水，防止土壤积水沤烂根部。生长期施用氮肥与复合肥为主，每亩最适宜施氮水平为225~262.5千克，以后每隔1个月施复合肥（氮∶磷∶钾=3∶2∶2）10千克，连施3次。苗期高25~30厘米时施1次低浓度的人畜粪或沼水肥，以后每隔30~40天追施1次；定植后可用低浓度的人畜粪、尿素等；封垄前再追肥1次较高浓度的人畜粪或颗粒复合肥、尿素等。在收割清理田园后，适当撒施腐熟农家肥以促进新芽萌发生长。

（3）中耕除草、培土压条

苗期要经常除草，种植两周后松土和除草结合进行。定植后到藤蔓封垄前要进行中耕除草2~3次。适当培土，并将10厘米以内的基部蔓条压入土内。

（4）病害防治

根腐病　主要为害茎基部。茄病镰刀菌通过根部伤口侵染植株，发病时茎基部呈浅黄褐色腐烂，并很快倒伏死亡。发现病株，拔除后集中烧毁，在发病处用0.3%的石灰水或0.3%恶霉灵溶液浇灌。

立枯病　主要为害茎基部。发病时茎基部呈浅黄褐色腐烂，并很快倒伏死亡。发病后用75%春雷霉素600倍液喷施或用72.2%普力克水剂800倍液喷施叶面，隔7~10天喷1次。

霉病　主要为害茎叶。发病初期用50%的甲基托布津1 000~1 500倍液喷杀，每15天喷1次，连续用药3~4次。

（5）虫害防治

黏虫　以幼虫为害叶片或嫩茎。可在早晨选择虫口密度较小的地块进行人工捕杀，或在发生期用90%敌百虫1 000倍液喷杀。

5. 采收

采收宜在花期至果期进行。当年种植的于夏秋季节采收；秋播育苗次年春种的一年可收获2次，第一次遵循割大留小的原则在7—8月份收割；11—12月份可进行第二次收割。靠地面2~3寸处的茎叶割下，除去杂质，切段，晒干。以叶多、色绿、无杂质者为佳。

（三）功能主治

味甘、淡，性凉，归肝、肾、膀胱经，具有清热利湿、退黄、利尿、祛风止痛、消炎解毒、杀虫的功效，用于黄疸尿赤、膀胱结石、小便涩痛、水肿尿少、小儿疳积、痈肿等病症。

（四）药食考证

1. 药用考证

始载于《岭南草药志》：治疗膀胱结石甚为奇效。《中华人民共和国药典》（2020版）记载其：利湿退黄，利尿通淋。用于黄疸尿赤、热淋、石淋、小便涩痛、水肿尿少。《南宁市药物志》记载其：行气、活血、消积聚。治小儿疳积、肾及膀胱结石、咳嗽、乳痈。《广西本草选编》记录其：治荨麻疹。《广西中药志》中记载其：清虚热、降火、治砂淋。《广东中药》记载其：平肝火、利水、通淋、清湿热。治肾结石、睾丸炎、吐血、肝热黄疸、痰火核、肺燥。广州部队的《常用中草药手册》记载：治肾炎浮肿、尿路感染、尿路结石、胆囊结石、黄疸型肝炎。

2. 食用考证

食用历史不长,暂无食用考证,近代主要以煲汤配料食用。

(五) 食疗药膳方

1. 膳方制作方法

广金钱草瘦肉粥

广金钱草 5 克、猪肉 250 克、大米 60 克、水 500 毫升,广金钱草煎汁去渣,猪肉洗净切成肉末,将碎猪肉末与大米加入药汁同煮成粥。

广金钱草冬瓜肉丸汤

广金钱草 15 克、猪肉 500 克、冬瓜 500 克、水 500 毫升,生姜、蒜米适量。广金钱草煎汁去渣,猪肉洗净切末,锅内放热油爆香生姜、蒜米和冬瓜,翻炒 1~2 分钟。加入广金钱草药汁熬煮,煮沸后调至小火,用勺子将猪肉末做成丸状放入锅中,然后中火煮沸 5~7 分钟,出锅前添加适量调味料即可。

2. 食用注意

凡阴疽诸毒,脾虚泄泻者,忌捣汁生服。

< 图 4·广金钱草瘦肉粥 <

< 图 5·广金钱草冬瓜肉丸汤 <

(周兰、黄浩)

二十、黄精

- 【种名】黄精
- 【学名】*Polygonatum sibiricum* Red.
- 【别名】鸡爪参、老虎姜、爪子参、笔管菜、黄鸡菜、鸡头黄精
- 【科属】百合科黄精属
- 【药用部位】根状茎
- 【食用部位】根状茎、嫩叶、花、果实

（一）生物学特性

1. 形态特征

多年生草本，圆柱状的根状茎具有膨大的结节，节间粗的一头有短分枝，条状披针形叶与钩吻相似，轮生，唯茎不紫。伞形花序通常具2~4朵花，花被乳白色至淡黄色，全长9~12毫米，浆果黑色，具4~7颗种子。花期5—6月，果期8—9月。

2. 生长习性

黄精喜温、耐寒和喜阴湿，适合生长于年均气温为15~25℃、pH 5.5~7.2、海拔800~2 800米、透光率为30%~40%，土层深厚、肥沃、质地疏松、保水力好的壤土或砂壤土中。

3. 分布与生境

在广西产于桂林、上思、钦州北部等林下、灌丛或山坡阴处。国外朝鲜、蒙古和俄罗斯西伯利亚东部地区也有分布。

图1·植株（多花黄精）

图2·叶（多花黄精）

图3·块茎（多花黄精）

（二）种植技术

1. 繁殖方法

可用根状茎和种子繁殖，根茎繁殖供药用的生长周期需 2~3 年，种子繁殖长达 5~6 年，实际生产中以使用根状茎繁殖为主。

在晚秋或早春 3 月下旬前后，选取健壮、无病虫害的植株挖取地下根状茎，将先端幼嫩部分截成有 3~4 节、至少有 1 个健壮顶芽，用草木灰涂抹后种植，或浸入波尔多液（1∶1∶100）中 1~2 秒，等药液晾干后将顶芽芽尖朝上平行放置种植。

2. 选地和整地

选择湿润和有充分荫蔽的地块。播种前每亩先使用 5% 辛硫磷 0.12 千克处理土壤，后深翻土壤，结合整地每亩施农家肥 15 000 千克，翻入土中作基肥，然后耙细整平，晾晒 3 天后作畦，畦宽 1.2 米，间距 0.6 米，为满足黄精生长所需的荫蔽条件，可在畦埂上种植具有一定高度和遮蔽性的农作物（如玉米），也可以配置滴灌设备。

3. 种植方法

一般在晚秋或早春 3 月下旬前后种植。可选择半高山或平地栽培，种植时，注意尽量不要把须根去掉，移栽应在幼苗倒苗后、出苗前（须根干枯前）。栽植密度应根据幼苗大小确定，如果幼苗较小，可适当增大栽培密度，将株行距控制为 20~25 厘米；如果幼苗较大，可以适当减小栽培密度，将株行距控制为 35~40 厘米。覆土后稍加镇压并浇 1 次定根水，以后每隔 3~5 天浇水 1 次，使土壤保持湿润。于秋末种植时，应在墒上盖一些草以保暖。

4. 田间管理

（1）灌溉排水

5 月花期黄精需水量较多，如遇干旱，土壤墒情较差时，应及时在畦沟放水渗透或喷灌，禁止大水漫灌。8—10 月是黄精地下部分迅速生长时期，如遇连续阴雨天气，土壤出现积水时，应及时排水。

（2）水肥管理

若遇干旱或种在较向阳、干旱地方的需要及时浇水。每年结合中耕除草进行追肥，前 3 次中耕后每亩施用土杂肥 1 500 千克，与过磷酸钙 50 千克、饼肥 50 千克混合拌匀后于行间开沟施入，施后覆土盖肥。

（3）除草技术

种植第一年于 4 月、6 月、9 月、11 月各进行 1 次中耕除草措施，宜浅锄并适当培土；后期拔草即可，避免使用化学除草剂。

（4）打顶控旺

打顶时间为展叶期，在黄精展叶 8~10 节时进行打顶。选晴天上午 06∶00—10∶00，通过手掐的方法摘除顶芽。

（5）病害防治

叶斑病 主要为害叶片。叶片出现褪色斑点，而后病斑逐渐扩大形成椭圆形或者不规则形状的灰褐斑。防治方法：发病时可用 65% 代森锌可湿性粉剂 500 倍液防治。

黑斑病 主要为害叶片和侵染果实。防治方法：收获时清园，消灭病残体；前期喷施波尔多液（1∶1∶100）或多菌灵粉 1 000 倍液，每 7 天施用 1 次，连续 3 次。

根腐病 主要为害根部。根基部呈水渍状腐烂，病组织软化，散发出异臭味。防治方法：发病初期喷施50%多菌灵800倍液，每亩施用量为37.5千克，每7天施用1次，适当采取轮作措施，利用高畦栽培，及时清除病根。

炭疽病 主要为害叶片和果实。防治方法：在发病初期用50%退菌特可湿性粉剂800~1 000倍液喷雾防治，间隔7~10天再用1次。

枯萎病 主要为害根部。根部变为灰褐色，严重的全株萎蔫枯死，俗称"黑心病"。防治方法：用50%多菌灵500倍液，或用50%代森铵乳剂800倍液等药剂植株根部浇灌或喷施防治。

（6）虫害防治

蛴螬 以幼虫为害，为害根部，咬断幼苗或嚼食苗根，造成断苗或根部空洞，为害严重。防治方法：可用75%辛硫磷乳油按种子量0.1%拌种；或在田间发生期，用90%敌百虫1 000倍液浇灌。

地老虎 对根茎造成损害。防治方法：消灭虫卵、深耕整地、及时除草，可利用糖醋、黑光灯诱杀越冬成虫或可以选择40%辛硫磷1 500倍液（5毫升/株）灌根处理。

飞虱、叶蝉 为害植株叶片、花器和果实。为害严重时常伴生青绿霉病和灰霉病等。防治方法：可用10%吡虫啉4 000~6 000倍液喷雾防治。

5. 采收

一般春、秋两季采收，以秋季采收的根茎饱满、断面呈乳黄色或淡棕色质量最佳。

黄精采收过早，产量还未形成；采收过晚，则密度过大，养分竞争激烈，影响黄精生长。可在地上部分枯萎后到第二年春天发芽前采收。采收的黄精洗净除去须根、残茎，洗净泥土，去掉烂疤，蒸透，晒干或烘干。

（三）功能主治

润肺养阴，滋肾填精，健脾补气。主治肺虚燥咳，脾虚体倦，肾虚精亏，阳痿遗精，耳鸣目暗，口干食少，内热消渴，须发早白，体虚羸瘦，风癞癣疾。

（四）药食考证

1. 药用考证

记载始于《名医别录》：黄精，味甘，平，无毒。主补中益气，除风湿，安五脏。久服轻身、延年、不饥。长久服用身体轻盈、多年不饥饿。《药物图考》记载其主理血气，坚筋骨，润皮肤，去面黑，目痛，眦烂。《日华子》曾载：补五劳七伤，助筋骨，止饥，耐寒暑，益脾胃，润心肺。单服九蒸九暴，食之驻颜。《中华人民共和国药典》记载其补气养肝，健脾，润肺，益肾。用于脾胃气虚，体倦乏力，胃阴不足，口干食少，肺虚燥咳，劳嗽咳血，精血不足，腰膝酸软，须发早白，内热消渴。

2. 食用考证

《滇南本草》记载其：洗净，九蒸，九晒，服之甘美。《本草蒙筌》和《本草纲目》均记载：洗净九蒸九曝代粮，可过凶年。《本草纲目》还记载：俗采其苗炸熟，淘去苦味食之。《食疗本草》中记载：蒸之若生，则刺人咽喉。曝使干,不尔朽坏。根叶花实皆可食之。《救荒本草》记载:救饥采嫩叶,煮熟换水,浸去苦味,淘洗净,油盐调食。肉质根茎可以糖生食,脆嫩甘甜,食用爽口,还可以炒食、煲汤、蒸食、熬粥、泡酒、做药膳等。嫩叶也可以焯水后拌成凉菜食用。

(五)食疗药膳方

1. 膳方制作方法

黄精炖排骨

酒黄精15克,猪排骨360克,精盐、料酒、冰糖、姜等调味品适量。将猪小排洗净后切成块,放入沸水锅中焯去血水,捞出备用。酒黄精洗净,姜拍碎。将猪小排、酒黄精、姜、料酒、冰糖等同放入锅中,注入适量清水,用武火烧沸,然后改文火炖至熟烂,拣去姜、酒黄精等,用盐、胡椒粉等调味即成。

黄精焖鸡

酒黄精10克,鸡1/4只(约300克),料酒、精盐、冰糖、姜片、青椒适量。将黄精洗净切片,将鸡肉切成块状,用清水洗净后盛入盆中,加入料酒、姜片、少许盐去腥。锅内放入鸡块,待水焯干后放入少许油,待鸡肉炒出油后放入适量水、豆瓣酱、酒黄精、精盐、土豆,武火烧沸,改为文火炖烧,再加入青椒,至鸡肉熟烂,出锅即成。

2. 食用注意

脾虚泄泻及痰湿痞满气滞者不宜食用。

图4·黄精炖排骨

图5·黄精焖鸡

(周兰、黄浩)

二十一、香椿子

香椿子

【种名】香椿
【学名】Toona sinensis A. Juss. Roem.
【别名】椿芽
【科属】楝科香椿属
【药用部位】果实、树皮、根皮、叶、花
【食用部位】嫩叶、幼芽

（一）生物学特性

1. 形态特征

乔木。树皮粗糙，深褐色，片状脱落。叶具长柄，小叶对生或互生。圆锥花序与叶等长或更长。蒴果狭椭圆形，长2~3.5厘米，深褐色，果瓣薄；种子基部通常钝，上端有膜质的长翅，下端无翅。花期6—8月，果期10—12月。

2. 生长习性

喜温，喜光，较耐湿，适宜生长于肥沃湿润土壤中，以砂壤土为好。适宜的土壤酸碱度为pH 5.5~8.0。抗寒能力随苗龄的增加而提高。用种子直播的一年生幼苗在-10℃左右可能受冻。

3. 分布与生境

我国分布于华北、华东、华中、华南和西南地区，广西各地均有野生分布。生于山地杂木林或疏林中。

< 图2·幼芽 <

< 图1·植株 <

< 图3·花 <

图 4 · 果实

（二）种植技术

1. 繁殖方法

可用种子繁殖和分株繁殖，实际生产中主要以种子繁殖为主。

将种子在 30~35℃温水中浸泡 24 小时，捞起后，置于约 25℃的室温下保湿催芽。当胚根露出米粒大小时即可播种，长出 4~5 片真叶时定苗。

2. 选地和整地

建议选择郁闭度小于 0.15 疏林作为种植地。

如以采摘椿芽、嫩叶作蔬菜为主，选择平缓的土地种植较佳。平整土地后，每亩施腐熟农家肥或有机肥 5 000 千克、过磷酸钙 100 千克、尿素 25 千克，撒匀深翻。然后，按每畦的宽度 120 厘米左右，长度 10~12 米，畦沟宽、畦高均为 30 厘米左右起畦。

如以获取药材为主，可选择肥沃的山地种植，先将杂草和基地杂树清理，按株间距 5 米，行间距 7 米开穴，每穴长、宽、高均为 60 厘米，施 5 千克有机肥、过磷酸钙 2 千克、尿素 1 千克，与土充分拌匀。

3. 种植方法

一般在春季和秋季种植。如以采摘椿芽、嫩叶为主，按株距 20 厘米、行距 20~30 厘米的密度进行定植。如以获取药材为主，在种植时，种苗根部需用鲜土与拌匀的肥土隔开 5 厘米以上。种植后，浇足定根水，保证水分。

4. 田间管理

（1）及时补种

在种植后 7~10 天，加强巡查，发现死亡或缺株应及时补种。

（2）水肥管理

香椿为速生木本，底肥已基本可满足前 1~2 年苗期的生长，在苗期满足其水分的正常需求即可；在多雨季节，需及时排涝。以采收椿芽、嫩叶为主的种植，每次采摘后，根据地力、香椿长势及叶色，适量追肥、浇水。之后可结合除草松土进行施肥。

（3）中耕除草

在苗期需结合实际情况，及时进行除草、松土，以杂草不掩盖种苗生长为准。在春末、夏季和秋季，至少除草 1 次，结合除草进行松土。

（4）病害防治

白粉病 主要为害香椿叶片和枝条。防治方法：合理密植，及时整枝打叶，改善通风透光条件，提高抗病能力；及时清除病枝、病叶，集中堆沤处理或烧毁，减少初次侵染来源。在香椿萌动和柚梢期可喷 1 次波多美度的石硫合剂，每 10 天喷 1 次，连续喷 2~3 次。在发芽前或发病初期也可选用 40% 福星乳油

8 000~10 000 倍液、40% 多硫悬浮剂 600 倍液等均匀喷洒枝叶，10~20 天防治 1 次。

叶锈病 为害香椿叶片。叶片出现锈斑，受害植株生长衰弱，提早落叶，影响次年香椿芽的产量。防治方法：及时排灌，以降低湿度，合理施肥，避免过量施用氮肥，适当增施磷钾肥；冬季清除病叶，集中烧毁，减少初次侵染来源。发现橙黄色的夏孢子堆时，喷洒 15% 可湿性粉锈宁 600 倍液喷洒防治，喷药次数根据发病轻重而定。当夏孢子初期时，喷施 100 倍等量式波尔多液，每隔 10 天喷 1 次，每次每亩用配好的药液 100 千克左右，连喷 2~3 次。

（5）虫害防治

香椿蛀斑螟 专食性害虫，为害香椿的枝干。幼树主干被害常致整株死亡，大树枝条被害引起枯枝。该虫每年 1 代，以大龄幼虫在枝干内越冬。幼虫孵化后蛀入皮下，在韧皮部与木质部之间蛀食圆形、方形、椭圆形横向不规则的虫道。受害轻者伤口可以愈合，枝干上留下粗肿的愈伤组织；重者伤口不能愈合，形成孔洞，并裸露木质部，伤口处排出褐色粪便和流胶。防治方法：合理修枝，剪除被害虫枝，予以烧毁。越冬幼虫早春爬出取食时，采用化学防治，用 1 000~2 000 倍敌敌畏乳剂、1 000 倍杀螟松、90% 敌百虫 1 000 倍液喷施。

香椿毛虫 杂食性的食叶害虫，一般在 6—8 月发生，幼虫有群集性，白天一般集中在树下背阴面，夜间上树，在叶背取食，初龄幼虫咬食叶肉，残留叶脉，受害叶片呈网状；大龄幼虫咬食后，只留下叶柄和主脉，使全树秃枝。用 90% 晶体敌百虫 1 000~1 200 倍液喷雾，也可用菊酯类农药防治。

芳香木蠹蛾 为钻蛀类害虫，幼虫常蛀入韧皮部与木质部之间，从较大的洞孔向外排出粪便，出现流胶和流水现象。在夏季，受害处开始腐烂，流出带有腥臭味的白沫液体。防治方法：①撬开受害树皮，寻找幼虫或孔道消灭幼虫。挖除已腐烂的树皮，并用石灰涂抹伤口；②成虫羽化期间，灯光诱杀成虫，伐去被害严重的植株并烧毁；③在幼虫侵入孔附近涂抹 50% 杀螟松乳剂，或用 50% 磷胺乳剂稀释 2.0~2.5 倍毒杀幼虫，也可将药液注入孔道。

5.采收

一般在春末夏初采摘香椿幼芽或嫩叶作为蔬菜；采摘头茬后，根据生长情况，隔 15~20 天进行采摘；头茬椿芽香味浓郁，品质最佳。如以采摘作为药材，树皮、根皮和叶可常年采收，花则在 4—6 月花期采收，果实在秋季采收，采收后晒干即可。

（三）功能主治

果实具祛风，散寒，止痛功效。主治外感风寒，风湿痹痛，胃痛，痢疾。树皮或根皮具清热燥湿，涩肠，止血，止带，杀虫功效；主治泄泻，痢疾，肠风便血，崩漏，带下，蛔虫病，丝虫病，疮癣。叶具祛暑化湿，解毒，杀虫功效；主治暑湿伤中，恶心呕吐，食欲不振，泄泻，痢疾，痈疽肿毒，疥疮，白秃疮。花具祛风除湿，行气止痛功效；主治风湿痹痛，久咳，痔疮，风寒外感，心胃气痛，风湿关节疼痛，疝气。

(四)药食考证

1. 药用考证

香椿主要以果实、根皮和叶入药。《中国植物志》记载:根皮及果入药,有收敛止血、去湿止痛之功效。《古今医统大全》卷三十六之滞下门中的经验方:治赤白痢,取香椿白皮洗净日干为末,饮调二钱。《本草纲目》木部第三十五卷之二"椿樗(即香椿)"中记载的治疗误吞鱼刺方法:用椿树子烧研,酒服二钱;或者用香椿树子(阴干)半碗,擂碎,热酒冲服,良久连骨吐出。《证类本草》卷第十四记载椿木叶:治脏毒亦白痢。香椿净洗刷,剥取皮,晒干,为末。饮下一钱,立效。

2. 食用考证

始见于唐代的《食疗本草》。据《食疗本草》载:椿芽多食动风,熏十二经脉、五脏六腑,令人神昏血气微。若和猪肉、热面频食则中满,盖壅经络也。清朝《救荒本草》上说:采嫩芽炸熟,水浸淘净,油盐调食。

(五)食疗药膳方

1. 膳方制作方法

香椿炒蛋

香椿嫩叶和幼芽100克,鸡蛋4个,油、

图5·香椿炒蛋

食盐、葱适量。将香椿切碎;将鸡蛋打入碗中,加半勺盐,打散,倒入切碎的香椿,搅拌均匀;锅中倒入油,倒入香椿蛋液,煎至定形后,翻面,煎至变熟后盛出,置于砧板上,切分块即可。

2. 食用注意

一般人群都可以食用香椿嫩叶和幼芽。食用时尽量选择新鲜的嫩叶和幼芽,并在使用前用沸水焯烫2~3分钟:其一,新鲜嫩叶和幼芽口感较老香椿叶、芽好;其二,在老香椿叶、芽中,对人体有害的硝酸盐和亚硝酸盐含量较高;其三,焯烫后的新鲜的嫩叶和幼芽,可减少亚硝酸盐的残留。另外,香椿为发物,多食易诱使痼疾复发,故慢性疾病患者应少食或不食。

(黄浩、秦丽)

二十二、一点红

- 【种名】一点红
- 【学名】*Emilia sonchifolia* (L.) DC.
- 【别名】叶下红、千日红
- 【科属】菊科一点红属
- 【药用部位】全株
- 【食用部位】嫩叶、嫩梢

（一）生物学特性

1. 形态特征

草本植物，株高 10~12 厘米，根系浅，侧根多。茎直立或近直立，茎浅绿色，分枝多。单叶互生，叶梢肉质，下部叶卵形，琴状分裂或具锯齿；上部叶细小、全缘、无柄、抱茎、叶面灰绿色，叶背常紫红色，密布细茸毛。头状花序、具长柄，通常 2~3 分枝，花苞绿色，圆柱形，花紫红色；瘦果，狭矩圆形，冠毛白色；种子细小，披针形，浅褐色。

2. 生长习性

喜温暖、阴凉、潮湿环境，适宜生长温度为 20~32℃，常生于疏松、湿润之处；其也比较耐旱、耐瘠，能于干燥的荒坡上生长，但不耐渍，忌土壤板结。

3. 分布与生境

生于村旁、路边、林下、田园和旷野草丛中，分布于陕西、江苏、浙江、江西、福建、湖北、湖南、广东、广西、四川、贵州及云南等地。

（二）种植技术

1. 繁殖方法

以种子繁殖为主。

选用新鲜、饱满的种子。由于种子细小而轻，可与细砂土混匀，在无风时撒播。播种前先把苗床浇透水，待土略干后进行撒播，

< 图 1·植株 <

< 图 2·花 <

播后盖上一层薄薄细土。育苗期间注意保持苗床湿润，视苗生长情况适当追肥。

2. 选地和整地

通常选择无污染，排水性好，土层深厚且富有腐殖质的地块种植。定植前除去杂草，每亩施入充分腐熟的有机肥 1 500~2 000 千克做基肥，耙碎、搅匀、整平，起高畦，畦宽 1.2~1.5 米。

3. 种植方法

当幼苗长至 2~3 叶时开始定植，定植的株行距为 10 厘米 × 15 厘米，定植后淋足定根水。移苗前 2 小时，将小苗浇透起苗水，起苗时尽量多带泥土，以保证成活率。

4. 田间管理

（1）及时补种

移栽后 5 天进行一次全面检查，发现死亡缺株要及时补上同龄小苗，保证全苗生产。

（2）水肥管理

每次采摘后按 3∶1 的比例施入尿素和复合肥，每亩 15~20 千克，施肥后及时淋水。一点红怕积水，遇上阴雨天，应及时排掉积水，以免影响产量。

（3）中耕除草

在苗期需结合实际情况，及时进行除草、松土，以杂草不掩盖种苗生长为宜。

（4）病害防治

锈病　主要在叶片背面为害。发病初期叶背面出现黄色斑点，逐渐扩展至全株，后期病斑破裂，散发出橙黄色或铁锈色的粉末，影响植株生长。防治措施：在发病期间可用 15% 三唑酮可湿性粉剂 1 000~1 500 倍液，或 70% 代森锰锌可湿性粉剂 1 000 倍液 +25% 敌力脱乳油 4 000 倍液喷雾，每隔 7 天喷 1 次，连续 3~4 次，防治效果较好。也可以用 25% 的粉锈宁粉剂 1 000~1 500 倍液进行叶面喷雾使用进行防治。

病毒病　主要为害叶片，被害叶表现为褪绿变黄，叶片皱缩、变脆，植株矮小。防治上应以预防为主，预防传毒蚜虫等，并在生长期每隔 15 天用 20% 病毒 A 粉剂 500~1 000 倍液喷雾预防。田间发现病株及时拔除，并集中晒干烧毁。

（5）虫害防治

蚜虫　蚜虫多为害嫩枝和嫩叶，在叶片背面为害，叶片皱卷，造成植株生长发育不良。防治措施：一方面可以在田间悬挂黄板进行诱集；另一方面可以喷施 10% 吡虫啉可湿性粉剂 800 倍液，或者 90% 敌百虫 800 倍液进行防治，每隔 7~10 天喷 1 次，连续喷 2~3 次。

斜纹夜蛾　咬食叶片，造成叶片孔洞缺刻。防治措施：可用 90% 敌百虫 800 倍液喷雾防治，也可以选择用完胜、斩霸、功夫乳油等药剂进行防治，效果较好。

5. 采收

植株长至 5~7 叶时即可进行第 1 次采摘嫩梢上市，采摘时要留下基部 2~3 个腋芽发梢。新梢长至 10 厘米，或刚现花蕾、花轴未伸长时采收的品质较好。在春夏季节气温最适时每隔 4~5 天即可采收 1 次。采收期 5~7 个月。作为药材使用，适宜采收期为每年的 8 月。

图 2·根

草丛中,主要分布在我国西北、华北、华中及长江以南各地。

(二)种植技术

1. 繁殖方法

(1)分株繁殖

在3月下旬至4月,将母株挖出分株移栽于砂土的苗床上育苗或直接移植均可。

(2)插枝繁殖

在春、夏季进行,剪取健壮枝条作插穗,截成长12~15厘米,扦插于砂壤土的苗床上。株行距16厘米×10厘米或14厘米×10厘米,插后浇水、遮阴,生根后移苗定植。

(3)根茎繁殖

在冬季茎叶枯黄时选用粗壮肥大、节间长、无病虫害的老茎作种茎,将种茎埋藏地下或用湿沙分层掩埋,最后覆盖一层稻草让其越冬。春季发芽前,将种茎剪成5~6厘米长的小段,每段至少保留2个芽。如果在夏季高温季节进行破季播种,一定要有3个节,以保证中间的节位能够发芽生根。

(4)种子繁殖

一年四季均可播种,播种的最佳时期在立春左右,每亩用种量100千克左右。

2. 选地和整地

选择土层肥厚、质地疏松、有机质丰富、通气排水良好的地块种植,于每年11月至翌年1月进行耕整,去除石块,将杂草和枯枝落叶翻入土中,打碎土块。每亩均匀撒施经充分腐熟的农家肥1 500~2 000千克、草木灰15~20千克作为基肥,耕翻1次,翻深20~30厘米,使肥料与土壤充分混合。

3. 种植方法

鱼腥草一年四季均可栽植,一般在每年3月开始栽培。栽植前在畦面横向开挖种沟,沟深8~12厘米,宽13~15厘米,按株行距10厘米×30厘米将鱼腥草茎节摆放在播种沟里,覆土,注意种茎应露出畦面一节,适量浇定根水,注意保持湿润7~10天,以促进出苗。

4. 田间管理

(1)及时补种

移栽后7天进行一次全面检查,发现死亡缺株的及时补上同龄小苗,保证全苗生产。

(2)水肥管理

出苗后要注意保持土壤的湿润,如土壤干燥则地下茎纤细、须根多、质量差、产量低。齐苗后进行追肥,每隔10~15天追肥一次,施肥以人粪尿或化肥等氮肥为主,每亩施人粪尿1 000~1 500千克或尿素15~25千克。第一次收割后以追施氮肥为主,第二次收割后则施磷钾肥为主,以后改为根外追肥,可用0.4%磷酸二氢钾溶液每15天喷施一次,共3~4次。

（3）中耕除草

幼苗成活至封行前，中耕除草2~3次。

（4）摘心疏蕾

鱼腥草用作食材，主要收获地下茎，对地上茎叶生长过旺的植株，要进行摘心抑制长高，促进长侧枝，有开花的植株也需及时摘除。鱼腥草作药用时，收全草，不必摘花。

（5）覆盖

新鲜的鱼腥草嫩芽市场价格较高，为增加嫩芽长度，提高嫩芽质量，常用秸秆覆盖措施。一般用稻草覆盖，厚度10~15厘米，待鱼腥草生长露出草面时，即可掀开稻草，收割鱼腥草嫩芽上市，同时适当追肥，再用稻草覆盖。

（6）病害防治

白绢病 为害近地面根茎部，造成植株坏死腐烂，发病后期能观察到发病部位有白色绢丝状菌丝及黄褐色菜籽状菌核。防治方法：发病初期用40%福星乳油600倍液，或43%菌力克悬浮剂800倍液，或45%特克多悬浮剂1 000倍液，喷浇病株根茎和邻近土壤。

叶斑病 叶斑病主要为害叶片造成叶片干枯死亡。防治方法：发病初期用50%甲基托布津800~1 000倍液，或70%代森锰锌400~600倍液喷雾，每隔15天喷1次，连续喷2~3次。

根腐病 为害地下根茎，使根茎腐烂植株死亡。防治方法：发病初期用50%多菌灵可湿性粉剂，或65%代森锌可湿性粉剂500~600倍液，或70%甲基托布津可湿性粉剂800倍液喷淋根部，每隔7天喷1次，连续2~3次。

（7）虫害防治

蚜虫 主要为害幼嫩的茎叶，使植株生长不良。防治方法：可用50%抗蚜威町湿性粉剂2 000倍液，20%速杀丁乳油3 000倍液交替使用。

蛴螬 地下害虫，咬食植株地下根茎。防治方法：可用90%敌百虫800~1 000倍液灌根毒杀。

5. 采收

食用嫩叶可在7—10月分批采摘。以地下茎作产品的可于夏季至冬季根据市场需求陆续采收，先用刀具割去地上茎叶，然后挖出地下茎，用清水洗净即可上市，也可晒干贮藏于干燥处。药用采收多在夏、秋季采收，将全草连根拔起，洗净晾干。

（三）功能主治

药用全草，具有清热解毒、消痈排脓、利尿通淋的功效。用于治疗肺痈吐脓，痰热喘咳，热痢，热淋，痈肿疮毒等症。

（四）药食考证

1. 药用考证

明代李时珍《本草纲目》记载：散热毒痈肿、疮痔脱肛，断痁疾，解硇毒。《岭南采药录》记载：叶，敷恶毒大疮，能消毒；煎服能去湿热，治痢疾。近现代《全国中草药汇编》《中华人民共和国药典》《中华本草》等中医药典籍都认为鱼腥草：药用全草，具有清热解毒、消痈排脓、利尿通淋的功效。用于治疗肺痈吐脓，痰热喘咳，热痢，热淋，痈肿疮毒等症。

2. 食用考证

我国早在两千多年前就把鱼腥草作为野菜佐食,始载于《明医别录》。相传春秋时代越王勾践卧薪尝胆、炼意励志之时,曾带领众人择蕺菜(鱼腥草)而食之,以充饥废荒。魏晋时起,蕺菜便正式作为药用,以"鱼腥草"之名收入医药典籍。明代李时珍《本草纲目》记载:蕺菜,生湿地山谷阴处,亦能蔓生。叶似荞麦而肥,茎紫赤色。山南、江左人好生食之。鱼腥草在历史变迁发展中,便一直扮演药、食两用的双重角色,为民众养生保健、防病治病发挥着作用。随着现代人愈来愈崇尚自然、追求真朴,在各地(尤其是我国西南地区),野生或家种的鱼腥草已成为大众餐桌上身价倍增的"大路野菜"。

(五)食疗药膳方

1. 膳方制作方法

图3·鱼腥草拌莴笋

鱼腥草拌莴笋

鲜鱼腥草100克,莴笋500克,葱、姜、蒜、酱油、醋、味精等适量。将鱼腥草择去杂质老根,淘洗干净,用沸水略焯后捞出,加1克食盐拌和腌渍待用。鲜莴笋去皮切成3~4厘米的节,再切成细丝,用盐少许腌渍,沥水待用。莴笋丝放入盘内,加入鱼腥草、酱油、味精、麻油、醋、姜末、葱花、蒜米,和匀入味即成。

2. 食用注意

性寒,凡属脾胃虚寒或虚寒性病证者均忌食。

(蒋妮)

二十四、紫苏

【种名】紫苏

【学名】*Perilla frutescens* (L.) Brit.

【别名】苏叶、赤苏

【科属】唇形科紫苏属

【药用部位】茎、叶、种子

【食用部位】叶

（一）生物学特性

1. 形态特征

紫苏全株有特殊的芳香味道，株高 60~150 厘米。茎直立，有分枝，茎四棱形，密生细绒毛，茎有紫色或绿紫色。单叶对生，有叶柄，叶卵圆形或圆形，顶端锐尖，边缘粗锯齿状，密生细毛，两面紫色或表面绿色。总状花序，顶生或腋生，穗状有绿色苞片，花淡红色、白色或紫色。果实为坚果，灰褐色，近球形。花期 6—8 月，果期 7—9 月。

2. 生长习性

紫苏对气候条件适应性强，在温暖湿润、阳光充足的环境下生长旺盛，产量较高。对土壤要求不严，一般土壤均可栽培种植，在疏松肥沃的中性或微碱性土壤中生长较好，黏重或干燥贫瘠的砂土不利于生长。

3. 分布与生境

原产于喜马拉雅山脉及中国的中南部地区，现主要分布于亚洲东南部。在我国从北至南均有分布，主产于四川、陕西、宁夏、甘肃、黑龙江、辽宁、安徽和湖北等省（自治区）。多野生于山地路旁、村边荒地或零星栽培于房前屋后，较大面积的种植主要在西北和东北地区。

（二）种植技术

1. 繁殖方法

种子繁殖。播种时间一般为每年的 3 月下旬至 4 月上旬。条播，行距 50 厘米，沟深 3~4 厘米，将种子与细沙混匀后均匀撒入沟内，然后覆土 0.8~1.0 厘米，摊平、压实，浇足水，播种量为 1~1.5 千克每亩，20~30 天可出苗。苗高 3~4 厘米时可进行移栽。

图 1 · 茎叶

图 2·花

2. 选地和整地

选择向阳、地势较缓、土壤肥沃、排水良好的地块，深翻土壤，施足底肥，耙细整平。

3. 种植方法

移栽时，尽量不使根部受伤，随拔随栽。株距 30 厘米，开沟深 15 厘米，把苗排好，每亩 1 万株，覆土，1~2 天后松土保墒。天气干旱 2~3 天浇一次水，以后减少浇水，进行蹲苗，使根部生长。

4. 田间管理

（1）及时补种

直播苗，在苗高 8~10 厘米时进行间苗，间弱留强。15~18 厘米时，按株距 5 厘米定苗。随时观察田间情况，及时补水。移栽后，要经常检查，补种同龄苗。

（2）水肥管理

出苗前及时补水保持土壤湿润，以后视田间情况进行操作，雨季注意排水，防止倒伏。定苗后结合浇水，施尿素 10~15 千克每亩，促苗生长，苗至 1 米以上时，追施复合肥 25 千克每亩和尿素 10 千克每亩，促茎叶生长，每次大量采叶后可再追施一次。

（3）中耕除草

第一次除草结合间定苗进行，第二次在苗高 20 厘米进行，以后视田间情况进行，封垄后不再进行中耕除草。

（4）病害防治

锈病 初期在叶背面散生黄色近圆形裸生的小疱，即病原菌的夏孢子堆，发生严重时，病斑数量增多且病疱裂开布满黄色粉末。

防治措施：发病初期喷洒15%三唑酮可湿性粉1 000~1 500倍液或50%菱锈灵乳油800倍液、50%硫黄悬浮剂300倍液、25%敌力脱乳油3 000倍液进行防治，隔7~10天防治1次，防治2~3次。

叶斑病　发病初期在叶面出现大小不同、形状不一的褐色或黑褐色小斑点，后发展成近圆形或多角形大斑。后期多个病斑汇合，干枯穿孔，叶片脱落。防治措施：不从病株上采种；注意田间排水，及时清理沟道；避免种植过密；在病发初期用80%可湿性代森锌800倍，或者1∶1∶200波尔多液喷雾。每隔7天喷1次，连喷2~3次。收获前半个月应停止喷药。

（5）虫害防治

红蜘蛛　6—8月天气干旱，利于该虫的发生。在嫩叶背面吸食汁液，叶被害处最初出现黄色斑，后期可见较大黄褐色焦斑，以致全叶黄化失绿脱落。防治措施：可选择60%速灭杀丁乳剂1 000倍液进行防治。

夜蛾　主要是幼虫咬食叶片，造成孔洞或缺刻。防治措施：可用90%晶体敌百虫1 000倍液喷雾防治。

5. 采收

（1）药用采收

苏叶：7月下旬至8月上旬，紫苏未开花时选择晴天采收，香气足，方便干燥。

苏梗：9月上旬开花前，花序刚出来时采收，用镰刀从根部割下，把植株倒挂在通风背阴的地方晾干，干后把叶子打下药用。

苏子：9月下旬至10月中旬果实成熟时采收。割下果或全株，扎成小把，晒数天后脱下种子晒干。

（2）食用采收

一般在3月上旬植株主茎高40厘米以上，采下茎长5~6厘米的4叶包心的枝条和嫩叶，采下后即可鲜货上市。

（三）功能主治

苏叶：性温，味辛，具有发表散寒的功效，常用于感冒风寒、恶寒发热、头痛鼻塞、咳嗽、胸闷不舒等症，还有解鱼蟹毒的功效，用于治疗进食鱼蟹而引起的腹痛、呕吐、泄泻。

苏梗：即紫苏的茎，性微温，味辛、甘，具有宽胸利膈、顺气、安胎的功效，常用于胸腹气滞、腹部痞满、胁肋胀痛以及胎动不安等症。

苏子：即紫苏的成熟果实，性温，味辛，具有止咳平喘、润肠通便的功效，常用于痰壅气逆、咳嗽气喘等症，还可用于肠燥便秘之症。

（四）药食考证

1. 药用考证

紫苏是我国的传统中药，据明代李时珍《本草纲目》，紫苏全草名全苏，叶辛，性温，有散寒解表，理气宽胸的功能。一般作为药用的部分有紫苏子、紫苏叶、紫苏梗等，各有不同的功效。现代医药典籍《中华人民共和国药典》《中药大辞典》《中华本草》等均收录了紫苏叶、紫苏子等，并对其功效等进行了详细的记载。

2. 食用考证

明代李时珍《本草纲目》曾记载：紫苏

嫩时有叶,和蔬茹之,或盐及梅卤作菹食甚香,夏月作熟汤饮之。现代医药典籍《中药大辞典》记载:紫苏有芳香清甘之味,常用此种鲜紫苏叶和嫩姜捣烂,加盐拌白切猪肉、白切鸭肉食用;或用鲜紫苏叶加大蒜头,食盐捣烂为凉拌菜食用。有行气健胃,帮助消化,发汗祛寒之作用。

(五)食疗药膳方

1. 膳方制作方法

先将田螺吐泥洗净;把锅烧红,放油,把蒜蓉、紫苏叶、沙茶酱、豆豉等倒入,爆香;加入田螺不停地炒,溅入滚水,用精盐调味,炒至熟透;勾芡加包尾油、麻油和匀

图3·紫苏炒田螺

上碟。

2. 食用注意

对于气虚、阴虚,以及温病患者一定要慎服紫苏叶。

(蒋妮)

二十五、车前草

车前草

- 【种名】车前或平车前
- 【学名】*Plantago asiatica* L. 或 *Plantago depressa* Willd.
- 【别名】车前子
- 【科属】车前科车前属
- 【药用部位】全株
- 【食用部位】嫩叶

（一）生物学特性

1. 形态特征

多年生草本，有须根。基生叶直立，卵形或宽卵形，顶端圆钝，边缘近全缘、波状，或有疏钝齿至弯缺，两面无毛或有短柔毛；蒴果椭圆形，长约3毫米，周裂；种子矩圆形，长约1.5毫米，黑棕色。花期7—8月，果期9—10月。

图1·植株

图2·幼芽和嫩叶

图3·花

图4·果实

2. 生长习性

适应性强，常野生于山坡、路旁、河边等处，在温暖、潮湿环境能生长良好，耐寒、耐旱，对土壤要求不严格，一般土壤均可以种植。20~24℃种子发芽较快，5~28℃范围内茎叶能正常生长，气温超过32℃，则地上部的幼嫩部分首先凋萎枯死，叶片逐渐枯萎直至整株死亡。

3. 分布与生境

分布几乎遍布全国。俄罗斯、日本、印度尼西亚也有分布。

（二）种植技术

1. 繁殖方法

可用种子繁殖和分株繁殖，实际生产中主要以种子繁殖为主。

一般于3—4月或9—10月播种。①种子消毒：每300~500克种子可用25%多菌灵粉剂200克拌种消毒，同时实行细沙拌种，每50~70克种子拌细沙1千克；②条播：条播按行距20~30厘米开沟，深1~1.5厘米，将种子均匀播入沟内；③穴播：穴间距25厘米，每穴播种5~10粒，每亩播种量300~500克。播种前浇透水，播后用细土覆盖种子0.3~0.5厘米，再盖草遮阴保湿，以利发芽。在播种后一周内坚持每天浇水一次，保持床土湿润。出芽后要及时揭开盖草，以防长成高脚苗。

2. 选地和整地

宜选择地势较缓，土壤疏松肥沃，排水良好的平地或林地，林地的林分郁闭度为20%~70%。选好地后，施足基肥，深翻耙平，除去杂物，制成宽1.0~1.5米、高15~20厘米的畦面，同时做好排水沟，防积水及便于劳动操作。

3. 种植方法

移栽前，每亩应施腐熟厩肥5 000千克作底肥，加复合肥15~25千克。大约出现第五片、第六片真叶时移栽，起畦种植，行距约30厘米，株距20~23厘米，种植后，浇足定根水，保证水分。

4. 田间管理

（1）及时补种

在苗高3~5厘米时进行间苗及补种。

（2）水肥管理

移栽后，适量追肥、浇水。待发芽新叶长出时进行追肥，车前草喜肥，施肥后叶片多且嫩绿肥厚。第一次于5月（秋种为11月），每亩施粪水1 500千克；第二次于7月上旬（秋种为12月），每亩施复合肥10~15千克，其余时间可根据车前草生长情况，追肥1~2次，施肥量为每亩复合肥5~10千克。

（3）中耕除草

在苗期需结合实际情况，及时进行除草、松土，以杂草不掩盖种苗生长为准。在春末、夏季和秋季，至少除草1次，结合除草进行松土。

（4）病害防治

褐斑病　该病主要为害叶片和果穗。苗期下部叶片出现圆形或椭圆形褐色病斑，旺盛生长期前期在下部叶片出现病斑，上部嫩叶发生水渍状圆形或椭圆形急性病斑，出现发病中心团块。后期病斑变褐色，形成大量病菌孢子。抽穗期，侵染幼穗，形成团块状枯穗。在连作、施氮肥过量过迟、田间高湿的地块发病严重。防治措施：冬季清园，消灭其越冬病原；可用50%多菌灵可湿性粉剂20克兑水80千克喷雾，10~15天再喷一次。

病毒病 该病为害车前草叶和茎，尤其是嫩叶。防治措施：摘除病叶，及时烧毁；加强种植园管理，增强苗势；消灭越冬病原；可用20%病毒A 500~700倍液或抗毒1号300~500倍液或菌毒清400~500倍液或83增抗100倍液加以防治。

白绢病 主要为害植株基部，一般在植株旺盛生长期，如遇田间排水不畅、叶片郁闭，多在基部叶柄和穗基部长白绵状菌丝体，最后叶柄和穗基部变黑腐烂，造成叶片凋萎。防治措施：摘除病株，及时烧毁。用波尔多液（1∶1∶200）或65%~80%可湿性代森锌500~600倍液喷施或灌根防治霜霉病。旺长期用5%井冈霉素100~150克或强氯精20~30克兑水50~60千克喷雾防治。

白粉病 叶的表面或背面出现一层灰白色粉末，最后叶枯死亡。防治措施：彻底清除病株并烧毁。可用25%粉锈灵1 500~2 000倍液或5%福美双800倍液或2%"农抗120" 150~200倍液进行喷雾防治。

（5）虫害防治

蚜虫 主要在苗期为害嫩叶和心叶，在抽穗期为害轴和小穗，同时传播病毒病并形成伤口，有利于其他病害的感染。防治措施：堆草或束草诱杀越冬幼虫；清洁种植园，填塞树缝孔隙；人工捕杀幼虫；灯光诱杀成虫等。用吡虫啉每亩有效成分1~2克兑水40千克进行喷雾，或用25%的阿克泰5 000~8 000倍液喷洒嫩梢和叶背，喷雾防治。

5. 采收

车前草幼苗长至6~7片叶，苗高13~17厘米时即可采收作为菜用，也可全草连根拔起晒干作为药用，采收后晒干即可。

（三）功能主治

清热利尿通淋，祛痰，凉血，解毒。用于热淋涩痛，水肿尿少，暑湿泄泻，痰热咳嗽，吐血，痈肿疮毒。

（四）药食考证

1. 药用考证

车前草全株可以入药。《神农本草经》载：车前子"味甘，寒，无毒。治气癃，止痛，利水道小便，除湿痹，久服轻身耐老"。《本草纲目》记载：气味甘、寒，无毒。主治气癃，止痛，利水道小便，除湿痹。久服轻身耐老。男子伤中，女子淋沥不欲食，养肺强阴益精，令人有子，明目治赤痛。去风毒，肝中风热，毒风冲眼，赤痛障翳，脑痛泪出，压丹石毒，去心胸烦热。养肝，治妇人难产，导小肠热，止暑湿泻痢。《名医别录》记载：味甘，寒。主治金疮，鼻衄，瘀血，血瘕，下血，小便赤，止烦，下气，除小虫。

2. 食用考证

车前草属于药食两用植物，其种植食用可追溯至唐代，《图经本草》曰："人家园圃种之，蜀中尤尚。"

(五)食疗药膳方

1. 膳方制作方法

凉拌车前草

车前草鲜叶 150 克、干木耳 10 克,蒜瓣 3~5 片,白糖、陈醋、酱油、盐等辅料适量。车前草鲜叶洗干净,稍微切小段,干木耳泡开备用。锅内放入清水,水开后放入干木耳焯水 5 分钟捞出放入碗内,然后放入车前草焯水 2 分钟捞出放入碗内,车前草和干木耳拌匀,再加入适量的盐、酱油、陈醋、白糖、芝麻油拌匀,然后浇上辣椒油、撒上葱花即可。

< 图 5 · 凉拌车前草 <

车前草煎蛋

车前草鲜叶 150 克,鸡蛋 2 个,辅料若干。将车前草嫩叶洗净,切末,将菜末和鸡蛋液打散,加入少量盐末,不粘锅加油烧热后倒入蛋液,煎至金黄色,抖锅翻面,反面煎至金黄色,即可出锅。

< 图 6 · 车前草煎蛋 <

2. 食用注意

一般人群都可以食用车前草嫩叶和幼芽。凡内伤劳倦、阳气下陷、肾虚精滑及内无湿热者,慎服。

(潘丽梅、霍娟)

二十六、积雪草

- 【种名】积雪草
- 【学名】*Centella asiatica* (L.) Urban.
- 【别名】雷公根、灯盏菜
- 【科属】伞形科积雪草属
- 【药用部位】全草
- 【食用部位】嫩叶、幼芽

（一）生物学特性

1. 形态特征

多年生草本。茎匍匐，无毛或稍有毛。单叶互生，肾形或近圆形，基部深心形，边缘有宽钝齿，无毛或疏生柔毛，具掌状脉；基部鞘状；无托叶。单伞形花序单生或2~3个腋生，紫红色；主棱和次棱极明显，主棱间有隆起的网纹相连。花果期4—10月。

2. 生长习性

喜阳光和较湿润的环境。对气候、土壤适应性都很强，耐旱，耐水湿，也可在温暖湿润的环境生长。

3. 分布与生境

原产于印度，现广泛分布于世界热带、亚热带地区。在我国主要分布于西南及陕西、江苏、安徽、浙江、江西、福建、台湾、湖北、湖南、广东、广西等地，广西各地均有分布。生于海拔50~2 000米的林缘、疏林下、

图1·植株

< 图 2 · 幼芽和嫩叶 <

< 图 3 · 花 <

< 图 4 · 果实 <

草地上或溪边等阴湿处。

(二)种植技术

1. 繁殖方法

可用种子繁殖和分株繁殖,实际生产中主要以分株繁殖为主。

种子繁殖:采收成熟积雪草种子,于春夏播种。播种前5~8天把种子浸泡在50℃的温水中,自然冷却,浸泡12小时,取出置于容器内摊开,盖上湿布,在20~30℃下催芽,待种子露白时即可播种,播种时可条播或撒播。

分株繁殖:多在每年3—5月进行。把积雪草稍老熟茎段剪成20厘米(2~3个芽)左右,开好沟后把茎段斜插(芽向上),回土埋住茎段1/3或1/2处,压实泥土,淋足水,盖薄膜,保持土壤湿润,1~2周即可发根,待发根出芽后去掉薄膜。

2. 选地和整地

选择向阳、土壤肥沃、排水良好的地块。首先清除种植地里的灌丛、杂草、石头等,再施足基肥,将基肥与表土混匀,作宽1.0~1.2米畦,两边开排水沟即可。

3. 种植方法

在春季或秋季进行。春栽在发芽前移植,秋栽在落叶后移植。起苗时将过长或损伤的根剪去。按株行距为20厘米×20厘米种植,栽植时扶正苗,根系展开,填土,踏实,浇足定根水。

4. 田间管理

(1)及时补种

在种植后7~10天,加强巡查,发现死

亡或缺株应及时补种。

（2）水肥管理

土壤干旱时及时淋水，多雨时及时排水。种植成活后每亩施腐熟有机肥500千克或有机复合肥15千克，尿素5千克，促长嫩叶、嫩梢，新梢伸长后及时打顶，以促发分枝。

（3）中耕除草

在苗期需结合实际情况，及时进行除草、松土，以杂草不掩盖种苗生长为准。在春末、夏季和秋季，至少除草1次，结合除草进行松土。

（4）病害防治

积雪草病虫害极少，生长适应能力强，无须刻意护理。种植一段时间后，常向叶面喷水清洗叶片以保持青翠亮泽，不然植株容易出现黄化。有时会出现叶片发黄现象，主要是下面几种原因造成的，要尽量避免。一是盆土长期过湿或过干，没有做到见干即浇。二是冬天根系已冻伤。三是春季急于出室，积雪草一时无法适应突变的气候。四是长期置于通风条件差的环境下。五是叶面长期不喷水清洗，积累了灰尘，阻碍了光合作用。防治措施：如果发现新叶普遍有发黄现象，可向叶面喷施以氮肥为主的复合肥。根系或水中出现水苔时要马上清洗换水，不然对植株生长不利，且影响观赏性，平时要多注意容器中的水是否充足，避免干竭。

5. 采收

生长期间，只要有幼嫩叶片和茎段都可采摘作为蔬菜，采摘头茬后，根据生长情况，隔15~20天进行采摘；如采摘作为药材，则在夏、秋两季采收全草，除去泥沙，晒干或鲜用。

（三）功能主治

清热利湿，解毒消肿。用于湿热黄疸，中暑腹泻，石淋血淋，痈肿疮毒，跌扑损伤。

（四）药食考证

1. 药用考证

积雪草全草可以入药，有关其记载始于《神农本草经》，列为中品，曰：其味苦寒，主大热，恶疮痈疽，浸淫赤熛，皮肤赤，身热，生川谷。这是现存资料中有关积雪草的最早记录，文中指出了雷公根（积雪草）的性味、主治及生长环境，表明自汉代起我国就以积雪草入药了。另外，《千金翼方》《唐本草》《图经本草》《证类本草》《本草衍义》《本草纲目》《本草纲目拾遗》和《植物名实图考》等均收载记录有积雪草，表明其在我国已有悠久的药用历史，且应用广泛。

2. 食用考证

积雪草作为传统的药食同源植物，一直在民间广泛应用。《图经本草》曰：今处处有之。叶圆如钱大。茎细而劲，蔓延。生溪涧之侧……俗间或云圆叶似薄荷，江东、吴越、丹阳郡极多。彼人常充生菜食之。《天宝单行方》云：江东吴越丹阳郡极多，彼人常充生菜食之。我国南方民间常将它作为凉茶及汤类食用，东南亚、印度、巴基斯坦、斯里兰卡及南美地区也将其作为蔬菜食用。

(五)食疗药膳方

1. 膳方制作方法

积雪草肉末汤

积雪草 150 克,瘦肉 100 克,辅料若干。积雪草清洗干净,切小段,尽量剁碎;瘦肉切条后切小丁,再稍剁碎成肉末状,放入适量的姜末、料酒,拌匀腌制 10~15 分钟;热锅下油,倒入肉末翻炒出香味,加入适量的水煮开,肉煮至奶白色后倒入积雪草,水开后再煮 3~5 分钟,加盐调味即可出锅。

◁ 图 5·积雪草肉末汤 ◁

积雪草煎蛋

积雪草 200 克,鸡蛋 2 个,辅料若干。把积雪草清洗干净,挑出根茎比较老的部分,留下嫩叶和茎,切碎,打入鸡蛋,加入适量料酒、盐,搅拌均匀;热锅下油,一起下锅煎,煎到鸡蛋微黄时出锅即可。

◁ 图 6·积雪草煎蛋

2. 食用注意

一般人群都可以食用,但虚寒者不宜。

(潘丽梅、霍娟)

二十七、黄花菜

黄花菜

- 【种名】黄花菜
- 【学名】*Hemerocallis citrina* Baroni
- 【别名】金针菜
- 【科属】百合科萱草属
- 【药用部位】花、根
- 【食用部位】花

（一）生物学特性

1. 形态特征

草本，具短的根状茎和肉质肥大的纺锤状块根。叶基生，排成两列，条形，背面呈龙骨状突起。蜗壳状聚伞花序复组成圆锥形，多花，花序下部的苞片狭三角形，长渐尖花柱伸出，上弯，略比雄蕊长，花期5—9月。

2. 生长习性

喜水，喜肥，耐盐碱，对土壤要求不严格，山坡、平地都可栽植。地上部分不耐寒，遇霜冻即枯死，地下部分抗寒能力强，可安全越冬。光照适应范围广，可与较为高大的作物间作。忌土壤过湿或积水。年均温5℃以上时幼苗开始出土，叶片生长适温为15~20℃；开花期要求较高温度，20~25℃较为适宜。

图1·植株

图2·嫩芽

< 图3·花 <

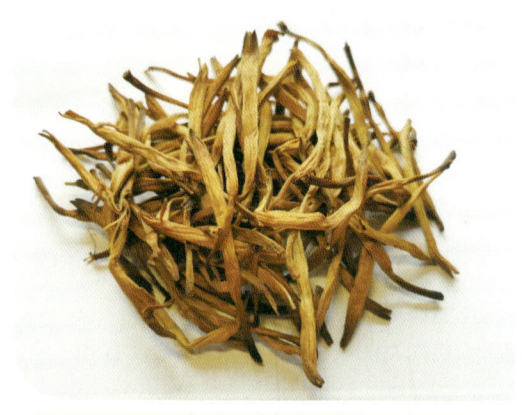

< 图4·药材 <

3. 分布与生境

我国南北各地均有栽培,多分布于我国秦岭以南各地,以湖南、江苏、浙江、湖北、四川、甘肃、陕西所产居多。此外,吉林、广东与内蒙古草原亦有出产,广西各地均有分布。

(二)种植技术

1. 繁殖方法

一般采用分株法,多在春季或秋季进行。早春分株种植的当年夏季可抽薹;秋季分株种植的第二年夏季才抽薹。

2. 选地和整地

选择地势较缓、土壤肥沃、排水良好的地块,在施足底肥的基础上深翻土壤,整平作畦,畦宽1米。每畦种两行,行距60~70厘米。按穴距40厘米左右挖穴,每穴种植4~5株。

3. 种植方法

一般在2月下旬至3月上旬花草萌动前进行整地后种植,种植方式以宽窄行高垄栽培为好,垄高25厘米,要求宽行90厘米,窄行60厘米,穴距30~40厘米,每穴栽2~3株,穴内部单株彼此宜距离10~15厘米,栽种深度10~15厘米,起苗时将过长或损伤的根剪去。栽植时扶正苗木,根系展开,填土,踏实,浇足定根水。

4. 田间管理

(1)及时补种

在种植后7~10天,加强巡查,发现死亡或缺株应及时补种。

(2)水肥管理

春季返青后应及时追肥浇水,为夏季抽薹做好准备。一般每亩施复合肥10~15千克,返青期地温较低,浇水量不宜太多,否则影响生长。进入抽薹期追施速效肥,每亩追施尿素10~15千克,同时结合浇水,以促进薹粗壮,分枝多,现蕾早,同时保持土壤松软湿润。

(3)中耕除草

在苗期需结合实际情况,及时进行除

草、松土，以杂草不掩盖种苗生长为准。在春末、夏季和秋季，至少除草1次，结合除草进行松土。

（4）病害防治

锈病　该病以为害叶片为主，枝干次之，被害株有黄色或红褐色病斑，有红黄色的粉状物，严重受害株远看一片红，致使慢慢枯萎。防治方法：一般用25%粉锈宁可湿性粉剂2 000倍液或65%代森锌500倍液或农抗120防治。

叶斑病　该病为害叶片，初期受害叶片上有淡黄色的小斑点，然后逐渐扩大，呈核型病斑，后变为灰白色，严重时全叶枯死，致使死亡。防治方法：可用代森锌或50%多菌灵可湿性粉剂600倍液喷洒。

叶枯病　首先为害叶片中部边缘，受害株有黄色小圆点，以后逐渐从上而下，形成褐色条斑，最后成灰白色，严重时叶片全部枯死。防治方法：可用75%百菌清可湿性粉剂600倍液或58%甲霜灵猛锌可湿性粉剂500倍液喷洒。

（5）虫害防治

金龟子　主要为害花器、幼芽和嫩叶，常群集暴食幼嫩叶片，造成严重为害。防治方法：彻底清除枯枝、半枯枝、干疤，消灭其中产卵和越冬场所；用25%辉丰快克1 000倍液防治，于害虫发生期喷雾2~3次，也可用2.5%木虱净2 000倍液防治。

蚜虫　主要以成虫和若虫刺吸植物的汁液，造成叶面卷缩，嫩茎扭曲，生长点坏死。还能传播多种病毒病，造成植株生长缓慢、叶片黄化，造成更严重为害。防治方法：可用25%噻虫嗪水分散粒剂800倍液或25%吡蚜酮悬浮剂1 000倍液进行喷雾。

红蜘蛛　主要以成虫、若虫为害为主，以口器吸食园林植物叶片汁液，使叶片失去活力而成黄褐色和铁锈色，对叶片为害极大。防治方法：彻底清除枯枝和半枯枝，消灭其产卵和越冬场所，可用20%哒螨灵可湿性粉剂2 000倍液或73%克螨特乳油3 000倍液防治。

5. 采收

花蕾接近开放时采收，产量最高，品质最好，采收过迟会导致脆纤维增多，品质变劣。

（三）功能主治

黄花菜性味甘、微苦、微寒、无毒；通结气，利肠胃，有利胸膈、安五脏、轻身明目、益气止血、通乳。

（四）药食考证

1. 药用考证

黄花菜（萱草）作为药用历来已久。《本草纲目》记载：甘味苦微寒，无毒。通节气，利肠胃；《图经本草》记载：安五藏，利心志，明目。作菹，利胸膈，甚佳；《岭南采药录》记载：煎水饮之，治牙痛；《云南中草药选》记载：镇静、利尿，消肿。治头昏心悸，小便不利，水肿，尿路感染，乳汁分泌不足，关节肿痛。

2. 食用考证

黄花菜（萱草）作为食用早有记载。宋

苏颂《图经本草》记载：萱草处处田野有之，五月采花，八月采根，今人多采其嫩苗及花跗作为菹食。

（五）食疗药膳方

1. 膳方制作方法

黄花菜鸡杂汤

干黄花菜50克，鸡杂150克，姜片3片，辅料若干。黄花菜用温水泡开，再用凉水冲洗3~5次；鸡杂收拾、冲洗干净，放入姜片、料酒、盐，拌匀腌制片刻。锅烧热，放油，至七成热，下鸡杂爆炒，放入姜片、黄花菜，倒入适量开水，大火煮开3~5分钟，再用小火炖煮至黄花菜软熟，加盐调味，撒上葱花即可。

图5·黄花菜鸡杂汤

黄花菜木耳炒肉丝

干黄花菜50克，干木耳50克，瘦肉100克，姜丝3~5条，蒜瓣3~5片。辅料若干。将黄花菜、木耳用温水泡开，再用凉水冲洗3~5次；将瘦肉切丝，放入姜丝、料酒、盐腌制片刻，锅里油烧至五成热，放入姜蒜片煸炒，再放入黄花菜和木耳，放盐翻炒，加入适量酱油，翻炒均匀后，黄花菜软熟就可以出锅撒上葱花即可。

图6·黄花菜木耳炒肉丝

2. 食用注意

一般人群均可食用。但患有皮肤瘙痒症者忌食，胃、十二指肠溃疡等肠胃病患者、哮喘患者不宜食用。同时，由于鲜菜中含有毒的秋水仙碱，故食用鲜菜时要煮透，或在烹饪前用热水浸泡数小时。

（潘丽梅）

二十八、余甘子

余甘子

- 【种名】余甘子
- 【学名】*Phyllanthus emblica* L.
- 【别名】牛甘子、油柑、庵摩勒
- 【科属】大戟科叶下珠属
- 【药用部位】果实、根、叶
- 【食用部位】果实

（一）生物学特性

1. 形态特征

乔木，树皮浅褐色；枝条具纵细条纹，被黄褐色短柔毛。叶片纸质至革质，二列，线状长圆形，多朵雄花和1朵雌花或全为雄花组成腋生的聚伞花序；蒴果呈核果状，圆球形，外果皮肉质，绿白色或淡黄白色，内果皮硬壳质；种子略带红色。花期4—6月，果期7—9月。

2. 生长习性

喜光喜温，耐干热瘠薄环境，萌芽力强，适宜生长于肥沃湿润土壤中，以砂壤土为好。适宜的土壤酸碱度为pH 5.5~8.0。抗寒能力随苗龄的增加而提高。

3. 分布与生境

产于江西、福建、台湾、广东、海南、广西、四川、贵州和云南等省区（自治区），生于海拔200~2 300米山地疏林、灌丛、荒

图1·植株

图 2·花

图 3·挂果

地或山沟向阳处。

（二）种植技术

1. 繁殖方法

一般采用无性繁殖（嫁接）。砧木选择各地适应性强、种子出苗率高的本地野生种。可先在苗圃地统一进行播种，待主干直径长至2~5厘米时即可进行嫁接，选择砧木粗度2~5厘米为宜。选择在每年开春后2—3月或下半年10月进行嫁接。嫁接方法采用劈接法，截留砧木的高度根据砧木的具体情况确定，以20~30厘米为宜。嫁接时削平接口，然后用嫁接刀于断面1/3处劈一垂直接口，接口深3~6厘米（深度与接穗削面相同），原则是大砧木用大穗条，小砧木用小穗条。接穗长6~10厘米，有2个或以上饱满的芽为宜。接上后用薄膜带从下往上呈覆瓦形绑缚好切口（必须绑实扎严，不能透气，无顶芽的接穗应用薄膜带扎严）。嫁接后及时进行蚂蚁的防治工作；并在2周后对砧木进行抹芽，后续不定期进行抹芽；成活至嫁接口完全愈合后再用刀片在嫁接膜上垂直地

图 4·果实

面轻轻划一刀，解除捆绑。

2. 选地和整地

宜选择具有灌溉水源、土层50厘米以上、阳光充足的阳坡或半阳坡定植。定植穴规格为0.5米×0.5米×0.8米，株行距以3米×4米为宜，每亩定植55株左右。定植穴挖后充分暴晒，雨季来临前回填，施足底肥，底肥可用农家肥20~30千克和复合肥2千克，栽植深度以根颈部与地面相平为宜。

3. 种植方法

一般在春季种植。种植株行距为 3 米 × 4 米，每亩 55 株左右，种植时要注意使根系入土后能舒展并压实，浇透定根水。

4. 田间管理

（1）及时补种

在种植后 7~10 天，加强巡查，发现死亡或缺株应及时补种。

（2）水肥管理

幼年树的施肥量应随着树冠的生长适量增加，在春梢、夏梢和秋梢抽生前各施肥一次。结果树施肥，以株产 50 千克计，每年每株施复合肥 1~1.5 千克、花生饼 1~1.5 千克、土杂肥 50 千克，根据地力、余甘子长势及叶色，适量追肥、浇水。之后可结合除草和松土进行施肥。另外，有条件的地方，可以在着果后小果发育期施 1~2 次速效氮肥，减少落果，促进果实膨大，提高产量。

（3）中耕除草

在苗期需结合实际情况，及时进行除草、松土，以杂草不掩盖种苗生长为准。在春末、夏季和秋季，至少除草 1 次，结合除草进行松土。

（4）病害防治

煤污病 主要为害果实和枝叶。防治方法：植株种植不要过密，适当修剪，温室要通风透光良好，以降低湿度，切忌环境湿闷。该病发生与分泌蜜露的昆虫关系密切，喷药防治蚜虫、介壳虫等是减少发病的主要措施，适期喷用 80% 敌敌畏 1 500 倍液。

锈病 主要为害余甘果树的叶片和果实。防治方法：可用 65% 代森锌可湿性粉剂 300~500 倍或 50% 退菌特可湿性粉剂 500~800 倍液喷雾。

炭疽病 炭疽病由炭疽病菌引起，可侵染叶片和果实，主要为害果实。防治方法：可加强种植管理，提高植株抗病性，或者在发病初期，用 60% 甲基托布津可湿性粉剂 800 倍液喷施或用 70% 多菌灵可湿性粉剂 500 倍液喷施，8~10 天喷一次，连续喷 3 次。

（5）虫害防治

蚜虫 蚜虫是主要害虫，常造成叶、果脱落，严重影响产量及树势，甚至植株死亡。防治方法：喷药时期应掌握在 4 月上旬余甘子未开花之前，连续喷 2 次，每次相隔 7~10 天，药剂可选用 10% 吡虫啉 4 000~6 000 倍液或 25% 扑虱灵 2 000~4 000 倍液喷雾。

介壳虫 介壳虫一年发生两代，第一代在 4—5 月，第二代在 8—9 月，雌成虫大多数集中固定一处，有聚居性，冬天幼虫爬到树枝裂缝或树盘下松土及附近草木根颈部（近表土）越冬。防治方法：冬季清园剪除虫枝、枯枝及清除园内和附近的杂草并集中销毁。在树体刚萌动时全树喷施 1 000 倍的速扑杀液，然后在介壳虫的出龄若虫扩散爬动期用松脂合剂（夏季 16~20 倍、冬季 10~15 倍）、柴油乳剂和机油乳剂（含油量 2%）500~700 倍液或 45% 瓢甲敌乳油 1 000~2 000 倍液进行喷杀。

卷叶蛾 该虫主要以幼虫为害春梢嫩叶。防治方法：可通过经常检查，一发现被害状，立即喷药防治。药物可用 80% 敌敌畏或 90% 敌百虫 800 倍液等。

木毒蛾 木毒蛾的幼虫是余甘子果园主要害虫之一，卵孵化后幼虫直接为害树皮。防治方法：经常性进行检查，及时剪除虫枝，剥掉树皮。当发现受害部位有新鲜虫粪时，可用铁丝钩掉洞口的虫粪，用棉花沾敌敌畏堵塞洞口，使幼虫闷死在洞内。

5. 采收

余甘子果实具有挂果树期长的特点，7—9月均可根据果实成熟度进行采摘。采摘时应选择在晴天采果，由树冠外围向内，从上而下或从下而上，用手逐个采摘，轻采轻放于框内，尽量避免果实机械损伤，采收后可鲜食或晒干都可。

（三）功能主治

清热凉血，消食健胃，生津止咳。用于血热血瘀，消化不良，腹胀，咳嗽，喉痛，口干。现代药理研究证实余甘子具有抗衰老、抗肿瘤、抗炎、抗菌、降血压、降血脂等多种药理活性。

（四）药食考证

1. 药用考证

余甘子主要以果实入药。作为药物始载于唐代苏敬等人编《新修本草》，记载：摩勒，味苦、甘、寒、无毒，主风虚热气。一名余甘。生岭南交、广、爱等州。树叶细，似合欢，花黄，子似李、柰，青黄色，核圆，作六七棱，其中仁亦入药用。《本草图经》载：庵摩勒、余甘子也……其俗亦作果子啖之，初觉味苦，良久更甘，故以名也。《中药志（第三册）》载：余甘子别名久如拉、庵摩勒、橄榄、昂荆旦、麻甘腮、牛甘子、喉甘子、鱼木果、橄榄子、油柑子。同时，余甘子也是我国藏族、彝族等十余个少数民族的常用民族药，《晶珠本草》载余甘子名为"巴丹、稀儿、叉儿"。在《中华本草（藏药卷）》中记载为"居如热"，藏语中还称其为究孺拉、觉肉拉、久如拉、久孺拉、居如拉等。其在印度传统医药生命吠陀理论中也占有重要地位，梵语译名为庵摩勒、阿摩勒、庵磨罗等，汉译佛经译作庵摩落迦、阿摩落迦和阿末罗果。可见余甘子别名繁多，在中医药、民族医药、印度传统医药均有应用。在历版《中华人民共和国药典》当中以藏族习用药材收载，藏药名称"居如热"。

2. 食用考证

余甘子，最早记载于东汉杨孚《异物志》：余甘大小如弹丸，视之理如定陶瓜。初入口苦涩，咽之口中，乃更甜美足味，盐蒸之尤美，可多食。还有陈藏器《本草拾遗》载"人食其子先苦后甘，故曰余甘"。《绍兴本草》记载"作果实食之，以解酒毒"。

（五）食疗药膳方

1. 膳方制作方法

盐津余甘子

余甘子30颗，盐、糖少许。余甘子清洗干净后用刀背拍裂，锅内烧开水，把余甘子放入锅中，焯水3~5分钟后捞出沥干，撒入适量的盐、糖等拌匀，可立即食用或放入玻璃器皿中密封保存，两周后食用口

图 5 · 盐津余甘子

图 6 · 余甘子瘦肉汤

感更佳。

余甘子瘦肉汤

余甘子15颗，猪瘦肉300克，枸杞5颗，生姜2片。余甘子用清水冲洗干净，刀背拍裂，猪肉切小块或条状，淀粉水稍微拌一下，热锅下少许油，放入猪瘦肉快速翻炒两三下，然后马上加入开水，煮开后放入余甘子，小火煮5~8分钟后放入枸杞，调入适量食盐，然后撒上葱花即可。

2. 食用注意

一般人群都可以食用。脾胃虚寒腹泻者慎食，孕妇忌食，不宜与辛辣鱼类食物同食。

（潘丽梅）

二十九、龙眼肉

【种名】 龙眼

【学名】 *Dimocarpus longan* Lour.

【别名】 桂圆、龙眼干、圆眼、元眼肉

【科属】 无患子科龙眼属

【药用部位】 果实

【食用部位】 果实

(一) 生物学特性

1. 形态特征

具板根的常绿大乔木。树皮棕褐色，粗糙，片裂或纵裂。叶多为偶数羽状复叶，小叶4~5对，很少3或6对，叶薄革质，长圆状椭圆形至长圆状披针形，两侧常不对称。圆锥花序顶生和近枝顶腋生，多分枝。花黄白色，被锈色星状小柔毛；核果近球形；鲜

图1·植株

图2·花

图3·果实

图4·药材

假种皮白色透明,肉质,多汁,甘甜;种子茶褐色,光亮,全部被肉质的假种皮包裹。花期3—4月,果期7—8月。

2. 生长习性

喜光,要求阳光充足;喜温暖湿润气候,年平均温度23~32℃较适宜,对低温敏感,最低月平均温度高于11℃;属深根性树种,较耐旱,最适年降水总量为1 000~1 600毫米;对土壤适应性强,土层深厚、排水良好的土壤几乎均能适应,但以砂壤土最好,其次是砂质红壤及黏土,生长最适土壤pH 5.5~6.5,碱性土不宜栽种。

3. 分布与生境

龙眼原产于我国亚热带区域,野生或半野生于疏林中。我国福建、广东、广西、台湾等地为主产区,海南、云南、四川和贵州等地也有栽培。在广西,龙眼主产区主要分布于玉林、贵港、防城港、钦州、桂林、南宁、崇左等地区。

(二)种植技术

1. 繁殖方法

(1)芽片贴接繁殖

在优良品种的母树上采剪1~2年生枝条,削取带有木质的芽片,其中央具有一个小芽,用刀修削芽片的边缘,使削口向外斜。选用一年半至二年生的粗壮砧木,在离地面20~30厘米处开舌状形芽接位。将削好的芽片安放在芽接位的中央,芽片两边与砧木皮层距离一定的空隙,芽片下端插在腹囊皮下,使其固定,随即塑料薄膜带从腹囊部一端开始捆绑,用力均匀将芽片捆绑牢固,每一圈与上一圈相重叠三分之一,最后一圈要比芽接位顶端略离2厘米,使芽片封闭良好,不让雨水侵入芽接位。接后20~25天,芽接位形成愈合组织,即可解除塑料薄膜带。剪砧后10~15天,芽接的芽片开始萌动抽芽,及时摘除砧木芽,只让芽接位上的小芽萌发生长。在接芽抽生期间,要注意喷药防虫。

(2)高压繁殖

一般在龙眼树液流动的3月下旬至4月上旬,选择无病虫害、生长健壮、品质优良的壮年植株,斜生枝茎约4厘米,在枝茎基部做长约2.5厘米的环状剥皮,5~7天后用特制有孔两片合成的瓦钵或竹筒把环剥处包合以绳索捆牢后,钵或竹筒内填入黏泥浆,均匀包裹环剥四周,保持湿润。经3~4个月后,新根长满钵筒内时,就可以将其锯断分离,移植于荫蔽处培育1~2年再出圃定植。

2. 选地和整地

选择冬季无严寒霜冻、背风向阳的丘陵山地或平地栽培较为合适,土层深厚的砂壤土或砂质红壤及黏土,有机质含量1%以上,pH 5.5~6.5。丘陵山地,地势较缓的应全面深翻整地或修筑梯地,梯带宽4~8米。

3. 种植方法

按株行距5.0米×7.0米挖大穴,每公顷栽300~375株。植穴大小约为1.0米×1.0米×0.8米。挖穴时将表土和底土分开,回填时混以绿肥、秸秆、腐熟厩肥、火烧土等有机肥30~40千克;饼肥2.0~3.0千克;石灰0.5~1.0千克等置于植穴的下层和中层,表土覆盖在植穴的上层并培成土丘。

将龙眼苗置于穴中间，根茎结合部与地面平齐或稍高于地面，扶正、填土、压实，再覆土，在树苗周围做成直径 0.8~1.0 米的树盘，淋足定根水，并用稻草等死物覆盖保湿。

4. 田间管理

（1）中耕除草

在秋季的雨后或灌水后及冬季进行中耕，每年 2~3 次，中耕深度为 5~10 厘米。果树封行前在植株树冠滴水线以外可全部生草，可选择藿香蓟等良性杂草，适时刈割用于覆盖或填埋改土。果园化学除草主要是针对白茅、莎草、狗牙根等恶行宿根杂草。可使用草甘膦、百草枯等灭生性除草剂。

（2）水肥管理

移栽后追加复合肥、尿素、氯化钾等化学肥。幼树分别于春、夏、秋梢抽生期进行追肥，一般"一梢两肥"，即芽眼萌动时第一次施肥，新梢叶片展开转绿时第二次施肥。而结果树全年施肥分花前肥、壮果肥和结果母枝培养肥三个主要阶段进行。在春梢抽发期、夏梢抽发期、秋梢抽发期、花芽形态分化期、花期和果实发育期发生干旱时，需适量灌水，约每周 1 次，灌水量以湿透根系主要分布层（10~50 厘米）为限。而多雨季节或果园积水时，疏通果园排水渠道及时排水。

（3）树体管理

1~3 年生幼树以整形为主，剪去弱枝、密生枝、隐蔽枝和病虫枝，使树冠形成自然开心形。成年结果树的修剪主要在春季疏剪花穗时剪除弱枝、密生枝、隐蔽枝和病虫枝；夏季修剪剪除空穗或结果少的弱穗及抽生过多的夏梢，可疏去一些较光秃的枝条，即开"天窗"，使透光良好。树势衰弱的老树须进行回缩更新修剪。

（4）花果管理

利用浓度为 0.03%~0.05% 乙烯利进行第一次控制冬梢，隔 15~20 天后用 0.02%~0.03% 的乙烯利喷施叶面进行第二次控制冬梢；花穗冲梢初期，可通过人工摘除花穗小叶及摘心，也可用 0.03%~0.05% 的乙烯利溶液或 25.5% 杀梢灵稀释 800 倍液喷洒花穗防止冲梢；花穗过多过长的树，可疏去一些花量大、坐果率底的长穗花，也可在花穗 15~20 厘米时，将花穗主轴顶端过长部分摘掉；生理落果后，将坐果好挂果量大的果穗适当疏除，使果穗分布均匀，果与果之间分布均匀；在龙眼第二次生理落果结束后，将病虫为害果剪除，并全园喷药，再用尼龙或塑料网袋进行果穗套袋。

（5）病害防治

鬼帚病 主要为害嫩叶、枝梢和花穗，造成枝梢秃枝，嫩叶不能伸展，终至枯萎脱落。防治措施：选用抗病品种和无病健壮种苗；实行种苗、接穗和种子检疫；及时修剪病枝、病花穗，并集中烧毁；加强栽培管理，提高植株抗性；及时防治蝽象、木虱等传播病毒病的害虫。

霜霉病 初期果皮表面出现褐色或黑色的不规则病斑，终至果肉腐烂。防治措施：加强果园管理清沟排水，增施有机肥，修剪保持树冠通风透光。冬季结合深翻，扫除枯枝落叶，烧毁或深埋，并喷 1 次石硫合剂或波尔多液消毒园地；在开花前后，用 0.5∶0.5∶100 的波尔多液或甲基托布津 1 500

倍液或 50% 多菌灵 1 000 倍液，每半个月喷 1 次，连喷 2~3 次。

立枯病　为害龙眼苗木，是一种传染性病害，常使苗木茎基部腐烂死亡。防治措施：选用地势高、排灌水方便、土壤疏松肥沃的苗圃地育苗，播种覆土后，用 50% 代森铵 400~500 倍液喷防；发病时，用 0.5% 波尔多液或 0.06% 的升汞水加 1.5% 生石灰喷治；及时拔掉病死株烧毁，并进行土壤消毒；防治霜疫霉病、炭疽病等病害用 50% 甲基托布津 800~1 000 倍液或 58% 瑞毒霉锰锌 700~800 倍液喷治。

（6）虫害防治

荔蝽　为害嫩芽、花穗、嫩梢及幼果，常导致大量落花、落果或颗粒无收。防治措施：在3—5月用敌百虫 800~1 000 倍液或 20% 杀灭菊酯 2 000~8 000 倍液连喷 2~3 次；生物防治，采用平腹小蜂在荔蝽产卵初期放蜂，每隔 10 天放 1 次，连放 3 次。

白蛾蜡蝉　为害龙眼的害虫，会造成一定的损失，要加强管理，保护天敌。防治措施：结合修剪、疏花疏果，剪去带虫枝叶烧毁；用敌敌畏乳剂、50% 磷胺乳剂、除虫菊酯、杀虫酯、杀虫双、杀虫脒等喷治均可。低残留的药剂按安全要求使用。

5. 采收

龙眼果实采收的一般要求是要做到适时、适熟、轻采。成熟度在九成以上，适于鲜食和焙干，如需远途保鲜贮运，应稍早点采收；采果宜在阴天或晴天早晨露水干后与傍晚时进行，避免中午高温或烈日曝晒，雨天不能采果；龙眼树冠高大，目前果区多用长竹梯靠在树上，自下而上的手工采收。

（三）功能主治

龙眼肉味甘，性温，归心、脾经，具有补益心脾、养血安神之功效，用于气血不足、心悸怔忡、健忘失眠、血虚萎黄。

（四）药食考证

1. 药用考证

龙眼肉原称"龙眼"，至明《本草蒙筌》明确"取肉用药"，始以"龙眼肉"为正名。《神农本草经》记载：龙眼，味甘，平。主疗五脏邪气，安志厌食，久服强魂魄，聪察，轻身不老，通神明；《名医别录》记：无毒，除虫去毒，其大者似槟榔，生南海山谷；《本草经集注》陶隐居云：广州别有龙眼，似荔枝而小，非益智，恐彼人别名，今者为益智耳，食之并利人；《家祐本草》记载：龙眼，除蛊毒，去三虫；《本草图经》记：一名益智，以其味甘归脾，而能益智耳；《本草蒙筌》记载：龙眼，味甘，气平，无毒。取肉入药，因甘归脾，古方归脾汤中，功与人参并奏，多服强魂聪明，久服轻身不老。

2. 食用考证

龙眼肉药材入方剂，始载于南宋时期严用和《济生方》的归脾汤中，在此之前的本草记载其作为果实食用。《本草衍义》中记载：今除为果之外，别无龙眼。《绍兴本草》中记载：龙眼……但作果实食之，罕入于方而疗疾。说明当时龙眼多用于食用，而不是作为药材使用。西晋《广志》记载：龙眼树，叶似荔枝，蔓延缘木，子大如酸枣，色异，纯甜无酸;梁代《本草经集注》记载:龙眼一名益智……味甘、酸也;宋代《开宝本草》记载:此树高二丈余……其肉薄于荔枝,而甘美堪食;《本草衍义》记载:《本经》编入木部中品……故知木部之龙眼,即是今为果者。

(五)食疗药膳方

1. 膳方制作方法

龙眼肉红枣筒骨粥

龙眼肉 10 颗,粳米 200 克,筒骨 250 克,红枣 5 颗,姜 3~5 片,葱 2 根,盐、料酒、香油等辅料若干。龙眼肉、粳米洗干净备用,筒骨洗干净砍块,锅内烧开水,放入筒骨焯水 5 分钟左右,捞出,放入砂锅内,加开水 2 升、姜片、料酒熬筒骨汤,小火熬 30 分钟后放入大米、龙眼肉、红枣等继续小火熬 30 分钟,然后加入适量的盐、香油、酱油调味,撒入葱花即可。

龙眼肉苹果糖水

龙眼肉 10 颗,苹果 1 个,红枣 5 颗,枸杞 5 颗,红糖适量。龙眼肉、红枣、枸杞洗净,苹果削皮切块,所有材料放入锅中,加水 500 毫升,大火煮开,然后小火微炖 10 分钟,根据个人口味加入适量红糖即可。

2. 食用注意

一般人群都可以食用。但湿热、痰湿体质人群慎用,体弱者和妇女适宜食用。

◁ 图 5·龙眼肉红枣筒骨粥 ◁

◁ 图 6·龙眼肉苹果糖水 ◁

(潘丽梅)

三十、决明子

决明子

- 【种名】决明
- 【学名】*Cassia tora* L.
- 【别名】草决明、假花生、假绿豆、马蹄决明
- 【科属】豆科决明属
- 【药用部位】果实
- 【食用部位】叶子

（一）生物学特性

1. 形态特征

直立，一年生亚灌木状草本，高 1~2 米。叶长 4~8 厘米；叶柄上无腺体；叶轴上每对小叶间有棒状的腺体 1 枚；小叶 3 对，膜质，倒卵形或倒卵状长椭圆形，长 2~6 厘米，宽 1.5~2.5 厘米，顶端圆钝而有小尖头，基部渐狭，偏斜，上面被稀疏柔毛，下面被柔毛；小叶柄长 1.5~2 毫米；托叶线状，被柔毛，早落。花腋生，通常 2 朵聚生；总花梗长 6~10 毫米；花梗长 1~1.5 厘米，丝状；萼片稍不等大，卵形或卵状长圆形，膜质，外面被柔毛，长约 8 毫米；花瓣黄色，下面二片略长，长 12~15 毫米，宽 5~7 毫米；能育雄蕊 7 枚，花药四方形，顶孔开裂，长约 4 毫米，花丝短于花药；子房无柄，被白色柔毛。荚果纤细，近四棱形，两端渐尖，长达 15 厘米，宽 3~4 毫米，膜质；

◁ 图1·植株 ◁

图 2 · 果实

种子约 25 颗，菱形，光亮。花果期 8—11 月。

2. 生长习性

决明对土壤的要求不严，主要生长于向阳缓坡地、沟边、路旁，以土层深厚、富含腐殖质、排水良好的砂质壤土较佳，pH 6.5~7.5。决明是喜光植物，喜欢温暖湿润气候，阳光充足有利于其生长。

3. 分布与生境

原产美洲热带地区，中国长江以南各省区（自治区）均有分布。在热带、亚热带地区广泛分布。生于山坡、旷野及河滩沙地上。

（二）种植技术

1. 繁殖方法

决明一般采用种子繁殖。于 3 月下旬。播种前可用 45℃ 左右的温水浸种约 18 小时，使其吸水膨胀后即可播种。

2. 选地和整地

决明宜选土壤疏松、富含腐殖质、排水良好的平地或向阳坡地。整地时每亩施腐熟有机肥 3 000 千克，总养分含量 45%（N-15%，P-15%，K-15%）复合肥 100 千克，整平耙细后，作畦，作畦宽 1.2 米。

3. 种植方法

一般在春季种植。在作好的畦面上按株距 60 厘米、行距 60 厘米穴播。穴深 3 厘米，覆土 1.5~2 厘米。每穴 2~4 粒，稍加镇压。播种后经常保持土壤湿润，7~10 天发芽出苗。播种时用地膜覆盖可明显提高草决明的产量和质量。

4. 田间管理

（1）间苗、定苗、补苗

幼苗出土后，当苗高 3~5 厘米时，剔除小苗、弱苗，每穴留 1~2 株壮苗；当苗高 10~15 厘米时，进行定苗，每穴留壮苗 1 株。如发现缺苗，及时补种。

（2）中耕除草

出苗后至封行前，要进行中耕、浇水，保持土壤湿润，雨后土壤易板结，要及时中耕、松土。中耕除草后，结合间苗，及时追肥。7 月中下旬封垄后，停止中耕，以防伤害根部、碰断植株。

（3）施肥

定苗后进行第一次追肥，每亩施腐熟人粪尿水 500 千克；第二次在分枝初期，中耕除草后，每亩施人粪尿水 1 000 千克，加过磷酸钙 40 千克，促进多分枝、多开花结果；第三次在封行前，中耕除草后，每亩施腐熟饼肥 150 千克，加过磷酸钙 50 千克，促进果实发育充实，籽粒饱满。当苗高60厘米时，进行培土以防倒苗。开花初期结合浇水，每亩追尿素20千克，结荚期结合浇水每亩追尿素10千克，防后期早衰。

（4）排灌水

决明生长期需水比较多，尤其是苗期，幼苗生长缓慢，不耐干旱，注意浇水，经常保持畦面湿润；雨季要注意排水，长期水积，容易枯死而造成减产。

（5）病害防治

灰斑病　主要为害全叶。发病初期在叶片上产生褐色病斑，中央色稍浅。后期病斑上产生霉状物，在潮湿环境条件下，发病严重。

轮纹病　主要为害叶、茎、果实。发病初期，病斑近圆形，后期病斑扩展呈轮纹状，不明显。

以上两种病害的防治方法：①发现病株，及时拔除，集中烧毁深埋；②发病的病穴用3%的石灰乳进行土壤消毒；③发病初期用50%的多菌灵800~1 000倍液喷雾防治，7~10天喷1次，连续2次；④严重时，喷0.3波美度石硫合剂。

（6）虫害防治

决明蚜虫　可为害嫩茎、嫩叶及荚果。防治方法：可用90%敌百虫1 000倍液喷雾防治，7~10天喷次，连续2次。

5. 采收

春播决明于当年秋季9—10月果实成熟，当荚果变成黑褐色时，适时采收。将全株割下，运回晒场，晒干，打出种子，除净杂质，再将种子晒至全干，即成商品。一般无杂质、颗粒饱满、无虫无霉种子即为优质药材决明子。

（三）功能主治

决明药用部位为其种子，叫决明子，其味苦、甘、咸，性微寒，入肝、肾、大肠经，具有清热解毒、缓解便秘、清肝明目的功效。用于治疗各种眼科疾病。

（四）药食考证

1. 药用考证

决明的药用部位是种子，味苦，性微寒，有清肝、明目、通便之功能，可用于头痛眩晕、大便秘结等症。《神农本草经》记载：治青盲、目淫肤赤白膜、眼赤痛、泪出，久服益精光。《中华人民共和国药典》2020版载：甘、苦、咸、微寒，归肝、大肠经。广州部队《常用中草药手册》记载：清肝明目，利水通便。治肝炎、肝硬化腹水、高血压、小儿疳积、夜盲、风热眼痛、习惯性便秘。

2. 食用考证

据《食疗本草》载：决明子，主肝家热毒、风眼赤泪。每日取一匙，去尘埃，空腹水吞之。百日后，夜见物光也。

（五）食疗药膳方

1. 膳方制作方法

决明子粥

决明子10克，大米60克。将适量的水倒入锅中，加入决明子煎汁。大米洗净，

图 3 · 决明子粥

图 4 · 决明子绿豆瘦肉汤

浸泡 30 分钟。锅中再注入适量清水，加入大米、决明子汁共煮成粥。加入冰糖煮溶即可。

决明子绿豆瘦肉汤

决明子 15 克，绿豆 150 克，瘦肉 100 克，米酒 5 克，食盐 1 勺。将猪瘦肉洗净切片后焯水，将决明子、绿豆、瘦肉和足量清水，放入汤锅中煮沸，沸腾以后加少许米酒，转文火煲 40 分钟，加菜油，转旺火煲 10 分钟之后加盐调味即可。

2. 食用注意

由于决明子是寒性药材，所以脾胃虚寒、脾虚泄泻、低血压等患者不适宜服用决明子，以免加重病症。此外，决明子中含有大黄酚、大黄素等化合物，长期服用后可能导致肠道病变，还有可能引起难治性的便秘。

（施力军）

三十一、佛手

【种名】佛手
【学名】Citrus medica L. var. sarcodactylis Swingle
【别名】佛手柑
【科属】芸香科柑橘属
【药用部位】果实
【食用部位】果实

（一）生物学特性

1. 形态特征

常绿小乔木或灌木。老枝灰绿色，幼枝略带紫红色，有短而硬的刺。单叶互生；叶柄短，长3~6厘米，无翼叶，无关节；叶片革质，长椭圆形或倒卵状长圆形，长5~16厘米，宽2.5~7厘米，先端钝，有时微凹，基部近圆形或楔形，边缘有浅波状钝锯齿。花单生，簇生或为总状花序；花萼杯状，5浅裂，裂片三角形；花瓣5，内面白色，外面紫色；雄蕊多数；子房椭圆形，上部窄尖。柑果卵形或长圆形，先端分裂如拳状，或张开似指尖，其裂数代表心皮数，表面橙黄色，粗糙，果肉淡黄色。种子数颗，卵形，先端尖，有时不完全发育。花期2—5月，果熟期8—12月。

2. 生长习性

佛手属于热带、亚热带植物，喜温暖湿润、阳光充足的环境，不耐严寒，怕冰霜和干

◁ 图1·植株 ◁

图2·花苞和花

图3·花

旱,耐瘠,耐涝。以雨量充足,冬季无冰冻的地区栽培为宜。最适生长温度25~30℃,越冬温度5℃以上,年降水量以1 000~1 200毫米最适宜,年日照时数1 200~1 800小时为宜。适合在土层深厚、疏松肥沃、富含腐殖质、排水良好的酸性壤土、砂壤土或黏壤土中生长。

3. 分布与生境

佛手主要生长在阳光充足、温暖湿润及排水良好的环境。我国主要分布于广东、浙江、四川、广西、安徽、云南、福建等省区(自治区)。

(二)种植技术

1. 繁殖方法

生产上采用枝条扦插方法进行繁殖。

(1)插穗选择

应选择健壮、充实、无病虫害的枝条为好,通常用半木质化程度枝条。将选好的枝条剪成10厘米左右,具有3~4对叶片的一段枝作插穗。下剪口靠近节0.2~0.3厘米,以利愈合生根;上剪口离节约0.5厘米。剪口的倾斜度以40~45度为宜。

(2)插穗处理

用400毫克/千克浓度的生根粉溶液速蘸即可。

(3)扦插时间

扦插时间为10月至次年2月,春梢萌

图4·果实

发前为好。

（4）扦插方法

按行距 20 厘米，株距 6 厘米扦插。插后覆土压紧，使先端 1~2 个苞芽露出土面，插后及时淋水，使土壤与穗条吻合、密接。

（5）插条苗的管理

扦插后，需搭遮阴棚防晒，注意淋水防旱。及时除草，适时施肥，追施稀薄人畜粪尿水。

2. 选地和整地

育苗地或种植地的空气应符合大气环境质量二级标准；土壤应符合土壤环境质量二级标准；灌溉水应符合农田灌溉水质标准。选择阳光充足、排水良好、土壤疏松、土层深厚、富含腐殖质的平地或缓坡地。

对土地进行深翻，起畦高 30~40 厘米，宽 1.3~1.5 米，沟宽 30~50 厘米，按株行距 2~3.5 米 ×2~3.5 米的规格开坑，挖 60 厘米 ×60 厘米 ×60 厘米的坑。每坑腐熟鸡、牛粪作基肥 20 千克和磷肥 1 千克与土拌匀后回坑。

3. 种植方法

每年春季（清明节前后）或秋季种植，按事先开好的坑进行种植。定干约 25 厘米，定植时将苗木根系梳理成自然状并进行浆根，栽于坑的中心。培土压实，用草覆盖（薄膜或地布）树盘保持湿润，淋足定根水。

4. 田间管理

（1）查苗、补苗

在种植一个月后，进行查苗、补苗，发现死苗及时补苗。

（2）中耕除草

结合中耕，进行人工除草、松土、培土。发现杂草及时除草，以免杂草与植株争水争肥。

（3）排灌

佛手喜湿忌涝。雨季及时排水，旱季及时淋水或浅灌水，尤其在花期应保证足够的水分供应，以利植株的正常生长和开花结实。

（4）施肥

整地时施足基肥，每亩施 2 000~2 500 千克充分腐熟的农家肥，同时拌入 0.5 千克磷肥；芽长 20 厘米左右每亩施 5 千克尿素催苗，根施或兑水喷施；幼林期每季根施（沟施覆土）复合肥一次，每亩每次约 20 千克；结果期每季根施（沟施覆土）有机复合肥一次，每亩每次约 100 千克。

（5）整形剪枝

剪枝时间在每年采果后至次年 3 月中旬植株萌芽前；夏秋季 7 月上旬至 8 月中旬。另外在 4 月下旬至 7 月上旬进行抹芽控梢、剪花枝等辅助修剪。修剪方法：①多花树要重剪，疏删与短截结合；少花树则应轻剪，只疏删部分密生枝和细弱枝。②枯枝、严重病虫枝，从基部全部剪除。③衰老枝群应短截更新或疏删，更新枝长度视枝群的强弱与位置而定。④交叉枝、徒长枝原则上从基部剪除，但在树冠中下部较空虚时，可适当短截，作为更新枝或填补空缺；密生枝适当疏删，过长的要摘心。

（6）病害防治

溃疡病 主要为害叶片、枝梢、果实和萼片，形成木栓化稍隆起的病斑。叶片受害后初生黄色或暗黄绿色针头大小的油渍状圆

形斑点。斑点稍隆起，不久病部表皮破裂，呈灰白色，海绵状隆起。从4月上旬至12月病害均可发生，一年可发生3个高峰期。春梢发病高峰期在4月上旬，夏梢发病高峰期在6月下旬，秋梢发病高峰期在9月下旬。防治方法：用50%胂·锌·福美双（退菌特）可湿性粉剂500~800倍液，72%农用链霉素1 000~3 000倍液，50%代森铵水剂500~800倍液，14%络氨铜（溃疡灵）水剂300~500倍液，25%叶枯唑（叶枯宁）乳油500~1 000倍液，80%波尔多液（必备）可湿性粉剂400~600倍液，77%氢氧化铜（可杀得）乳油400~600倍液，30%氧氯化铜（王铜）悬浮剂500~800倍液，20%噻菌铜悬浮剂500~700倍液，12%松脂酸铜（绿乳铜）乳油500~1 000倍液等喷施。

煤烟病 主要为害叶片、枝梢。发病初期，在为害部位表面形成黑色或暗褐色霉层，后渐次扩展，形成煤烟状黑色霉层，霉层上散布黑色小点（闭囊壳或分孢器）。为害叶片时，在叶片上产生灰黑色煤污。煤烟病全年都可发生，发病盛期在8—12月。防治方法：用50%多菌灵600倍液，0.5∶1∶100波尔多液，70%甲基托布津可湿性粉剂600~1 000倍液，95%机油乳剂50~100倍液，喷雾防治。喷药时一定要将叶片背面喷到，间隔7~10天，连续喷施2次以上，抑制蔓延。

脚腐病 主要发生于主干基部，引起皮层腐烂。发病初期，病部树皮呈水渍状，有酒糟气味，颜色变褐常渗出褐色胶液。气候干燥时，病斑干裂。温暖潮湿时，病部不断向纵横扩展，向下蔓延至根群，横向扩展，渐成环割，最终导致植株死亡。病树部分大枝上或整个树冠叶片的中脉及侧脉呈黄色，引起叶落、枝枯。主要发生在7—12月。防治方法：初夏前后，将每株树的根颈部土壤扒开，发现病斑时，将腐烂的皮层、已变色的木质部刮除干净，再在伤口处涂药保护。药剂有1∶1∶10的波尔多浆、2%~3%的硫酸铜液、石硫合剂残渣、25%瑞毒霉可湿性粉剂200~300倍液、70%甲基托布津（或50%多菌灵）可湿性粉剂100~200倍液。

（7）虫害防治

潜叶蛾 主要为害嫩叶，在嫩叶、嫩茎皮下组织取食，蛀成弯曲银白色隧道，叶片受害组织不能正常生长而另一面叶组织则正常生长，因此使叶片卷缩硬化，新梢严重受害时也会扭曲。8—9月是潜叶蛾全年发生的最高峰期。枝叶受害后的伤口常是柑橘溃疡病病菌侵染的途径，导致溃疡病严重发生。防治方法：用阿维菌素、灭蝇胺、甲氨基阿维菌素苯甲酸盐（简称甲维盐）、虫螨腈之类的药进行叶面喷施。

红蜘蛛 主要为害叶片，成、若螨群集叶、果和嫩枝上刺吸汁液，尤以嫩叶受害最重，叶片受害处初时呈淡绿色后变灰白色斑点，严重时叶片呈灰白色而失去光泽，叶面布满灰尘状蜕皮壳，引起提早落叶，严重影响树势。红蜘蛛在条件适宜时几乎全年发生，一般春梢期与秋梢期是高峰期。防治方法：松脂合剂，冬春季18~20倍液，夏秋季10~20倍液，99%矿物油20~250倍液（高温季节禁用），2.0%阿维菌素1 000~1 500倍液，57%克螨特2 000倍液。

介壳虫 主要为害叶片、枝条，叶片被蚧壳虫为害以后，变黄脱落；枝条被害后，表面十分粗糙,以至枯死。5月是介壳虫爆发的时期。防治方法:用介壳必杀600~800倍液喷雾或者螺虫毒死蜱2 500~3 000倍液喷雾进行防治。

蚜虫 主要为害叶片、枝条,被害后新梢、嫩叶卷曲和皱缩,节间缩短,不能正常生长,严重时还易引起落果及大量新梢无法抽出的情况。3—4月是春梢抽发、花蕾抽生时,此时蚜虫就在这个时间段进行大规模的为害。防治方法:利用蚜虫对黄色的趋性,可在园内悬挂黄板诱杀蚜虫。利用天敌来诱杀蚜虫,如瓢虫、食蚜蝇、寄生蜂、草蛉等。可用阿维菌素和吡虫啉进行叶面喷施、50%抗蚜威1 500倍液喷洒。

天牛 以蛀食枝干为害,表现为枝干中空,枝条干枯。6—12月为主要发生期。防治方法:①捉。6月份在成虫大量羽化出孔时,捕杀成虫。星天牛喜在晴天中午,褐天牛喜在闷热傍晚外出活动,此时捕捉成虫效果甚佳。②刮。6—8月注意检查树干,若发现有泡沫状物(内有虫卵和幼虫),用小刀刮除,刮后涂敌百虫5倍液,防止幼虫蛀入木质部为害,可起到事半功倍的防治效果。③塞。当幼虫蛀入木质部时,可用棉花蘸80%敌敌畏乳油塞入虫孔。或用针管注入虫孔内毒杀幼虫(孔内虫屑粪便要清除干净),然后用湿泥封堵虫孔。④钩。用一根小钢丝(一端弯一小钩)顺着虫孔伸入钩杀幼虫。

叶螨 为害叶片、花器、果实及嫩绿枝梢,春梢嫩芽、嫩叶受害严重时,畸形扭曲。4—5月大发生,造成大量落叶、落花、落果,对当年产量影响极大。防治方法:可选用10%天王星乳油6 000倍液,或73%克螨特乳油2 000倍液。冬季喷洒1~2波美度石硫合剂。

5. 采收

佛手果实成熟期在8—12月。当果实表皮呈黄白色至金黄色时,选择晴天用果剪从果梗处剪下果实。鲜片切厚0.3~1厘米,放置太阳下晒干。晒干后用塑料袋密封保管,防止香气散失。药材产品质量以足干、整块片大,指状分裂,边缘至金黄色或肉白色,味甜微苦,气味浓香者为佳。

(三)功能主治

佛手其性味辛、苦、酸、温。归肝、脾、胃、肺经。具有疏肝理气,和胃止痛,燥湿化痰的作用。用于肝胃气滞,胸胁胀痛,胃脘痞满,食少呕吐,咳嗽痰多。

(四)药食考证

1. 药用考证

《本草纲目》中用其治疗痰气咳嗽、心下气痛等症。《滇南本草》中用于补肝暖胃,止呕吐,消胃。《本经逢原》中佛手专破滞气,不宜用于痢久气虚者。《本草从新》中用其理气止呕、健脾进食。但单用亦损正气,须与人参、白术并行,缓和药性,方能起到良好的作用。可见,古代佛手多用于疏肝暖胃、理气止呕、健脾消食、燥湿止咳、化痰止痛,且不宜单用,气虚者慎用。

2. 食用考证

佛手味辛,性温。是一味可以药食两用的中药,始载于《滇南本草》。《本草纲目》

记载：佛手柑，气味辛，温无毒；主治下气，除心头痰水；煮酒饮，治痰多咳嗽；煮汤，治心下气痛。

（五）食疗药膳方

1. 膳方制作方法

炒佛手

佛手有理气化痰，止咳消胀，疏肝健脾和胃的功效，非常适合清炒。

做法：胡萝卜1个，佛手1个。将两者洗净、切丝，加入植物油清炒，放点水，最后放适量盐和味精调味。

佛手粥

佛手煮粥适合年老胃弱、消化不良、食欲不振、胸闷气滞的人食用。

做法：佛手10~15克，大米50~100克，冰糖适量。将佛手煎汤去渣，再放入大米、冰糖煮粥。

2. 食用注意

孕妇忌生吃佛手，也不可过量食用佛手。阴虚有火、无气滞症状者慎食佛手。

图5·炒佛手

图6·佛手粥

（施力军）

三十二、火麻仁

- 【种名】大麻
- 【学名】Cannabis sativa L.
- 【别名】麻子、麻子仁、大麻子、大麻仁、白麻子、冬麻子
- 【科属】桑科大麻属
- 【药用部位】果实
- 【食用部位】果实

（一）生物学特性

1. 形态特征

一年生直立草本，高1~3米，枝具纵沟槽，密生灰白色贴伏毛。叶掌状全裂，裂片披针形或线状披针形，长7~15厘米，中裂片最长，宽0.5~2厘米，先端渐尖，基部狭楔形，表面深绿，微被糙毛，背面幼时密被灰白色贴状毛后变无毛，边缘具向内弯的粗锯齿，中脉及侧脉在表面微下陷，背面隆起；叶柄长3~15厘米，密被灰白色贴伏毛；托叶线形。雄花序长达25厘米；花黄绿色，花被5，膜质，外面被细伏贴毛，雄蕊5，花丝极短，花药长圆形；小花柄长2~4毫米；雌花绿色；花被1，紧包子房，略被小毛；子房近球形，外面包于苞片。瘦果为宿存黄褐色苞片所包，果皮坚脆，表面具细网纹。花期5—6月，果期为7月。

2. 生长习性

火麻对土壤的要求不严，主要生长于向阳缓坡地、沟边、路旁，以土层深厚、富含腐殖质、排水良好的石灰岩土较佳。火麻是不耐涝的植物，喜欢阳光充足、温暖湿润的气候。

3. 分布与生境

分布于东北、华北、华东、中南等地。主要生于山坡、旷野地上。

（二）种植技术

1. 繁殖方法

一般采用种子繁殖。

图1·植株

图2·果实

2. 选地和整地

土壤类型以石灰岩为主，成土母质为石灰岩，土壤有机质含量≥0.8%，pH 6.5~7.0。整地时每亩施腐熟有机肥3 000千克，总养分含量45%（N-15%，P-15%，K-15%）复合肥100千克，整平耙细后，作畦。

3. 种植方法

一般2—3月种植，每亩用种量250~500克。在做好的畦面上按株距60厘米、行距60厘米穴播。穴深3厘米，覆土1.5~2厘米。每穴5~6粒，稍加镇压。播种后经常保持土壤湿润，7~10天发芽出苗。

4. 田间管理

(1) 间苗、定苗、补苗

火麻幼苗出土后，当苗高3~5厘米时，剔除小苗、弱苗，每穴留1~2株壮苗；当苗高10~15厘米时，进行定苗，每穴留壮苗1株。如发现缺苗，及时补种。

(2) 中耕除草

出苗后至封行前，要进行中耕、浇水，保持土壤湿润，雨后土壤易板结，要及时中耕、松土。中耕除草后，结合间苗及追肥。封垄后，停止中耕，以防伤害根部、碰断植株。

(3) 施肥

每亩目标产量150千克，须施用100千克腐熟有机肥。每三年土壤施一次硼肥，每亩施用量为20~30千克。开花期喷0.03%的硼酸钠。

(4) 排灌水

火麻生长期需水比较多，尤其是苗期，幼苗生长缓慢，不耐干旱，注意浇水，经常保持畦面湿润；雨季要注意排水，长期水积，容易枯死而造成减产。

(5) 病害防治

斑点病　主要为害叶片。发病初期叶尖或叶缘褪绿，暴发期叶片上出现轮廓不明显的圆形或不规则的灰白色斑点，并逐渐扩大，变成淡褐色，上有黑色小点。防治方法：可用65%代森锌500倍液，或50%多菌灵800~1 000倍液，或1:1:100波尔多液进行喷施，每7~10天喷1次，连喷3~4次。

霜霉病　主要为害叶片和嫩茎。发病初期，叶面出现黄色小斑点，逐渐扩展呈褐色不规则病斑，在叶背面有一层紫褐色霜状霉层。严重时可使整株死亡。防治方法：①发现病株及时拔除并烧毁深埋；②加强田间管理，及时排涝，降低田间湿度；③增施磷钾肥，合理密植，提高植株抗病能力；④发病初期，喷洒40%乙磷铝250~300倍液，或25%瑞毒霉600~800倍液，每10~15天喷1次，连喷2~3次。

菌核病　主要为害茎基部。从幼苗期到成株期均能产生。发病初期茎基部呈褐色水渍状，后逐渐变为白色。在湿度大时，茎基很快腐烂，在病部长出白色丝状物似绵毛状的白霉——病原菌的菌丝体。后期逐渐向上蔓延，切开茎秆，在髓部可见呈褐色或黑色颗粒，即病原菌的菌核。防治方法：①实行轮作；②加强排水通风，降低田间湿度；③喷洒40%纹枯利1 000倍液，或50%托布津1 000倍液，7~10天喷施1次，喷3~4次。

(6) 虫害防治

玉米螟　主要为害茎部。以初龄幼虫取

食心叶，3龄以后，开始蛀茎，在茎内为害，使大麻枯心而死。防治方法：①收获后清除田间枯茎残叶，集中烧毁，消灭越冬虫口；②发生时可喷施50%杀螟松乳油1000倍液。

5. 采收

10月下旬至11月上旬，火麻籽80%成熟后可采收，采收后及时摊开风干。

（三）功能主治

火麻仁气微，味甘，性平，归脾、胃、大肠经，具有润肠通便、补虚等功效。

（四）药食考证

1. 药用考证

火麻仁入药始见于《神农本草经》，原名麻子，列为米谷上品，历代本草均有记载"补中益气"。"火麻仁"之名始见于元代吴瑞《日用本草》。《梦溪笔谈》载：中国之麻，今谓之大麻是也。有实为苴麻，无实为枲麻，又曰麻牡。张骞始自大宛得油麻之种，亦谓之麻，故以胡麻别之，谓汉麻为大麻也。《本草纲目》收载大麻子于谷部麻麦稻类，"云汉麻者，以别胡麻也。其种子较大，故称大麻子、大麻仁。因种子外包有黄褐色苞片，亦称黄麻仁"。《名医别录》：主中风汗出，逐水，利小便，破积血，复血脉，乳妇产后余疾。《药品化义》：麻仁，能润肠，体润能去燥，专利大肠气结便闭。

2. 食用考证

本品始载于《神农本草经》，列为上品，《经崇原》则谓"火麻仁性味甘平无毒，主补中益气，久服肥健，不老神仙"。

（五）食疗药膳方

1. 膳方制作方法

火麻仁瘦肉汤

将猪瘦肉洗净切片后焯水，将火麻仁、瘦肉和足量清水，放入汤锅中煮沸，沸腾以后加少许米酒，转文火煲20分钟之后加盐调味即可。

图3·火麻仁瘦肉汤

2. 食用注意

火麻仁润肠通便，故脾虚便溏及阳虚滑泄者不宜用。

（施力军）

三十三、薄荷

【种名】 薄荷
【学名】 *Mentha canadensis*
【别名】 水益母、见肿消
【科属】 唇形科薄荷属
【药用部位】 根、茎、叶
【食用部位】 幼嫩茎尖

(一) 生物学特性

1. 形态特征

多年生草本。茎直立，锐四棱形，具四槽。叶对生，先端锐尖，基部楔形至近圆形，边缘在基部以上疏生粗大的牙齿状锯齿。轮伞花序腋生，轮廓球形；萼管状钟形，长约2.5毫米，外被微柔毛及腺点；花冠淡紫，长4毫米，外面略被微柔毛，内面在喉部以下被微柔毛。小坚果卵珠形，黄褐色，具小腺窝。花期7—9月，果期10月。

2. 生长习性

薄荷为长日照植物，喜温暖湿润气候，生长最适温度为20~30℃，在降雨充沛、日照充分的条件下生长良好。生长土壤以土层

图2·幼芽和嫩叶

图1·植株

图3·花

深厚、疏松肥沃、排灌良好的壤土、砂壤土为宜，酸碱度一般要求为pH 6.5~7.5。

3. 分布与生境

产于我国南北各地，广西南宁、桂林、百色、贺州多地均有野生分布。多生于水旁潮湿地。

（二）种植技术

1. 繁殖方法

可用有性繁殖和无性繁殖，因其有性繁殖后代变异性较大，容易造成品种混杂，实际生产中以无性繁殖为主，包括根茎繁殖、分株繁殖和扦插繁殖，大面积栽培多采用简单易行的分株繁殖法。

选择生长健壮、无病虫害的薄荷种植地，待秋季收割后，每亩施有机肥1 000千克左右，施后培土，待第二年3—5月，当幼苗生长至高度10~15厘米时，选阴雨天气将苗挖起，分批移栽。

2. 选地和整地

薄荷对土质没有严格的要求，但低洼、易积水和土壤酸碱性的地块不宜种植。作为宿根性植物，薄荷有较强的吸肥力，长期连作容易造成减产、品质降低和病虫害严重，因此一般产地在栽培2—3年时需进行换茬。

选好地块后，秋季要进行深耕、耙平。每亩施腐熟有机肥2 000~2 500千克，配合施用50千克复合肥作基肥。做宽1.5米畦，并开好排灌水沟，南方宜用高畦，北方用平畦和低畦，以利排灌。

3. 种植方法

移栽以每年4月前进行为宜，移植地按行距20厘米，株距15厘米挖穴，每穴栽秧苗2株。栽后盖土压实，施稀薄粪水定根。

4. 田间管理

（1）查苗、补苗

为了获得高产，田间留苗必须保持一定密度，密度过大，分枝下部叶片容易脱落；密度过小，基本苗不足，产量受到限制。一般每亩留苗2.5万株，株距10~13厘米。

（2）水肥管理

薄荷以茎叶入药，茎叶一年收割2次，消耗土壤养分较多。为满足其生长的需要，在生育期应结合中耕除草进行追肥，以氮肥为主，配以磷钾肥。喷磷一般选用过磷酸钙，喷钾一般选用硫酸钾。喷施时间应在薄荷生长最旺盛的时期，即6月上旬，喷施时应选在傍晚。

（3）中耕除草

薄荷为浅根性植物，中耕宜浅。移栽成活后或苗高7~10厘米时进行第1次除草。于6月植株封垄前进行第2次中耕除草。7月初次收获后，需及时开展第3次中耕，此次中耕可适当加深深度，并将部分根茎去除，以免过密影响薄荷生长。9月进行第4次中耕，只除草不耕地。10月第2次收获后，进行第5次中耕，再次除去部分根茎。

（4）摘心去顶

植株生长较稀疏时，于5月份选晴天摘去植株顶芽，促进多分枝，提高产量。

（5）病害防治

薄荷锈病 主要为害薄荷叶片和茎。一般于5—6月连续阴雨或干旱时易发。发病初期，叶片或嫩茎上产生黄色微隆起的疱斑，后期病部长出黑色粉末状物。防治措施：选用组培脱毒种苗；尽量避免连作重茬，实行轮作倒茬，有条件的最好能水旱轮作；合理施肥，忌偏施氮肥，适当增施磷钾肥增强抗病力；发现病株、病叶及时清除，集中烧毁；发病前期喷洒1∶1∶100波尔多液进行预防；发病时喷25%粉锈宁1 000倍液，每隔7~10天喷1次，连喷2次。

薄荷黑茎病 为害薄荷茎部。发病时，茎基部形成黑色椭圆病斑，病部渐渐凹陷且茎秆全部变黑，茎倒伏。防治措施：选用抗病品种，及时提纯复壮；发病时可用50%多菌灵可湿性粉剂600倍或70%百菌清可湿性剂600倍喷施2~3次，间隔7~10天。

薄荷斑枯病 为害叶片。于5—10月发病，叶片上先出现暗绿色、小而圆的病斑，逐渐扩大为灰暗褐色，中心灰白色，呈白星状，上着生黑色小点，逐渐枯萎、脱落。防治措施：发病初期及时摘除病叶烧毁；可用70%代森锰锌或75%百菌清500~700倍液喷雾防治，收获前20天停用。

（6）虫害防治

小地老虎 春季幼虫咬食苗茎，造成缺苗。防治方法：用菊杀乳油2 000~3 000倍液喷洒根际，也可用40%甲基硫磷1 000倍液灌根。

银纹夜蛾 为害叶片和花蕾。幼虫咬食叶片，产生孔洞、缺刻。可用50%抑太保乳油或50%杀螟松1 000倍液喷治，收获前20天停用。

5. 采收

北方一般每年收割两次。第一次（头刀）在6月下旬至7月上旬，不得迟于7月中旬；第二次（二刀）在10月上旬开花前进行。收割应在晴天的中午12时至下午2时进行，此时叶中含油量最高。南方一年四季都可采摘，以4—8月产量最高，品质也最好。温暖季节每隔15~20天采收1次，寒冷季节每隔30~40天采收1次。

（三）功能主治

全草可入药，性辛、凉，气香，有疏散风热，清热解表，祛风消肿，利咽止痛之功效。常用于治疗风热感冒，头痛，目赤疼痛，咽喉肿痛，麻疹透发不畅等。

（四）药食考证

1. 药用考证

薄荷全草入药。《新修本草》：主贼风伤寒发汗，恶气心腹胀满，霍乱，宿食不消，下气，煮汁服，亦堪生食。人家种之，饮汁发汗，大解劳乏。宋代《证类本草》记载：味辛、苦，温，无毒。主贼风伤寒发汗，恶气，心腹胀满，霍乱，宿食不消，下气。食疗：平。解劳，与薤相宜。发汗，通利关节。杵汁服，去心脏风热。《本草纲目》记载：薄荷，辛，温，无毒。主治贼风伤寒发汗，恶气心腹胀满，霍乱，宿食不消，下气，煮汁服之，大解劳乏，亦堪生食。2020年版《中华人民共和国药典》记载：薄荷性凉，味辛，具疏散风热，清利头目，利咽，透疹，疏肝行气之功效。

2. 食用考证

薄荷主要食用部位为茎叶。始载于唐代孙思邈《千金要方·食治卷》中，名为蕃荷菜，"味苦、辛、温、无毒。可久食，却肾气，令人口气香。主辟邪毒，除劳弊。形瘦疲倦者不可久食，动消渴病"。《新修本草》将薄荷列入菜部，称其"味辛、苦、温、无毒，茎方，叶似荏而尖长，根经冬不死，又有蔓生者，功用相似。"

（五）食疗药膳方

1. 膳方制作方法

薄荷肉片汤

薄荷10克（鲜者30克），大米50克，盐适量。先将薄荷洗净放入锅内，加清水适量，浸泡5~10分钟，水煎沸数分钟，去渣取汁；再将大米放入锅中煮粥，待粥熟时兑入薄荷汁，再煮沸2~3次，加入调味品即可。此粥具有疏散风热、清利头目、解表透疹的功效，可用于风热感冒、痘疹初起。

< 图4·薄荷肉片汤 <

薄荷排骨

肋排300克，薄荷叶5克，糖、生抽、料酒、食用油适量，大蒜数片。先将排骨洗净，薄荷剁碎。将薄荷碎、糖、盐、酱油和料酒与排骨一起拌匀，放至冰箱腌制一天。烧热不粘锅，下油和蒜片，爆香后把腌好的排骨倒下锅。翻炒至排骨出油，加些许新鲜的薄荷碎，等排骨颜色稍变为金黄即可起碟。

< 图5·薄荷排骨 <

2. 食用注意

一般人群均可食用。尤适宜外感风热，头痛目赤，咽喉肿痛者；口疮口臭，牙龈肿痛，以及风热瘙痒者。怀孕期间的妇女应避免使用；因薄荷叶有抑制乳汁分泌的作用，哺乳中的妇女不宜多用；薄荷叶具醒脑、兴奋的效果，晚上不宜饮用过多，以免造成睡眠困扰；阴虚发热、血虚眩晕者慎服薄荷；表虚自汗者禁服薄荷。此外，薄荷煎汤代茶饮用，切忌久煮。

（胡营）

三十四、绞股蓝

绞股蓝

【种名】绞股蓝
【学名】*Gynostemma pentaphyllum*
【别名】七叶胆、五叶参
【科属】葫芦科绞股蓝属
【药用部位】根、茎、叶
【食用部位】茎、叶

（一）生物学特性

1. 形态特征

草质攀援藤本。茎细弱，具分枝，具纵棱及槽，无毛或疏被柔毛。鸟足状复叶，具3~9小叶，通常5~7小叶，边缘具波状齿或圆齿状齿，两面均疏被短硬毛。花雌雄异株。雄花圆锥花序，花冠淡绿色或白色，5深裂；雌花圆锥花序远较雄花之短小，花萼及花冠似雄花。果实肉质不裂，球形，成熟后黑色。花期3—11月，果期4—12月。

2. 生长习性

耐荫蔽，耐高温，搭棚遮阴，忌强光直射，喜湿但不耐涝，适宜生活在疏林地林冠下。富含腐殖质的微酸性或中性的砂壤土最宜生长。空气相对湿度60%~80%为宜。绞股蓝地下茎出苗和生长快慢主要受温度的影响，20~25℃为绞股蓝快速生长的适宜温度。

3. 分布与生境

我国分布于陕西南部和长江以南各省区（自治区），广西各地均有野生分布。生于山谷密林、山坡疏林、灌丛或路旁草丛中。

（二）种植技术

1. 繁殖方法

绞股蓝在南方地区的结实率相对较低，种子数量较少，采集难度大，无法满足种植需求，很少采用种子繁殖。扦插繁殖是绞股蓝的主要繁殖方式。

图1·植株

图2·果实

在育苗前应该合理选择苗床，最好选择通风好、遮阴便利的田地进行扦插。圃地需要深翻 25 厘米，保证表面没有碎石、大土块，然后每亩施 2.5 吨有机肥。做高度 30 厘米、宽度 1.0~1.2 米的畦。

选取无病虫害、稍老化的健壮茎蔓，距茎基部 50~60 厘米处剪下，再剪成若干小段，每段 2~3 个茎节，摘除下部节上叶片，仅上节保留 1 片完整复叶。用每千克 0.1~1 毫克吲哚乙酸水溶液浸泡插穗下部 5 分钟，选择阴天将中下节按株行距 10 厘米 ×10 厘米斜插入土中，深度约为插穗的 1/3~1/2，压实浇水，苗期需搭棚遮阴。

2. 选地和整地

建议选择郁闭度 0.7 左右林地作为种植地，不宜选择大蒜、瓜类等作物的前茬。

整地前清洁田园，捡出土壤中病残落叶和杂草，深翻土壤 25~30 厘米，并开好排水沟。在定植前根据土壤肥力，每亩施入农家肥 2 000 千克、过磷酸钙 25 千克、硫酸钾型复合肥 30 千克作基肥。高畦栽培，畦宽 1~1.2 米，高 20~25 厘米，畦面平而土细。

3. 种植方法

扦插苗高 10~15 厘米时即可定植移栽。株距 30~40 厘米，行距 40~50 厘米。选择阴天或傍晚进行移栽，苗株要多带土，栽后早晚浇水保墒，遇大雨及时排水。

4. 田间管理

（1）查苗、补苗

栽植后如有缺株及时疏密补稀，如果在苗不足的情况下，当幼苗拉蔓后，可在缺苗处进行压蔓繁殖新苗。

（2）中耕除草

绞股蓝生长缓慢，极易受杂草为害，在封行前进行 2~3 次中耕除草，做到除早、除小、除尽。封行后茎叶和根系布满厢面，每次采收前应及时除草。结合除草进行中耕松土，一般每年中耕 3~4 次，保持土壤松散，田间无杂草。

（3）搭棚遮阴

绞股蓝耐阴，忌阳光直射，无荫蔽条件的地区，可用遮光度 50%~60% 的遮阳网搭拱棚遮阴，棚高 1.5~2 米，注意通风。茎蔓长到 50 厘米左右时，用竹竿搭设高 1.5~2 米的"人"字架，引茎蔓缠绕生长。

（4）水肥管理

移栽大田 7 天后，应适时进行第 1 次追肥，用极稀的人粪尿沟施或穴施。生长旺盛期可按每亩追施复合肥 1~2 次，每次每亩 10~15 千克。采收后追肥 1 次，入冬前每亩可施腐熟堆肥 2 000 千克。保持土壤湿润，多雨季节应及时排水。

（5）病害防治

白粉病 主要为害叶片，其次是叶柄和茎秆。发病初期叶片出现白色小斑点，后逐渐向四周扩展，形成霉斑，并相互连接成片，使整叶或嫩梢布满白色霉层，严重时使叶片变黄、卷缩。防治措施：清洁田园，收获后清除病残株，集中烧毁或做堆肥；苗期及生长期避免偏施氮肥，适量增施磷、钾肥，促使植株生长健壮，提高抗病力；用 70% 甲基硫菌灵 800~1 000 倍液喷雾防治，也可喷 15% 三唑酮可湿性粉剂 1 000 倍液，每 7~10

天喷1次，连喷2~3次。

白绢病　为害绞股蓝茎基部，使病基部变褐腐烂，表面覆盖一层白色绢丝状菌丝。防治措施：植株进入旺长期，在田间插杆供绞股蓝攀缘，以利通风透光，减少发病；生长期避免偏施氮肥，适当增施磷、钾肥，使植株生长健壮，增强抗病力；及时拔除病株，用50%的百菌清可湿性粉剂600~800倍液或生石灰做土壤消毒处理，拔除病株应集中烧毁，以免病害传播；发病初期喷洒70%甲基托布津可湿性粉剂1 000~1 500倍液，7~10天喷洒1次，连续喷洒2~3次。

（6）虫害防治

三星黄萤叶甲　为主要食叶害虫。幼虫和成虫都喜食嫩芽、嫩叶，造成叶片缺刻、孔洞，严重时成片叶子几乎被食尽，仅剩茎条。防治方法：①冬春苗枯时节，清除地面枯枝落叶、杂草，以减少虫口基数；②用50%辛硫磷或90%敌百虫1 000倍液喷雾防治。

小地老虎　以幼虫咬食植株，造成缺株断垄。防治方法：①冬春铲除地面杂草；②用50%辛硫磷乳油1 000~1 500倍液喷雾或浇穴。

蛴螬　幼虫为害，在苗期咬断嫩茎，植株生长期在根部取食，使植株逐渐黄萎，严重时枯死。防治方法：①冬季铲除杂草，中耕翻土，消灭越冬虫口；②施用腐熟有机肥，施后覆土，减少害虫产卵机会；③7—8月成虫盛发期，晚间点灯诱杀；④用50%辛硫磷1 500倍液浇灌根部防治。

蛞蝓　以成体或幼体舔舐叶、茎、芽，造成缺刻，爬过的叶面、茎上留下一条银白色痕迹，影响植株的光合作用。防治方法：①冬季苗枯期翻土直晒；②人工捕杀；③收获后，

用菜叶、杂草堆在沟内诱杀；④在种有绞股蓝的棚架、栅栏下部、树基背光潮湿处，撒施石灰粉，或用3%石灰水喷杀。

5. 采收

绞股蓝做蔬菜食用时采摘部位为其嫩茎叶，1年可采收多次。当绞股蓝嫩梢长至50厘米即可采收，采收长度为20~25厘米。作为药用时，需要适时采收以充分保障药材质量及产量。一般一年可以收获2次，第1次在6—7月，留茬15厘米收割；第2次在11月下旬，齐地割取。收割时去除杂质，及时晾晒，然后扎成捆，放干燥处贮存。

（三）功能主治

绞股蓝全草入药，味苦、微甘，性凉。有抗癌，降血脂血糖，抗衰老，护肾等功效。主治体虚乏力，虚劳失精，白细胞减少症，高脂血症，病毒性肝炎，慢性胃肠炎，慢性气管炎等。

（四）药食考证

1. 药用考证

绞股蓝在民间一直用于治疗咳嗽、痰喘、慢性气管炎、传染性肝炎等疾病，最初的明确药用记载见于1972年《中草药通讯》上发表的"草药七叶胆治疗慢性气管炎537例临床观察"。《中华本草》《中药大辞典》《全国中草药汇编》中均记载其具有清热解毒、止咳祛痰之功效。

2. 食用考证

绞股蓝其名首出于《救荒本草》，云：绞

股蓝,生田野中,延蔓而生,叶似小蓝叶,短小较薄,边有锯齿,又似痢见草,叶亦软,淡绿,五叶攒生一处,开小花,黄色,亦有开白花者,结子如豌豆大,生则青色,熟则紫黑色,叶味甜。《救荒本草》为明代朱橚所编,专门记载饥荒时可食用野生植物的著作,记载有绞股蓝作为救荒食物用。清代吴其濬在其编著的《植物名实图考》中做了更进一步的阐述:叶味甜,采叶炸熟,水浸去邪味涎沫,淘洗干净,油盐调食。

(五) 食疗药膳方

1. 膳方制作方法

绞股蓝红枣粥

红枣 20 克,绞股蓝 8 克,大米 160 克,红糖适量。砂锅中注入适量清水烧开,放入洗净的绞股蓝、红枣,煮沸后用小火煮 15 分钟,至材料析出有效成分。捞出材料及其杂质,再倒入洗净的大米,搅拌匀,烧开后用小火煮约 30 分钟,至米粒熟透,撒上备好的红糖,转中火煮至红糖溶化,关火捞出装碗。

绞股蓝鸡肉蘑菇汤

取绞股蓝鲜嫩茎叶 100 克、鸡脯肉 100 克、香菇 20 克(或鲜蘑菇 50 克),上汤适量。将绞股蓝嫩叶洗净,滚水焯,凉水浸洗,控水切段;鸡肉洗净切薄片,加酒和少量水略浸;香菇泡水后洗净切片。旺火煮滚上汤,下鸡片氽熟,捞出装碗。撇去浮沫,下蘑菇、精盐,煮至汤沸,淋生油,下绞股蓝,再滚 2 分钟,舀入鸡片碗中即可食用。

2. 食用注意

绞股蓝为补虚药物,虚寒证患者忌用,避免长期或一次性大量地饮用。孕妇慎用,早期妊娠的女性如果服用绞股蓝,会加重孕早期的孕吐现象,从而不利于养胎,容易引起体内代谢功能失常,间接诱发流产。

< 图 3·绞股蓝红枣粥 <

< 图 4·绞股蓝鸡肉蘑菇汤 <

(胡营)

三十五、金花茶

【种名】 金花茶
【学名】 *Camellia petelotii*
【别名】 黄茶花
【科属】 山茶科山茶属
【药用部位】 花苞、叶片
【食用部位】 花

（一）生物学特性

1. 形态特征

灌木。叶革质，先端尾状渐尖，无毛，有黑腺点，边缘有细锯齿；花单生于叶腋，花瓣金黄色，肉质，花梗下垂，苞片半圆形，外面无毛，内面被白色短柔毛；雄蕊多数，外轮花丝连成短管；子房3室，无毛，花柱3条，分离。花期12月至翌年3月。蒴果扁球形，种子棕色，半球形。

2. 生长习性

喜温暖、湿润及荫蔽的生长环境，不耐阳光直射，适宜生长于肥力中等以上，土壤疏松湿润且排水良好的酸性轻壤土，土壤pH 4.5~5.5。适宜生长温度为20~25℃，对低温有较强的适应性，可耐-1.8℃短暂低温。

3. 分布与生境

主要分布于广西防城港至南宁一带，云南与贵州也有少量分布。生于海拔50~800米处石灰岩山地常绿林下。

图1·植株

图2·花苞

图3·花侧面

图4·花正面

（二）种植技术

1. 繁殖方法

可用种子繁殖、扦插繁殖、嫁接繁殖。虽然种子繁殖方法简单，发芽率较高，但种子来源有限，故生产中以扦插繁殖和嫁接繁殖为主。

（1）扦插繁殖

4月或8月，于晴天早晚叶片露水干时，剪取2年生或当年生的充分木质化枝条或半木质化枝条，于节中间偏下的位置，用锋利剪刀将枝条平剪成为带1片叶有1个腋芽的长2~4厘米的插穗，剪成一叶一芽状。将剪下的插穗用生根剂进行浸泡1~2小时后，插入基质中1~2厘米，叶片贴近畦面。

（2）嫁接繁殖

最佳时间为4—5月、10月下旬至11月。砧木一般选择4~5年生的油茶，保留30~40厘米的砧木，去除砧木的分枝和叶片，剪断其上部。选择一条1~2年生的枝条作为接穗，上部分保留1~2个叶片，下部分则削成楔形，插入砧木早已经劈开的裂口中，用塑料带绑紧。

2. 选地和整地

建议选择郁闭度0.5~0.7的林下种植地。

在种植前2~3个月全面清理林下灌木及杂草，挖穴规格为宽度40~50厘米，深度30~40厘米。土壤风化2个月后回土，回土时应清除石块、草根和树根，结合回土每穴施2~5千克鸡粪等有机肥或0.3千克复合肥作基肥，肥料应与土壤充分拌匀。

3. 种植方法

金花茶定植工作四季均可进行，但以2—4月为佳。为提高早期种植效益，可早期合理密植，采用1.3米×2米或1米×2.5米株行距，待同一行株与株之间树冠重叠时隔株移栽。将容器苗上的容器袋去除，再将苗木放入种植穴中央，回填表土高于基质2~3厘米，稍加压实后浇透水定根。

4. 田间管理

（1）及时补种

植苗后30天左右检查苗木成活率，发现死苗后及时补种。

（2）水肥管理

遵循土壤湿润不积水的原则，采取喷灌、沟灌或滴灌等方式进行合理灌溉。3月、6月春梢萌发前、花芽形成时各施复合肥每株25克，9月花蕾生长期施磷钾肥每株10克，在实际栽植中可根据树龄和长势适当加大施肥量。可滴灌结合浇水薄肥勤施，2~3个月进行一次即可，浓度控制在0.5%以下。

（3）遮阴保温

新种植的金花茶对光照和湿度比较敏感，需要搭建大棚遮阴保温，棚高3米左右，遮阴度以40%~60%为宜，温度以15~25℃为宜。成年林遮阴度以30%~40%为宜，保持常温即可。

（4）修剪

栽植后第2年冬季或第3年早春进行定干整形修剪，保持枝下高30~50厘米，以后不定期修剪病枯枝和徒长枝，每年对成年植株截顶压枝1次，将树高控制在3米以内，每次修剪后宜喷施百菌清600倍液进行消毒。

（5）病害防治

炭疽病 主要为害金花茶叶片，对嫩梢、嫩芽、花芽也可造成一定为害。从叶尖或叶缘开始出现病斑，常伴有黑色小点。防治方法：肥水控制适当合理，增强树势，日常养护可对叶面喷施优聪素高效叶面肥600~1 000倍，混合有机叶面肥高美施500倍液，可提高叶面的光泽度以及增强叶片的蜡质层，提高对炭疽病的抗性；在发病前做好预防工作，3月可喷70%多菌灵1 000倍进行保护；发病时，可喷15%苯醚甲环唑1 000倍、优乐净800~1 000倍，防治效果较好。

叶枯病 为害幼苗叶片。初期病叶出现黄色斑点，逐步发展为一小片，最后颜色变暗，逐段枯死，直到整个叶片枯死，幼苗死亡。防治方法：在苗圃地搭盖阳棚遮阴，干旱时增加叶片喷水，发病初期用70%托布津1 000~1 500倍液或20%灭菌丹400倍液喷洒防治。

（6）虫害防治

假眼小绿叶蝉 为害嫩梢、嫩叶。为害后芽叶叶缘焦枯、卷曲，叶脉发红甚至脱落。防治方法：合理修枝，及时清除枯枝、枯叶，在金花茶抽嫩梢的时候及时喷洒0.5%印楝素乳油1 000倍液或70%艾美乐水分散剂15 000倍液进行防治。

茶蚜 为害嫩梢、嫩叶、嫩茎。其排泄的蜜露，可引起煤烟病，影响植株的正常光合作用。防治方法：利用天敌昆虫进行防治，如瓢虫、食蚜蝇等；在刚抽嫩梢时喷洒5%吡虫啉乳油1 500~2 500倍液或50%磷铵乳剂2 000倍液进行防治。

茶小卷叶蛾 为害嫩叶。幼虫低龄时趋嫩性强，在芽梢上吐丝卷叶，咀食叶肉，留下一层表皮，形成透明枯斑。随着虫龄增加，食量大增，躲在叶苞中咬食叶片，并排出黑褐色的虫粪，被害叶片残缺不全。防治方法：晚上用黑光灯诱杀成虫；发现少量虫害时，及时清除被虫为害的叶片，并喷洒3.2%甲维盐微乳剂1 500~2 000倍液或80%敌敌畏乳油1 000倍液进行防治。

5. 采收

主要采收金花茶成年树（四年生以上）的花朵，采收工作一般在11月至翌年3月的盛花期进行，以花瓣微微张开时为宜。

（三）功能主治

花清热解毒、利尿消肿、退黄消肿，可治疗咽喉炎、痢疾、肾炎、水肿、尿路感染、黄疸型肝炎、肝硬化腹水、高血压等，并可用于预防肿瘤。叶片的水浸出物具有降血糖、降血压、降血脂、降血清中胆固醇、抑制肿瘤生长、防止动脉粥样硬化、激活人体多种酶、提高肌体免疫能力、延缓衰老等多种生理功能，用嫩叶水煎服，或冲开水当茶饮，治咽喉炎。

（四）药食考证

1. 药用考证

金花茶作为广西壮族的传统草药，民间习惯代茶饮，但由于其生长范围狭小，历代本草记载甚少。直到1986年出版的《广西药用植物名录》中方有"味微苦、涩，性平。清热解毒，止痢。主治痢疾，疮疡"的药用记载，同时期出版的《广西民族药简编》中描述道："用嫩叶水煎服，或冲开水当茶饮，治咽喉炎。"

2. 食用考证

金花茶民间茶饮已有较长历史，最早见于李时珍《本草纲目》：山茶产南方，深冬开花，红瓣黄蕊……或云亦有黄色者……山茶嫩叶炸熟水淘可食，亦可蒸晒作饮。广西防城港民间数百年来一直将金花茶叫作牛尿茶，直到1933年植物学工作者才首次采集到植物标本，1948年命名为"金花茶"。2010年，金花茶被批准进入卫生部（现为国家卫生健康委员会）发布的"药食同源"目录。

（五）食疗药膳方

1. 膳方制作方法

金花茶炖牛肉汤

金花茶3朵、牛肉80克、土豆100克、姜片5克、盐、胡椒粉适量。牛肉焯水，去掉里面的血水；将姜片、金花茶清洗干净，土豆削皮、切块；所有食材放入炖罐，加适量水，蒸炖3小时，加入适量盐和胡椒粉即可。

图5·金花茶炖牛肉汤

2. 食用注意

金花茶通常不存在药材、食物之间的禁忌，可以在医生的指导下搭配使用，但不建议与咖啡、酒同饮。另外，脾胃虚寒患者不宜食用，经期女性及孕妇不宜服用，低血糖者建议少喝，空腹不宜饮用。金花茶每日1~2次，每次2~3克的饮量较为适当，大量饮用或饮用过浓金花茶，对心血管系统和神经系统会造成不利影响。

（胡营）

三十六、山柰

- 【种名】山柰
- 【学名】*Kaempferia galanga* L.
- 【别名】沙姜、山辣、三柰子、三赖、三柰
- 【科属】姜科山柰属
- 【药用部位】根茎
- 【食用部位】根茎

（一）生物学特性

1. 形态特征

多年生宿根草本。块状根茎，单生或数枚连接，淡绿色或绿白色，芳香；根粗壮。无地上茎。叶2枚，几无柄，平卧地面上；圆形或阔卵形，先端急尖或近钝形，基部阔楔形或圆形，质薄，绿色，有时叶缘及尖端有紫色渲染；叶柄下延成鞘。穗状花序自叶鞘中出生，芳香；苞片披针形，绿色，花萼与苞片等长；花冠管细长；花冠裂片狭披针形，白色；唇瓣阔大，中部深裂，2裂瓣顶端备微凹白色，喉部紫红色；侧生的退化雄蕊花瓣状，倒卵形，白色；药隔宽，顶部与方形冠筒连生；花柱细长，基部具二细长棒状附属物，柱头盘状，具绿毛。果实为蒴果。花期8—9月。

2. 生长习性

喜高温湿润气候和阳光充足的环境，较耐旱，不耐寒，7—8月气温在30~36℃时生长旺盛。对土壤要求不严，但以富含有机质疏松的砂质壤土栽培为宜。

3. 分布与生境

我国分布于福建、台湾、广东、海南、广西、云南等地。生于山坡、林下、草丛中，现多为栽培。

（二）种植技术

1. 繁殖方法

可用种子繁殖和根茎分割繁殖，实际生

图1 · 植株

图2 · 花

产中主要以根茎分割繁殖为主。

在上年收获时，选留皮色鲜艳发亮、个头饱满而分芽多的根茎，贮于沙中越冬。3月中旬选择无病害、个头饱满肥大的根茎作种用，用福尔马林600倍液浸种10分钟，捞起待晾干即可堆放催芽。首先平整芽床，将山柰根茎精细平放于上面，在根茎上面用糠壳拌干牛粪覆盖，浇水少量，加盖薄膜保温催芽，也可用草木灰堆放催芽，芽体萌发长至1~1.5厘米时播种。

2. 选地和整地

山柰对土壤要求不严，水田、旱地和坡地均可种植。宜选择排灌方便、有阳光照射，但日照时间较短、较阴凉、湿润、土质疏松、肥力中上的砂质壤土，最好是新垦地种植，忌连作。山柰田要翻犁过冬，种前10天左右犁耙松碎土壤，除净杂草杂质。种植前2~3天整地，整地结合施用基肥，每亩施复合肥75~100千克或腐熟有机肥2 000千克；整地同时进行土壤消毒，可用50%代森铵和50%多菌灵粉剂各0.5千克兑水400千克喷洒土壤，再翻耕耙匀。山柰忌渍水，必须起畦种植，畦宽120~130厘米、畦高20~30厘米，畦沟60~80厘米，畦面平整。

3. 种植方法

山柰喜温暖不耐寒，适宜生长温度22~38℃，一般在3月下旬至4月上旬间穴栽，株行距20厘米×25厘米、穴深约15厘米，每穴播种姜2~3粒，品字型摆放，姜粒子靠穴边，芽眼朝两侧，用细土盖种，回平至畦面，每亩用种量约150千克，植约每亩2万株。

4. 田间管理

（1）及时补种

种植后2~3天，喷施丁草胺或乙草胺除草，用稻草覆盖畦面，既可防止杂草生长、避免土壤板结，又能发挥保水和降温作用。出苗后及时查漏补缺，发现缺苗要及早移苗、补苗或补种，土壤板结应及时松土，以免影响出苗。

（2）水肥管理

每亩施复合肥75~100千克或腐熟有机肥2 000千克作基肥；追肥第一次在齐苗进行，每亩淋人畜粪水175~200千克或尿素10~12.5千克；第二次在7月下旬姜叶封畦前，每亩撒施沤制的土杂肥1 000千克+花生麸30千克+过磷酸钙50千克；第三次在10月上旬，每亩淋施沤制人畜粪水1 000千克+花生麸30千克。

（3）中耕除草

齐苗后即可中耕，见草即除，封行前可用小锄轻浅松土，中耕松土结合施肥，姜叶封畦后切忌用锄头松土，避免锄伤根系引发姜病，田间杂草用手拔除。

（4）病害防治

沙姜瘟 主要为害山柰根和根茎。发病初期，先出现根部腐烂，逐渐蔓延到根茎，根茎腐烂，叶片凋萎，发出臭味。防治措施：选择向阳、土质疏松、排水良好的砂质壤土种植，忌连作。发病初期灌穴或喷雾78%姜瘟宁300~500倍液，每隔5~7天喷1次，连续2~3次，或使用72%硫酸链霉素3 000倍液，或1 000单位新植霉素3 000倍液，或90%三乙膦酸铝可湿性粉剂300倍液灌穴。

叶枯病 为害山柰叶片。发病初期多从叶尖、叶缘开始为害，后向周围扩展。严重

时整个叶片干枯死亡。发病后期病部有黑色霉层。防治措施：加强栽培管理和防旱排涝，提高植株抗病性。可采用50%多菌灵500倍液，或70%甲基托布津800倍液，或可杀得600~800倍液，喷药2~3次。

5. 采收

山柰于12月至翌年3月收获，挖取二年生根茎，洗去泥沙，剪去须根，切成1厘米厚的薄片，铺在竹席上晒干。切忌火炕，否则易变成黑色，减弱香气。

（三）功能主治

具有行气温中，消食，止痛功效。用于胸膈胀满，脘腹冷痛，饮食不消。

（四）药食考证

1. 药用考证

山柰以根茎入药。《得配本草》卷二《草部》记载：辛，温。入足太阴经。暖中辟恶，治心腹冷气痛，寒湿霍乱，风虫牙痛。《本草备要》：辛温。暖中辟恶。治心腹冷痛，寒湿霍乱，风虫牙痛。生广中，根叶皆如生姜，入合诸香用。《本草便读》记载：山柰一名山辣。味辛而温，气香而散，暖脾胃，治腹痛，辟瘴疠恶气，合诸香药皆用之，服食治病为少耳。《本草求真》记载：山柰气味芳香。功能暖胃辟恶。凡因邪气而见心腹冷痛，寒湿霍乱，暨风虫牙痛，用此治无不效。以其气味芬芳，得此则能温胃辟恶耳。若使诸症概非湿秽，不得妄用。出广东，根叶与生姜同，合诸香药用。《本草纲目》：暖中，辟瘴疠恶气，治心腹冷痛，寒湿霍乱。

2. 食用考证

据《本草乘雅半偈》第十帙载：时珍云（山柰）出广中，人家亦多种莳矣。根叶如姜，作樟木气。土人食其根，如食姜云。

（五）食疗药膳方

1. 膳方制作方法

山柰炒鸡

山柰数块，土鸡半只，盐、油适量。土鸡切小块，加盐和料酒腌制备用。山柰拍碎或切小块，锅内放油加热，放入山柰爆炒，加入鸡块，大火炒2~3分钟，加水稍焖，调味起锅。可提高免疫力，预防感冒。

2. 食用注意

阴虚血亏，胃有郁火者忌服。

图3·山柰炒鸡

（李翠）

三十七、姜

【种名】姜
【学名】*Zingiber officinale* Rosc.
【别名】生姜、白姜、均姜、母姜
【科属】姜科姜属
【药用部位】根茎
【食用部位】根茎

（一）生物学特性

1. 形态特征

多年生草本。根茎肥厚，断面黄白色，有浓厚的辛辣气味。叶互生，排成2列，无柄，几抱茎；叶片披针形或线状披针形，先端渐尖，基部狭，无毛。花葶自根茎中抽出；穗状花序椭圆形；苞片卵形，淡绿色，边缘淡黄色，先端有小尖头；花冠黄绿色，披针形，唇瓣的中间裂片长圆状倒卵形，较花冠裂片短，有紫色条纹和淡黄色斑点，两侧裂片卵形，黄绿色，具紫色边缘；雄蕊暗紫色，花柱柱头近球形。蒴果。种子多数，黑色。花期8月。

2. 生长习性

喜温暖湿润的气候，不耐寒，怕潮湿，怕强光直射。忌连作。宜选择坡地和稍阴的地块栽培。以上层深厚、疏松、肥沃、排水良好的砂壤土为宜。

3. 分布与生境

我国分布于华北、华东、华中、华南和西南地区，各地均有栽培。

（二）种植技术

1. 繁殖方法

可用种子繁殖和根茎繁殖，实际生产中以根茎繁殖为主。

秋季采挖根茎，选择肥厚、色浅黄、有光泽、无病虫伤疤的作种姜。次年4—5月，种姜催芽后切成带1~2个壮芽的小块。

2. 选地和整地

建议选择小于30°的坡地和稍阴的地块栽培。选择土层深厚、透气性好、有机质丰富、保水保肥力强的砂壤土。应深翻2~3遍，使土层深度达到30~40厘米，播种前应结合整地每亩撒施腐熟有机肥2 000~3 000千克和硫酸钾型三元复合肥100千克作基肥，然后进行耕翻使土肥混匀，按照沟中心距70~75厘米，沟宽12~15厘米，沟深23~25

图1·根茎

图2·叶

图3·花

厘米进行开沟。

3. 种植方法

3月上旬至5月下旬，将姜块水平放在沟内，并用手轻轻按入土中，覆湿润细土2~3厘米，播种后在姜沟内铺设滴灌带，再搭上小拱棚，盖上专用棚膜。

4. 田间管理

（1）及时补种

出苗后发现缺株，及时补栽。

（2）水肥管理

全年追肥4次，肥料以有机肥和复合肥为主。生长期间对水分要求比较严格，不能缺水，出现干旱要及时浇水保湿，收获前10天停止浇水。

（3）中耕除草

在种植中应该做好除草工作，可在垄面铺上稻草、麦秆、控草膜等，可以有效防止杂草生长，并能保持土壤温度。全年中耕除草3~4次。

（4）病害防治

姜瘟病 主要为害根部及姜块，染病姜块初呈水渍状、黄褐色、内部逐渐软化腐烂，积压有污白色汁液，味臭。防治措施：严格选用无病姜种，轮作换茬，施净肥，浇净水，控制姜瘟病的发生；田间发现病株应及时拔除，将其周围0.5米以内的植株一并去掉，并挖去带菌土壤，在病穴内撒石灰，然后用干净的无菌土掩埋。

根结线虫病 主要为害根茎。苗期至成株期均能发病，发病植株在根部和根茎部产生大小不等的瘤状根结，初为黄白色突起，以后逐渐变为褐色，呈疱疹状破裂、腐烂。由于根部受害，生长缓慢、叶小、暗绿、茎矮、分枝小。防治措施：用氯化苦或异丙醚熏蒸土壤；也可用1.8%阿维菌素2 000倍液灌根，每穴灌药100~150克，灌后可浇一次水。

根腐病 主要为害根茎。近地面的根茎呈暗绿色水渍状，向下扩展，地下茎和刚萌发的芽变成淡褐色或黄褐色，软化腐烂；地上茎叶变黄，枯死下垂，或因软腐而倒伏。防治措施：选留健种，种姜消毒，实行轮作和改进栽培技术；可用50%甲霜灵可湿性粉剂800~100倍液、64%恶霜锰锌可湿性粉剂500倍液、50%瑞毒铜可湿性粉剂500倍液、72%杜邦可露可湿性粉剂1 000倍液、60%瑞毒铝铜可湿性粉剂800倍液灌根。

（5）虫害防治

姜螟 主要为害姜茎。幼虫孵出后即蛀食姜茎，虫孔处留有粪屑。幼虫主要集中在姜茎中上部蛀食，造成姜茎空心，被害茎秆枯黄凋萎，容易折断。防治方法：生姜收获后，将生姜的断株、枯叶及虫害苗、杂草清除干净，集中烧毁；发现幼苗被害时，找出虫口，剥开茎秆即可捉到幼虫；用50%杀螟松乳油500~800倍液，或80%敌敌畏乳油1 000倍液，或90%敌百虫800~1 000倍液对田间植株喷雾，亦可用上述药剂注入虫口。

5. 采收

冬季采挖，除去须根和泥沙，鲜食。

（三）功能主治

根茎具解表散寒，温中止呕，化痰止咳，解鱼蟹毒功效。主治风寒感冒，胃寒呕吐，寒痰咳嗽，鱼蟹中毒。

（四）药食考证

1. 药用考证

姜主要以根茎入药。《金匮要略》记载：半夏、生姜汁均善止呕，合用益佳；并有开胃和中之功。用于胃气不和，呕哕不安。《名医别录》：主伤寒头痛鼻塞，咳逆上气。《药性论》：主痰水气满，下气；生与干并治嗽，疗时疾，止呕吐不下食。《本草衍义》：生姜，治暴逆气，嚼三两皂子大，下咽定，屡服屡定。初得寒热痰嗽，烧一块含啮之终日间，嗽自愈。暴赤眼无疮者，以古铜钱刮净姜上取汁，于钱唇点目，热泪出，今日点，来日愈。

2. 食用考证

始见于唐代的《食疗本草》。据《食疗本草》载：生姜壮热，治转筋、心满。食之除鼻塞，去胸中臭气，通神明。明代《食鉴本草》上说：生姜专开胃。止呕吐。行药滞。制半夏毒。谚云上床萝卜下床姜。盖晚食萝卜，则消酒食之滞；清晨食姜，能开胃御风，敌寒解秽；九月食姜，伤人损寿。

（五）食疗药膳方

1. 膳方制作方法

红枣10个，生姜5片，红糖适量，煎汤代茶饮，每日1次，坚持服用。具有补中益气、养血安神的作用，可以促进气血流通，改善手脚冰凉的症状，对胃病患者养胃也非常有效。

纯牛奶500毫升，生姜200克，白砂糖40克。先将生姜研磨成泥，用纱布过滤挤出姜汁备用。纯牛奶加入白砂糖煮沸，静置1~2分钟冷却到85℃左右，倒入到有姜汁的碗中，保温静置5分钟，即可放入冷藏保存或立即食用。

2. 食用注意

一年之内，秋不食姜；一日之内，夜不食姜。古人云："早上吃姜，胜过吃参汤；晚上吃姜，等于吃砒霜。"姜能增强和加速血液循环，刺激胃液分泌，兴奋肠胃，促进消化，还有抗菌作用。早上吃一点姜，对健康有利。但晚上吃，因为姜本来属热，会让人上火，劳命伤身，所以不宜吃。秋天气候干燥，燥气伤肺，再吃辛辣的生姜，容易伤害肺部，加剧人体失水、干燥，所以秋季吃姜也不宜过多。

< 图4·红枣姜茶 <

< 图5·姜汁撞奶 <

（李翠）

三十八、草果

【种名】草果

【学名】*Amomum tsao-ko* Crevost et Lemaire

【别名】草果仁、草果子、老蔻

【科属】姜科豆蔻属

【药用部位】成熟果实

【食用部位】成熟果实

（一）生物学特性

1. 形态特征

茎丛生，全株有辛香气，地下部分略似生姜。叶片长椭圆形或长圆形，顶端渐尖，基部渐狭，边缘干膜质，两面光滑无毛，无柄或具短柄，叶舌全缘，顶端钝圆。穗状花序不分枝；总花梗被密集的鳞片，鳞片长圆形或长椭圆形，顶端圆形，革质，干后褐色；苞片披针形；小苞片管状，一侧裂至中部，顶端2~3齿裂，萼管约与小苞片等长，顶端具钝三齿；花冠红色，裂片长圆形；唇瓣椭圆形，顶端微齿裂。蒴果密生，熟时红色，干后褐色，不开裂，长圆形或长椭圆形，无毛，顶端具宿存花柱残迹，干后具皱缩的纵线条，基部常具宿存苞片，种子多角形，有浓郁香味。花期4—6月；果

图1·植株

5. 采收

草果在9—12月陆续成熟，采收期一般在中秋后，10月为相对集中的采收期。采摘时，用镰刀从果穗基部割下整个果穗，以免伤害根状茎和新叶芽或花芽。采收果实后就近直接烘干。烘烤时，炉温保持50~60℃，并经常翻动，使之受热均匀。亦可将鲜果放入沸水中烫2~3分钟，取出晒干，再用文火焙干果实。

（三）功能主治

果实味辛，性温。有燥湿温中，除痰截疟的功效，用于寒湿内阻，脘腹胀痛，痞满呕吐，疟疾寒热。

（四）药食考证

1. 药用考证

草果以根茎入药。《得配本草》卷二草部记载：味辛，微香，性温。阳也、浮也。入足太阴、阳明经。达膜原，破郁结，除寒燥湿，消积化痰。治瘴疠寒疟，杀诸鱼肉毒。《滇南本草》卷二十五的图考记载：豆蔻，即草果，味辛，性温，无毒。生山野中或疏圃地。叶似芦，开白花，结果，内含瓤，藏子如豆蔻而粒大。能消食积，解冷宿结滞之郁，开通胃脾，快利中膈，令人多进饮食。《本草从新》卷一草部芳草类所载：滇广所产，名草果。除痰截疟，辛热破气，除痰，消食化积，治瘴疠寒疟。若疟不由于岚瘴，气不实，邪不盛者，并忌。形如诃子，皮黑浓而棱密，子粗而辛臭。面裹煨熟，取仁用，忌铁。

2. 食用考证

据《饮膳正要》卷第三料物性味载：(草果)味辛，温，无毒。治心腹痛，止呕，补胃，下气，消酒毒。

（五）食疗药膳方

1. 膳方制作方法

草果牛肉汤

草果6克，牛肉250克切成小块，水适量，炖煮至牛肉软烂加盐调味，取汤服用。可调理脾胃，对于胃痛有良好的缓解效果。

图4·草果牛肉汤

2. 食用注意

阴虚血少，津液不足，无寒湿者忌食草果。不可以一次性使用太多，一次性使用太多有可能会出现身体上火的情况。

（谭桂玉）

三十九、八角

八角

【种名】八角

【学名】*Illicium verum* Hook. f.

【别名】大料、五香八角、大茴香、八角茴香

【科属】木兰科八角属

【药用部位】果实

【食用部位】果实

（一）生物学特性

1. 形态特征

乔木。树冠塔形，椭圆形或圆锥形；树皮深灰色；枝密集。叶不整齐互生，在顶端 3~6 片近轮生或松散簇生，革质，厚革质，倒卵状椭圆形、倒披针形或椭圆形；在阳光下可见密布透明油点；中脉在叶上面稍凹下，在下面隆起。花粉红至深红色，单生叶腋或近顶生；花被片 7~12 片，常具不明显的半透明腺点，最大的花被片宽椭圆形到宽卵圆形；雄蕊 11~20 枚；心皮通常 8。聚合果，饱满平直，呈八角形，先端钝或钝尖。春果 3—5 月开花，9—10 月果熟，秋果 8—10 月开花，翌年 3—4 月果熟。

2. 生长习性

八角为半阴树种，分布地区年日照时数为 1 200~2 000 小时。喜冬暖夏凉气候，要求年平均气温为 20~30℃，低于 0℃春果果柄受害，−2℃时春果易冻死或落果，−6℃时大树枝条可受冻害。不耐干旱，年降水量在

图 1·植株

图 2·叶

< 图 3·花 <

< 图 4·果实 <

1 500~1 800 毫米，空气相对湿度 80% 左右。土层深厚，排水良好，肥沃湿润，砂质壤土、红壤土、黄壤土、pH 4.5~5.5 的环境为宜。

3. 分布与生境

主产于广西西部和南部，福建南部、广东西部、云南东南部和南部也有种植。生于土壤疏松的阴湿山地。

（二）种植技术

1. 繁殖方法

可用种子繁殖、扦插繁殖和嫁接繁殖，实际生产中主要以种子繁殖为主。

在春天气温稳定在 12℃ 以上播种。播种方式为条播，播种深度 3 厘米，种沟内株距 3 厘米，行距 20 厘米。播种量为每亩用种 6~7 千克，播后覆土并盖一层茅草，再用喷壶喷一遍透水。一般播种后 20 天左右发芽出土。

2. 选地和整地

选择山峦重叠、云雾缭绕的低山和高丘的山谷、山脚避风处，富含腐殖质，土层深厚、疏松、肥沃、湿润的壤土或轻黏土。在定植前的秋冬季节进行整地，铲除藤本及杂草。坡度 25° 以下的山坡进行全垦或块状整地，坡度 25° 以上的采用带状整地。株行距为 5 米 × 4 米或 5 米 × 5 米，坑的规格为 50 厘米 × 50 厘米 × 50 厘米。挖好的坑施用农家肥或复合肥作为基肥，并回填厚度 10~20 厘米的表土。

3. 种植方法

一般在春季 2 月下旬至 4 月上旬，于新梢尚未萌发前定植，阴雨天进行为宜。栽前将表土回填入坑，直立放苗后埋地表土至坑深 1/2 处提苗使根系舒展，踩踏实后再埋虚土。定植后淋定根水，有条件时可在根际盖草保湿和遮阴防晒。

4. 田间管理

（1）遮阴保湿

定植初期如遇干旱天气，应定期检查土壤湿度及苗木生长情况，为保证定植成活和树苗快速生长，应注意提供遮阴度约 50% 的条件。幼龄林在除草时可适当留杂草作为遮盖物。

（2）施肥

抽梢时施0.3%尿素或人畜粪水。幼龄林一般施肥第一年1次，于6—7月进行，每株施氮肥或复合肥50~150克，第二年后连续每年分别于1—3月和7—8月进行施肥，每株施复合肥或八角专用肥100~150克，施肥量可随树体生长加大施肥量，成龄树则视结果、落果情况合理施肥。

（3）培土除草

对影响树体生长的根际周围的杂草进行人工清除，同时结合中耕进行培土，选用塘泥土或肥土培土，一般幼龄林每年每株培土100~200千克。

（4）扩坎改土

一般在定植坑沿水平带两侧各挖长1~1.2米、宽与深达50厘米的沟状带。结合施肥幼龄苗每株施氮肥或复合肥50~150克，3龄后可增施至每株150~250克。

（5）整形修剪

在3~4年幼龄树长到约2米时进行截顶，留1~2条粗壮顶枝作为树干培育。修剪内膛枝、荫蔽枝、弱枝、病虫枝和枯枝等。

（6）病害防治

炭疽病　主要为害叶片、嫩梢、花、幼果。一般4月下旬开始发病，可迅速形成发病高峰期，造成大量落花。防治措施：用70%甲基托布津可湿性粉剂500倍液浸泡种子；抚育期间保持林内通风透光，对病枝及时摘除烧毁，对发病初期的植株可用70%甲基托布津可湿性粉剂800倍液喷洒或75%百菌清可湿粉剂800倍液喷洒，严重时每10天喷一次。

褐斑病　为害叶片或枝条。一般在4—5月开始发生侵染，高温高湿季节病害可迅速发展，形成大量黄化病叶，出现落叶。防治措施：加强检疫和田间管理，增强树体抗病力，及时清除病叶，集中烧毁或深埋，防止病菌传播，发病前期可用1∶100波尔多液或70%甲基托布津可湿性粉剂800倍液或50%多菌灵800倍液连续喷洒2~3次，防止蔓延。

煤烟病　为害叶片、枝梢和果实。病菌在表面形成小圆点辐射状，后向四周扩散为黑色煤烟状，一般春季开始发病。防治措施：保持林内合理郁闭度和通透性，加强对介壳虫、蚜虫等害虫的防治，可用80%必克可湿性粉剂1 000倍液或50%马拉松1 000倍液喷洒防治。

（7）虫害防治

八角瘿螨　八角瘿螨以若螨、成螨刺吸嫩梢、嫩叶与幼果的汁液为害。新梢受害部位将逐渐木质化，嫩叶先在叶背出现小油点后密集连成褐色小斑块或严重呈穿孔，在果实表面常形成肉瘤，影响外观并降低果实质量。防治方法：剪除受害枝梢，集中烧毁，抽梢前用20%扫螨净可湿性粉剂3 000倍液喷洒防治。

八角尺蠖　以幼虫侵食八角叶片，严重时可啃光叶片，致使植株营养不良或植株枯死，可连年发生，以3~4龄幼虫为害最为严重。防治方法：人工摘除幼虫，利用成虫趋光性以黑光诱杀成虫，用90%敌百虫原粉800倍液喷洒，或每亩用苏云金杆菌粉孢原粉1千克防治，或放养赤眼蜂进行生物防治。

5. 采收

八角树1年结两次果实，春果于3—4月成熟，一般产量较低，产区收获以捡收地上落果或上树采摘为主。秋果于9—10月成熟，选择晴天上树采摘。采回八角需及时加工处理。一般直接摊晒于太阳光下4~5天，或放于90~100℃热水中5~10分钟杀青后于太阳下曝晒5~6天，待八角晒成棕红色、鲜艳有光泽的干燥品即可。遇阴雨天气，也可将鲜果放在柴火、火炭、热风、高炉蒸汽等条件下烘烤。

（三）功能主治

果实味辛，性温。有温阳散寒，理气止痛的功效，用于寒疝腹痛，肾虚腰痛，胃寒呕吐，脘腹冷痛。

（四）药食考证

1. 药用考证

八角以干燥果实入药。《本草求真》记载：大茴香，据书所载，功专入肝燥肾，凡一切沉寒痼冷，而见霍乱、寒疝、阴肿、腰痛，及干湿脚气，并肝经虚火，从左上冲头面者用之，服皆有效。《本草蒙筌》：主肾劳疝气，小肠吊气挛疼，干湿脚气，膀胱冷气肿痛。开胃止呕，下食，补命门不足。(治)诸瘘，霍乱。《医林纂要》：润肾补肾，舒肝木，达阴郁，舒筋，下除脚气。《本草纲目》菜部第二十六卷菜之一记载八角用于治疗大小便闭，鼓胀气促方法：用八角茴香七个、大麻半两，共研为末，加生葱白三至七根，同研煎汤，调五苓散末服下。一天服一次。

2. 食用考证

据《饮膳正要》卷第三料物性味载：味甘，温，无毒。主膀胱、肾经冷气，调中止痛，住呕。

（五）食疗药膳方

1. 膳方制作方法

八角茴香鸡

土鸡一只，八角10克，小茴香5克，姜、生抽、油、盐适量。土鸡洗净备用。起油锅，放入姜片小火煸香，放入八角、小茴香炒干，加入适量生抽，加水适量煮沸，再将鸡放入，开文火焖10分钟，边煮边用汤汁淋鸡身，偶尔翻转直到鸡熟，大火收汁后即可食用。

图5·八角茴香鸡

2. 食用注意

八角不适宜阴虚火旺者食用，特别是燥底的人群，过多服用八角会导致体内积热过多，对身体产生伤害，肝脏不好的人也要谨慎使用八角。

（谭桂玉）

四十、姜黄

【种名】姜黄
【学名】*Curcuma longa* L.
【别名】黄姜、毛黄姜、黄丝郁金、宝鼎香
【科属】姜科姜黄属
【药用部位】根茎
【食用部位】根茎

（一）生物学特性

1. 形态特征

多年生草本。株高1~1.5米，根茎发达、成丛，椭圆形或圆柱状，橙黄色，极香；根粗壮，末端膨大呈块根。叶片长圆形或椭圆形，绿色，两面均无毛。穗状花序圆柱状，苞片卵形或长圆形，淡绿色，顶端钝，上部无花的较狭，顶端尖，开展，白色，边缘染淡红晕；花萼白色，具不等的钝3齿，被微柔毛；花冠淡黄色；侧生退化雄蕊比唇瓣短，与花丝及唇瓣的基部相连成管状；唇瓣倒卵形，淡黄色，中部深黄。花期8月。

2. 生长习性

喜温暖湿润气候，阳光充足、雨量充沛的环境，怕严寒霜冻，怕干旱积水，以土层深厚、排水良好、疏松肥沃的砂质壤土为佳。

3. 分布与生境

产自台湾、福建、广东、广西、云南、西藏等省区（自治区）。东亚及东南亚广泛栽培。

< 图1·植株 <

< 图2·花 <

图 3·根茎

生于低丘陵山坡、山谷的草地或灌木丛中。

(二) 种植技术

1. 繁殖方法

可用种子繁殖和根茎繁殖，实际生产中主要以根茎繁殖为主。

选用肥大体实、色泽鲜黄、牙眼较密、无病虫害根茎，掰成 20~25 克的种块，每个种块有芽眼 2 个以上。在苗床上堆放种块，然后用细土覆上，并用薄膜严密封盖。长出芽身粗壮、顶部钝圆、基部有不定根的壮芽，即可下种。

2. 选地和整地

建议选择通风向阳、地块平整、排灌良好、土层疏松肥沃的微酸性壤土或砂壤土，以及 3 年内未种植姜科作物的田块进行种植。种植前翻耙整平 2~3 次，起畦，畦的两边开挖排水沟，防止渍害。

3. 种植方法

一般在 3 月底至 4 月初种植。在整好的畦上，按宽 30 厘米、深 10~15 厘米开沟，施腐熟堆肥与土混匀作基肥，将种姜沿沟每隔 25 厘米芽朝上排放，然后覆土填平畦面。

4. 田间管理

（1）及时补种

种植后 20 天要注意查看姜黄的出苗情况，发现死亡或缺株应及时补种。

（2）水肥管理

要保持土壤湿润，及时灌溉。雨季要做好排水除渍，防止田间积水。每次中耕除草后施肥，以有机肥为主，也可施复合肥。

（3）中耕除草

一般要进行三次中耕除草。第一次在 5 月初苗高 10 厘米左右时进行，第二次在 7 月初进行，第三次在 8 月初进行。因姜黄的根横向生长，入土不深，故中耕深度宜浅，以免损伤根系。

（4）病害防治

根腐病 主要为害根茎，发病初期侧根呈水渍状，后逐渐变黑褐腐烂，并逐步向上蔓延，致使茎叶发黄，最后全株枯萎死亡。防治措施：注意土壤和种苗消毒、清沟排水、轮作，挖除病株并在病穴撒上生石灰消毒。发病后选用 50% 的退菌特可湿性粉剂 1 000 倍液浇灌防治。

叶斑病 为害叶片。叶尖或叶缘处先出现黄色水渍状斑点，之后向中间蔓延，直至叶片枯黄、植株死亡。防治措施：可选用 50% 的多菌灵 700 倍液或 70% 的代森锰锌 800 倍液喷施防治，每隔 7 天喷施 1 次，连喷 2 次。

（5）虫害防治

姜螟 植株叶片上产卵，幼虫从叶鞘、

茎干基部或心叶侵入蛀食为害。防治方法：清理田间姜螟寄生场所，集中清除或烧毁。发病后用50%的杀螟松乳剂500~800倍液或90%的敌百虫晶体800~1000倍液喷施防治，一般晴天下午喷施，间隔7~10天喷1次，连喷2~3次。

蛴螬　咬食植株地下部，使全株秃枝。防治方法：为害情况较轻时人工捕杀，情况严重时在苗期用40%辛硫鳞乳油1500~2000倍液灌根。

5. 采收

于冬季，姜黄茎叶枯萎时即可采挖，最佳的收获期为12月至次年1月。采收时先将枯萎的茎叶割掉，按顺序将全株挖起，抖掉泥土，剪去须根，然后把根茎和块根分开处理，洗净后干燥即可。

（三）功能主治

根茎具破血行气，通经止痛功效。主治胸胁刺痛，胸痹心痛，痛经经闭，癥瘕，风湿肩臂疼痛，跌扑肿痛。

（四）药食考证

1. 药用考证

姜黄以根茎入药。《证类本草》记载：味辛、苦，大寒，无毒。主心腹结积，疰忤。下气破血，除风热，消痈肿，功力烈于郁金。《本草纲目》草部第十四卷草之三：(根) 辛、苦、大寒、无毒（一说性热）。心痛难忍。用姜黄一两、桂三两，共研为末，每服一钱，醋汤送下。《得配本草》记载：苦、辛、温。入足太阴兼足厥阴经血分。破血下气。除风热，消痈肿，功力烈于郁金。配肉桂，治心痛难忍，及产后血块痛。

2. 食用考证

据《饮膳正要》卷第三料物性味载：(姜黄) 味辛、苦，寒，无毒。主心腹结积，下气破血，除风热。

（五）食疗药膳方

1. 膳方制作方法

姜黄10克，大米100克，盐、白糖各适量。将姜黄研为细粉备用；取大米淘净，加适量清水，煮沸后下入姜黄粉，煮成粥，用适量盐、白糖调味即可食用。

图4·姜黄大米粥

2. 食用注意

姜黄是不宜和酒同时食用的，两者同时食用可能刺激肠道，导致腹痛腹泻。另外，大量服用姜黄易导致上火，服用须适量。

（谭桂玉）

四十一、桑

【种名】桑

【学名】*Morus alba*

【别名】桑树、家桑

【科属】桑科桑属

【药用部位】根、茎、叶、果实

【食用部位】叶片、果实

（一）生物学特性

1. 形态特征

落叶乔木。树冠倒卵圆形。叶卵形或宽卵形，先端尖或渐短尖，基部圆或心形，锯齿粗钝，幼树之叶常有浅裂、深裂，上面无毛，下面沿叶脉疏生毛，脉腋簇生毛。聚花果（桑椹，桑果）紫黑色、淡红或白色，多汁味甜。花期1—2月；果熟2—5月。

2. 生长习性

喜光，耐寒，耐旱，耐湿。对气候、土壤适应性强，可在温暖湿润的环境生长。喜深厚、疏松、肥沃的土壤，能耐轻度盐碱。抗风，耐烟尘，抗有毒气体。根系发达，生长快，萌芽力强，耐修剪，寿命长。

3. 分布与生境

原产我国中部，约有四千年的栽培史，

◂ 图1·植株 ◂

< 图2·嫩芽和嫩叶 <

< 图3·果实 <

栽培范围广泛，东北自哈尔滨以南；西北从内蒙古南部至新疆、青海、甘肃、陕西；南至广东、广西；东至台湾；西至四川、云南；以长江中下游各地栽培最多。现阶段广西果叶两用桑种植规模较小，主要分布在南宁、平果、象州、横州市等地。

（二）种植技术

1. 苗床整理

宜选择交通方便、土壤肥沃湿润、排水良好的地块。冬季翻地晒干，作1.2米宽的畦，施足基肥，将基肥与表土混匀、平整。

2. 繁殖方法

（1）种子繁殖

将成熟桑椹采回及时淘洗干净收取种子。春夏播种。播种前5~8天把种子浸泡在50℃的温水中，自然冷却，浸泡12小时，取出置于容器内摊开，盖上湿布，在20~30℃下催芽，待种子露白时即可播种。播种时可条播或撒播。

（2）扦插繁殖

一般在春季进行。把桑枝剪成20厘米（3~4个芽）左右，开好沟后把枝条垂直摆好（芽向上），回土埋住枝条或露一个芽，压实，淋足水，盖薄膜，保持土壤湿润，待出芽后去掉薄膜。

3. 移栽

在春季或秋季进行。春栽在发芽前移植，秋栽在落叶后移植。起苗时将过长或损伤的根剪去。栽植时扶正苗木，根系展开，填土，踏实，浇足定根水。

4. 田间管理

（1）覆盖及补种

用稻草、杂草覆盖地面或桑行，保水防旱。发现缺株应及时补种。

（2）及时淋水防旱，排除积水

保持土壤适宜的水分是新桑成活和生长的关键，土壤干旱及时淋水，多雨及时排水。壮树期的桑叶含水量一般为70%~80%，低于70%~80%桑叶生长受影响，低于50%时要及时灌溉，可以采用漫灌、沟灌、喷灌和淋水等方法。

（3）中耕除草

经过一定时间后，特别是雨后土壤容易板结，结合除草进行松土。桑园12月中旬耕翻一次冬晒。春、夏、秋各除草1次，注意结合除草中耕行间。

（4）施肥

新桑发芽长叶后，施粪水或尿素水肥1次。以后根据新桑生长情况，追肥1~2次，施肥量为每亩复合肥10~15千克。

（5）病害防治

桑褐斑病　该病为害桑叶。防治措施：冬季清园，消灭其越冬病原；用70%甲基托布津1 500倍液或50%多菌灵1 000倍液防治，10~15天再喷一次。

桑叶枯病　该病为害桑叶，尤其是嫩叶。防治措施：摘除病叶，及时烧毁；加强桑园管理，增强树势；消灭越冬病原；用50%多菌灵1 000倍液防治。

（6）虫害防治

桑天牛　俗称老母虫，幼虫蛀食枝干，使桑树空心，生长不良，甚至整株死亡。成虫咬食新梢皮层。防治措施：及时剪去产卵枝；人工捕杀成虫。

桑象虫　俗称象鼻虫。防治措施：彻底清除枯枝、半枯枝，消灭其产卵和越冬场所；用50%杀螟松或50%辛硫磷1 000倍液喷洒，5~7天后再用药一次。

桑螟　俗称裹叶虫。防治措施：堆草或束草诱杀越冬幼虫；清洁桑园，填塞树缝孔隙；人工捕杀成虫；灯光诱杀成虫；桑螟幼虫期，用50%辛硫磷乳剂1 500倍液喷杀幼虫。

桑红叶螨　又称桑红蜘蛛，一年约二十代。防治措施：冬季清园，消灭越冬成螨；及时采摘。喷雾器加高压喷嘴，距叶背20~35厘米处用清水强喷；用73%克螨特3 000倍液喷叶背。

桑粉虱　又称杨梅粉虱。防治措施：冬季清园，消灭其越冬场所；网捕成虫，下午网捕效果比上午好。

5. 采收

在春季至秋季采收嫩叶食用，在2—4月桑椹成熟至紫黑色时即可采收。

（三）功能主治

桑叶疏散风热，清肺润燥，清肝明目。主治风热感冒，肺热燥咳，头晕头痛，目赤昏花。

桑椹滋阴补血，生津润燥。主治肝肾阴虚，眩晕耳鸣，心悸失眠，须发早白，津伤口渴，内热消渴，肠燥便秘。

（四）药食考证

1. 药用考证

桑树全株可以入药。《本草纲目》《本草从新》《本草求真》等古籍对桑根白皮、桑叶、桑枝、桑椹等的药用功效进行了详细的记载。时珍曰：桑根白皮，味甘而寒；桑枝，苦，平；桑叶，苦甘而凉；桑椹甘酸而温。

2. 食用考证

对于桑的食用，在《后汉书·本纪·孝献帝纪》中早有记载：献帝时，三辅大饥。九月，桑复生椹，人得以食。而《救荒本草》

的记载则更为详尽，系统记载了桑叶、桑椹的食用及加工方法：采桑椹熟者食之。或熬成膏摊于桑叶上，晒干，捣做饼收藏。或直取椹子晒干，可藏经年。及取椹子清汁，置瓶中封三二日即成酒。其色味似葡萄酒，甚佳。亦可熬烧酒，可藏经年，味力愈佳。其叶嫩老皆可炸食，皮炒干，磨面可食。

（五）食疗药膳方

1. 膳方制作方法

桑叶瘦肉汤

鲜桑叶50~100克、瘦猪肉150克或100克猪肝。将桑叶洗干净，猪肉或猪肝洗干净并切成块或薄片。锅内加油并放入葱姜末，爆锅后放入适量的水，水开后放入瘦肉或猪肝和桑叶，煮10分钟左右，下盐调味即可。

图4·桑叶瘦肉汤

2. 食用注意

脾胃虚寒、大便溏者忌食。

（韦树根、万凌云）

四十二、刺五加

【种名】 刺五加
【学名】 *Acanthopanax senticosus*
【别名】 刺拐棒
【科属】 五加科五加属
【药用部位】 根、根茎
【食用部位】 嫩尖、嫩叶

（一）生物学特性

1. 形态特征

灌木。分枝多，1~2年生的通常密生刺，偶有仅节上生刺或无刺；刺直而细长，针状脱落后遗留圆形刺痕；叶柄常疏生细刺；小叶片纸质，椭圆状倒卵形或长圆形，上面粗糙，深绿色，下面淡绿色；小叶柄长有棕色短柔毛。伞形花序单个顶生，或2~6个组成稀疏的圆锥花序；花紫黄色。果实球形或卵球形，黑色。花期6—7月，果期8—10月。

2. 生长习性

喜温暖，耐寒，种植在排水良好、疏松、肥沃的砂质壤土中最好。果实于9—10月成熟，但种子的种胚没有发育成熟，不论是当年秋播，还是第2年进行春播，都需要经过形态后熟和生理后熟才能萌发，刺五加种子寿命为3年，在生产上适用年限为2年。

图1·植株

图2·嫩尖、嫩叶

3. 分布与生境

我国主要分布于黑龙江、吉林、辽宁、河北和山西，广西和云南也可见。生于海拔数百米至 2 000 米的山间、林中、河谷中。

（二）种植技术

1. 苗床整理

育苗地要选择土质疏松、肥沃、土层深厚的腐殖土或砂质壤土，地势要平坦、干燥。深翻 25~30 厘米，施足底肥。南北向或东西向作苗床，宽 100~120 厘米，高 15~20 厘米，苗床长视其地块情况，有利于灌水、排水即可。床土要细碎，床面要平整。

2. 繁殖方法

（1）有性繁殖

种子的采收与处理：8月下旬至9月中旬，采摘成熟的刺五加果实，趁鲜时揉搓，漂洗出成熟饱满的种子。播种用刺五加种子千粒重为 10.4~11.4 克，用 3 倍量的湿沙混拌均匀，用多菌灵或百毒清 300 倍液消毒后在 10~20℃温度下沙藏 3 个月，每隔 7~10 天翻动 1 次，约有 50% 左右的种子裂口时移至 3℃ 以下低温储藏 2 个月左右。

播种：一般于 4 月中旬播种。播前浇透底水。可采用横床开沟条，按行距 10~15 厘米，开沟，沟深 4~5 厘米，将沟底压平，将处理好的种子撒于沟内，种子间距离 2 厘米左右；也可按株行距 8 厘米 ×8 厘米穴播，每穴播种子 2~3 粒。播后覆土 2~3 厘米，稍压。床面用落叶或无籽草覆盖 3~5 厘米保湿。

苗田管理：出苗后要及时撤掉覆盖物，适当浇水保持床面湿润，5~7 天浇 1 次水，立秋后不再浇水。

床面除草主要靠人工拔草。遵循除早、除小的原则，整个苗期床面要保持无杂草。铲除草后要清理出田外，保持床间清洁。除草时可用小铁钩将行间土壤钩松，注意不要伤及小苗根部。

为培养壮苗，生长前期可适当追施一些含氮量高的肥料，生长后期可适当追施一些含磷钾多的肥料。

（2）无性繁殖

分株繁殖：在早春，将刺五加从根茎萌发出的幼株连一部分根茎切下，挖穴栽植。用这种办法繁殖，操作简单，易于掌握，成活率高，生长快。当年或第二年即可移栽定植。

扦插繁殖：刺五加扦插繁殖分为硬枝扦插和嫩枝扦插。硬枝扦插应在刺五加休眠期进行，于秋末冬初割取枝条，贮于窖中，第二年早春扦插，生长 1 年，翌年春即可移栽定植。嫩枝扦插应在 6 月中旬剪取当年生半木质化的嫩枝，当即扦插，第二年可移栽种植。

3. 林地选择

栽培地点应选择土壤较为湿润、腐殖质层深厚、微酸性的杂木林下及林缘，林分郁闭度应在 30%~50%。选好地后，施足基肥，整地、耙碎、整平。

4. 移栽

栽植在早春萌芽前进行为佳，也可在秋后结冻前进行。移栽定植选择健壮的有性繁殖或无性繁殖苗。当年生幼苗，苗高要在

10~15厘米，根茎2~3条，平均长度12~14厘米，须根发达。采取见缝插针栽植密度每亩330株为宜。在新植地（红松、大果榛子）中栽植，栽植密度为每亩660株。每穴1株，栽植时要使根系舒展，栽后浇透水再覆1层细沙。穴坑按长宽深各40厘米为宜，每穴施腐熟农家肥5~10千克。

5. 田间管理

（1）覆盖及补种

在刺五加苗移栽以后，要及时检查成活情况。没有成活的，要尽快补栽，确保获得高产量。在刺五加生长发育过程中，要及时挖除死亡植株，进行土壤杀虫和消毒，补栽刺五加苗。

（2）中耕除草

要保持刺五加田间土壤疏松、无杂草。

（3）追肥

刺五加是喜肥植物，每个生育期应追肥2~3次：第一次在返青后进行，每亩追施腐熟农家肥2~3吨；第二次在前次追肥后30~40天进行，用肥量同前次，同时追施磷酸钾或磷酸二氢钾20~30千克；第三次在秋后进行，用肥量同第1次。

（4）水分管理

刺五加喜湿润土壤，但又怕涝。生育期间不能缺水。如遇天气干旱，必须及时浇水。在雨季还要注意排水防涝，不要使田间积水。

（5）培土

秋末冬初应对刺五加进行培土。刺五加经过一个生育期的松土除草，有的根茎外露，影响越冬。培土不要太厚，能将根茎埋入即可。有条件的可在根茎部覆盖一些无籽草，既有利于刺五加越冬，又有利于第二年刺五加的根茎分蘖。

（6）病虫害防治

刺五加是取食于嫩尖和根部的作物，生病害较少，仅有个别植株出现立枯病和叶锈病。但蚜虫为害较为严重，要及时防治，否则受害后嫩叶卷曲则失去了商品价值。

6. 采收

刺五加栽植4~5年后可以采收，采收刺五加时，应注意保留一定数量的带芽地下茎，就可自然更新，形成新一代刺五加园。刺五加的根、茎、叶、果均可药用或食用，采收可在四季进行。

春季采收：一般在5月进行，采收刺五加的嫩枝（山野菜）食用。

夏季采收：一般在8月叶片展平而又鲜嫩时采摘，及时风干，装袋。

秋季采收：一般在9月下旬至10月中旬采收刺五加果，或揉搓漂洗选作种子，或将果晾干储存。刺五加落叶后可全株起挖。

冬季采收：一般在土地封冻期间将刺五加平茬，全株备用。

（三）功能主治

具有益气健脾，补肾安神之功效。用于治疗脾肺气虚，体虚乏力，食欲不振，肺肾两虚，久咳虚喘，肾虚腰膝酸痛，心脾不足，失眠多梦等症。

（四）药食考证

1. 药用考证

《神农本草经》将其列为上品，认为有

"益气疗痹"之功效。《名医别录》指出刺五加有坚筋骨，强意志，久服轻身耐劳等功效。李时珍的《本草纲目》中指出刺五加亦有"五加治风湿痿痹，壮筋骨，其功良深……进饮食，健气力，不忘事"及"久服轻身耐老"等记载。古代有"宁得五加一把，不用金玉满车"，可以看出古人对刺五加药用价值评价很高。

2. 食用考证

刺五加嫩茎和鲜叶食用价值很高，每100克含胡萝卜素5.4毫克、核黄素0.52毫克、抗坏血酸121毫克和丰富的维生素。其嫩茎风味独特，清香微苦，是珍稀的绿色保健蔬菜，可以炝拌清炒，做馅煨汤等。时珍曰：春月于旧枝上抽条叶，山人采为蔬茹。

（五）食疗药膳方

1. 膳方制作方法

刺五加煎鸡蛋

把刺五加嫩尖、嫩叶剁得稍碎一点，然后打上几个鸡蛋，放上精盐，在锅里用油煎熟即可。

凉拌刺五加叶

除去叶柄的嫩刺五加叶250克，配以精

图3·刺五加煎鸡蛋

图4·凉拌刺五加叶

盐、味精、蒜、麻油等制成。含有丰富的胡萝卜素、维生素C，有增强身体防病能力的作用，强身健体。

2. 食用注意

阴虚火旺者慎服。

（韦树根）

四十三、桑寄生

- 【种名】桑寄生
- 【学名】*Taxillus sutchuenensis*
- 【别名】广寄生、桑上寄生、寄屑、寓木、宛童
- 【科属】桑寄生科钝果寄生属
- 【药用部位】干燥带叶茎枝
- 【食用部位】嫩叶、茎枝

（一）生物学特性

1. 形态特征

灌木。嫩枝、叶密被锈色星状毛，有时具疏生叠生星状毛，稍后绒毛呈粉状脱落，枝、叶变无毛；小枝灰褐色，具细小皮孔。叶对生或近对生，厚纸质，卵形至长卵形，伞形花序，具花 1~4 朵，通常 2 朵，花序和花被星状毛苞片鳞片状，长约 0.5 毫米；花褐色，花托椭圆状或卵球形，副萼环状；药室具横隔；花盘环状；花柱线状，柱头头状。果椭圆状或近球形，果皮密生小瘤体，具疏毛，成熟果浅黄色，长 8~10 毫米，直径 5~6 毫米，果皮变平滑。花果期 4 月至翌年 1 月。

2. 生长习性

生于海拔 20~400 米平原或低山常绿阔叶林中，寄生于桑树、桃树、李树、龙眼、荔枝、杨桃、油茶、油桐、橡胶树、榕树、木棉、马尾松或水松等多种植物上。喜阳，

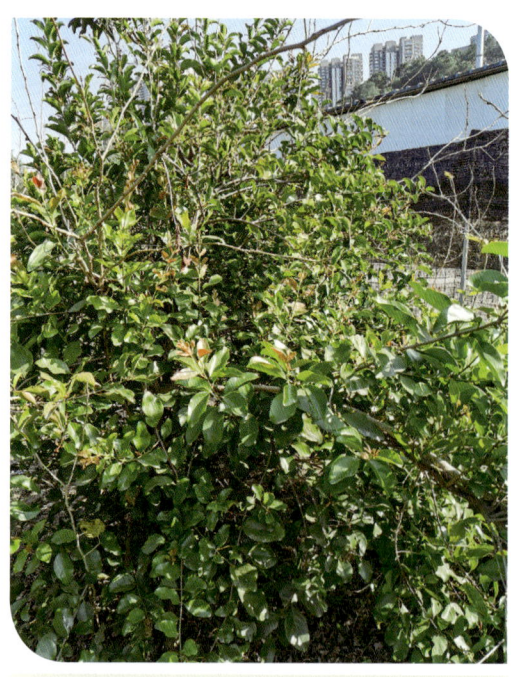

图 1 · 植株

图 2 · 果实

图3·药材饮片

喜湿润。土壤以肥沃深厚、排水良好的砂壤土为宜。黏性较重、排水不良的土壤不适合种植。

3. 分布与生境

产于云南、贵州、四川、湖北、湖南、广西、广东、福建、台湾等地。桂东南地区人工栽培较多。多生长在山地里的阔叶林中。

（二）种植技术

1. 苗床管理

（1）育苗地

育苗地选址：育苗地宜选择在地势平坦、光照充足、排灌方便，且土壤疏松肥沃，土层较深的砂壤土或壤土地块。

整地施肥：清除地面杂草，深翻耕，深度30厘米以上，每亩施腐熟农家肥1 500~2 000千克，撒匀混匀。整理成宽1.2米，高20~25厘米的畦，整平整碎畦面。

育苗地消毒：在播种前7天用45%代森铵水剂300倍液或0.1%高锰酸钾溶液等对育苗地进行消毒，消毒液用量为每平方米3~4千克。

（2）种植地

选择地势较缓、阳光较充足、土壤肥沃、排水良好的砂壤土或壤土地块，将土地平整，并施足底肥，按1.0~1.5米×1.5~2.0米的株行距挖穴，穴要求宽30厘米、深50厘米，将挖出的表土与新土分开堆放。

2. 繁殖方法

（1）桑寄生寄主苗繁殖

寄主为桑科植物桑（*Morus alba*）。

寄主苗种子繁殖：将成熟桑椹采回及时淘洗干净收取种子。春夏播种。播种前5~8天把种子浸泡在50℃的温水中，自然冷却，浸泡12小时，取出置于容器内摊开，盖上湿布，在20~30℃下催芽，待种子露白时即可播种。播种时可条播或撒播。

寄主苗扦插繁殖：一般在春季进行。把桑枝剪成20厘米（3~4个芽）左右，开好沟后把枝条垂直摆好（芽向上），回土埋住枝条或露一个芽，压实，淋足水，盖薄膜，保持土壤湿润，待出芽后去掉薄膜。

（2）桑寄生种子采集与接种

种子采集：选择果皮黄色、质软、饱满的果实进行采收。

接种时间：以每年2—4月或9—10月为宜。

接种部位与方法：选择成熟度一致的果实，剥去果皮，利用其自身果胶的黏性，粘于种植生根后的桑树中下部的主茎之上。

3. 种植方法

（1）寄主桑树种植

选择株高 40~60 厘米，地径大于 0.5 厘米且健壮、无病虫害的桑树苗，按株行距 1.0~1.5 米 × 1.5~2.0 米进行寄主培植，每亩培植桑树约 200 株，以每年 2—3 月或 8—9 月种植为宜。寄主桑树生长年限达 1 年以上，高度 2~3 米，主干直径 2 厘米以上，可进行桑寄生种子接种。

（2）桑寄生接种

将采集新鲜、饱满、无病虫害的果实去掉果皮，利用果胶黏性将种子进行粘贴接种。选择桑树枝条节间为种子接种部位，接种枝条直径要求 1.0 厘米以上，接种时种子种孔朝上，每根枝条接种 1~2 粒种子，每棵桑树接种 2~3 根枝条。桑寄生种子当天采集当天接种。

4. 田间管理

（1）水分管理

种子接种后要采用经常性灌水以保持土壤湿润，空气湿度保持在 80% 以上。视天气状况必要时除了土壤灌水外，最好做到每 3 天人工喷淋 1 次。气生根生长后桑寄生进入快速生长期，旱季每月灌水 1 次。

（2）施肥管理

桑寄生种植肥料采用农家肥与有机复合肥相结合，寄主桑树培植前每亩施农家底肥 2 000~3 000 千克，桑寄生生长期每年追肥 2 次，分别在春季与秋季，春季追肥主要供寄主生长，秋季追肥主要供寄生生长，追肥采用有机复合肥，每亩年追肥量 300~400 千克。追肥结合中耕除草同时进行。

（3）中耕除草

经过一定时间后，特别是雨后土壤容易板结，结合除草进行松土。寄主所在的桑园 12 月中旬耕翻一次冬晒。春、夏、秋各除草 1 次，结合除草中耕间行。

（4）病害防治

病害方面主要是对寄主桑树产生为害，包括有桑褐斑病、桑叶枯病等。

桑褐斑病 防治措施：冬季清园，消灭其越冬病原；用 70% 甲基托布津 1 500 倍液或 50% 多菌灵 1 000 倍液防治，10~15 天再喷一次。

桑叶枯病 防治措施：摘除病叶，及时烧毁，加强桑园管理，增强树势，消灭越冬病原；用 50% 多菌灵 1 000 倍液防治。

（5）虫害防治

桑寄生种植的主要虫害是桑天牛和桑寄生灰蝶、红肩粉蝶幼虫等。

桑天牛 主要是对寄主桑树产生为害，主要采用人工捕捉或夜晚采用灯光诱捕。

桑寄生灰蝶 对桑寄生产生为害，用 80% 敌敌畏 1 000 倍液交替喷杀。

红肩粉蝶幼虫 对桑寄生产生为害，视虫害状况用 80% 敌敌畏 1 000 倍液喷杀。

5. 采收

桑寄生从种子接种到药材采收需 2 年左右时间，以后每年可采收 1 次，采收采用修剪方法，保留 5~10 厘米桑寄生基部枝条，以保证枝条再萌芽生长。根据寄主与桑寄生之间的长势，可选择在春季或秋季采收，若寄主生长旺势选择秋季采收,若寄主生长弱势选择春季采收,通过采收方法的控制,保证寄生与寄主的旺盛生长,提高桑寄生种植产量。

(三)功能主治

桑寄生味苦、甘,性平,归肝肾经。有祛风湿,补肝肾,强筋骨,安胎元的功效。用于风湿痹痛,腰膝酸软,筋骨无力,崩漏经多,妊娠漏血,胎动不安,头晕目眩等症。

(四)药食考证

1. 药用考证

桑寄生始载于《神农本草经》,列为上品,原作"桑上寄生",认为其味苦,主腰痛、小儿背强、安胎、充肌肤、坚发齿、长须眉,其实明目,轻身通神,一名寄屑,一名寓木,一名宛童。《名医别录》云:桑上寄生,味甘、无毒。主治金创,去痹,女子崩中,内伤不足,产后余疾,下乳汁,一名茑。生弘农川谷桑树上。三月三日采茎、叶,阴干。

2. 食用考证

桑寄生茶历史悠久,文字记载可追溯至清代《生草药性备要》,"消热,滋补,追风,养血散热。作茶饮,舒筋活络"。

《岭南采药录》载桑寄生"养血,散热,追风。作茶饮滋补,浸酒舒筋络"。

(五)食疗药膳方

膳方制作方法

取桑寄生干品15克,洗净放入养生壶中煮15分钟后饮用,每天早晚各一次。也可以搭配枸杞子、红枣、当归等。

图4·桑寄生茶

(韦树根)

四十四、天冬

- 【种名】天冬
- 【学名】*Asparagus cochinchinensis*
- 【别名】天门冬、三百棒
- 【科属】百合科天门冬属
- 【药用部位】薯块
- 【食用部位】薯块

（一）生物学特性

1. 形态特征

攀援植物。根在中部或近末端成纺锤状膨大。茎平滑，常弯曲或扭曲，长可达1~2米。叶状枝通常每3枚成簇，稍镰刀状；茎上的鳞片状叶基部延伸为硬刺，在分枝上的刺较短或不明显。花淡绿色；花梗长2~6毫米，关节一般位于中部，有时位置有变化；浆果熟时红色，有1颗种子。花期5—6月，果期8—10月。

2. 生长习性

天冬多生于海拔1 750米以下的山坡、路旁、疏林下、山谷或荒地上。喜温暖、湿润、荫蔽环境，忌严寒、干旱、阳光直射。

在冬暖夏凉，年平均气温18~20℃，无霜期180天以上，年降水量1 000毫米左右，空气相对湿度75%以上，土壤相对湿度70%左右，透光度40%~50%的环境下生长良好。天冬块根发达，适宜在土层深厚、疏松肥沃、湿润、排水良好、pH中性或近中性、富含腐殖质的砂壤土中生长。

图1·植株

图2·花

图3·果实

图4·药材

3. 分布与生境

主产广西、贵州、云南、四川、湖南、湖北。广西的家种资源主要分布在中部到南部地区，其中，广西玉林福绵区樟木村周边产量就占全国一半以上，其他在湖北利川、贵州西南部也有少量种植。

（二）种植技术

1. 苗床整理

选择在海拔稍低、温度条件较好、土质较疏松、腐殖质含量较高的地方，必须有天然或人工设置的遮阴条件。施足基肥，翻地整畦。

2. 繁殖方法

（1）种子繁殖

种子采集与保存：每年8—9月，当果实由绿色变成米黄色，能见果内黑色种子即可采收，搓去果肉，清水洗净，选出粒大、饱满的种子立即进行秋播。如果春播，可保存在室内湿度为5%~10%的砂土中。

播种：秋播宜在8—9月，春播宜在3—4月。在整好的畦面上开横沟，沟距25厘米，深5~6厘米。将种子均匀地撒在苗床沟内，种子间距离2~3厘米，播后用草木灰或经过腐熟的堆肥盖种，厚2~3厘米，上面再盖稻草保温保湿。每亩地用种量10~12千克。

播种后管理：天冬播种后，在20~25℃时，经15天后即可出苗。出苗后及时揭去盖草，搭棚遮阴，稍后拔草施肥。经过1年的培育后可移栽到大田。

（2）分株繁殖

在采挖小天冬时，选择健壮母株，留较小的块根作种用。用小刀在小天冬苗头凹口处进行分株，每株应带1~2芽苞和2~3个小块根作种苗。在整好的畦上，按行距30厘米左右开沟，深约15厘米，将分株种苗按10厘米的距离放入沟中，盖土后要不露根蒂。在春天保持湿润的情况下，15~25天即可出苗。

3. 苗期管理

排灌水：苗期注意经常浇水，保持苗床湿润；雨季注意排水，防止积水。

除草施肥：苗期应注意拔除杂草和施肥，肥料以腐熟农家肥为主，如肥料含氮量较低，可以少量添加尿素，每50千克肥水宜加尿素0.1千克。肥料不能直接与苗接触，每次每亩施腐熟农家肥水1 000~1 500千克，每隔3个月左右可施1次。

4. 林地选择

选择排水良好、坡度在45°以下，郁闭度50%以下的杉木林、松林、八角林、杂灌林等林地或荒坡。经多次深翻林地，碎土后连续晒土5天以上，起宽120~140厘米、高20~25厘米的畦。结合整地，每亩施腐熟有机肥500~1 000千克和复合肥30~40千克，均匀撒于畦面，将肥料翻入土层，平整畦面，四周开好排水沟。

5. 移栽

在春季2—3月，秋季9—10月。将1年生的小苗或采收后分株的种苗，按株行距30厘米×40厘米，深度6~10厘米开沟种植，每穴1株，培土到苗基部，浇足定根水，并喷施乙草胺防除杂草。

6. 田间管理

（1）补苗

定植后15~20天进行一次全面检查，若发现死亡缺株，应及时拔除并补苗。

（2）水分管理

天冬喜湿润环境，整个生长期需水量大，抗旱、耐涝能力差，因此遇旱要注意浇（灌）水，雨后及时排涝，忌持久干旱或长期积水，保持土壤相对湿度70%左右。

（3）中耕除草

当苗高30厘米时进行第1次中耕除草，以后视杂草生长和土壤板结情况，每年适时进行3~4次中耕除草，最后1次中耕除草应在霜冻前结合培土进行，以保护株丛基部，以利越冬。

（4）追肥

结合中耕除草及时追肥，第1次追肥可在定植后40~60天进行。每亩施腐熟人粪水500~1 000千克。此后结合中耕除草每亩施腐熟厩肥、草木灰或草皮灰等有机肥1 500~1 000千克，适当添加尿素和钙镁磷肥等肥料，每次约3~5千克。施肥时，应在畦边或行间开沟穴施下，注意避免肥料接触根部，施肥后覆土压实。若施肥后持续干旱，应及时浇水，促进天冬对肥料的吸收。

（5）病害防治

天冬病害主要为根腐病。一经发现病株，即刻拔除，并在周围撒施生石灰，同时做好排水工作，以防病菌蔓延成灾。

（6）虫害防治

天冬虫害主要有蚜虫、短须螨、红蜘蛛。

蚜虫 为害芽芯和嫩藤，导致整株藤蔓萎缩，为害初期可用10%吡虫啉1 000~2 000倍液喷杀，如为害严重可剪除全部藤蔓并施肥，20天后即可发出新芽蔓。

短须螨 5—6月为害叶部，可用2%阿维菌素1 000~2 000倍液或40%水胺硫磷1 500倍液喷雾防治。

红蜘蛛 5—6月为害叶部，可用杀虫脒水剂500~1 000倍液喷雾防治，并在冬季清园，将枯枝落叶集中销毁或深埋。

7. 采收

天冬的采挖时间一般都在初冬或初春。采挖时将藤割去挖出全部根块，去掉泥沙，减去茎根，剪下药用根块，剩下的根头及留下的部分小根快，供分株栽种，可随挖随种，种不完的可用湿沙埋藏待种。

（三）功能主治

天冬味甘、苦，性寒，归肺肾经，具有养阴润燥、清肺生津的功效，用于肺燥干咳、顿咳痰黏、咽干口渴、肠燥便秘等症。

（四）药食考证

1. 药用考证

天冬入药始载于秦汉时期的《神农本草经》，列为上品，书中记载原名天门冬。《神农本草经》曰：天门冬味苦平。主诸暴风湿偏痹，强骨髓，杀三虫，去伏尸。久服轻身，益气延年。魏晋时期《名医别录》记载：味甘，大寒，无毒。保定肺气，去寒热，养肌肤，益气力，利小便，冷而能补。以后历代的医学著作如《本草经集注》《新修本草》《本草图经》《本草纲目》《本草备要》等均有对天冬药用功效的记载。

2. 食用考证

始见于唐代《新修本草》，其曰：门冬蒸剥去皮，食之甚甘美，止饥。清代的《救荒本草》对天冬的食用方法有了比较详细的记载：采其根换水浸去邪味，去心煮食或晒干煮熟，入蜜食尤佳。

（五）食疗药膳方

1. 膳方制作方法

取天冬 15 克，粳米或籼米 100 克，冰糖适量。将天冬煎水取汁，然后入粳米或籼米煮粥，待粥快熟时加入冰糖，煮至粥熟即可食用。

2. 食用注意

脾虚腹胀便溏者勿用。忌用铁器。忌食鲤鱼。

◁ 图 5 · 天冬粥 ◁

（韦树根、粟平）

四十五、五指毛桃

五指毛桃

- 【种名】粗叶榕
- 【学名】*Ficus simplicissima*
- 【别名】五爪龙、土黄芪、土五加皮
- 【科属】桑科榕属
- 【药用部位】根部
- 【食用部位】根部

（一）生物学特性

1. 形态特征

雌雄异株，灌木或小乔木。嫩枝中空，叶、小枝和榕果均被黄色硬毛。叶互生，卵状椭圆形或长圆状披针形，边缘具锯齿；托叶卵状披针形。基生苞片卵状披针形，顶部苞片脐状。雄花果卵球形，雌花果球形，均近无柄。雄花生于榕果内壁近口端，披针形，红色，具柄；雌花生于榕果内。瘦果椭圆球形。花果期全年。

2. 生长习性

四季均可生长，旺盛生长期为5—8月，此时叶片粗大，节间较长，榕果随枝条伸长成对腋生，由下往上依次发育。喜湿润温暖的环境，多生于海拔500~1 000米的山坡林边或村寨附近旷地，或附生于其他树干上。向阳或半向阳，多单株散生，少成片生长，宜长于土层深厚、腐殖质丰富、排水良好、肥沃疏松、保肥保水能力较强的山地红壤中。

图1·植株

图2·果实

图 3 · 药材饮片

3. 分布与生境

分布于广西、广东、云南、海南、江西、湖南等省区（自治区），主产广西、广东等地。在广西梧州、钦州、百色、河池等地有栽培，其中，广西河池市宜州区是五指毛桃的产区之一。

（二）种植技术

1. 苗床整理

育苗地宜选向阳背风，土层肥沃、深厚、疏松，排灌方便的地块。冬季多次深翻晒土，让其自然风化，翌春后耙碎，起宽100~120厘米，高15~20厘米的畦，每亩施腐熟有机肥1 000~1 500千克，均匀撒于畦面，将肥料翻入土层，平整畦面。

2. 繁殖方法

（1）种子繁殖

当果实由青绿变紫红时，分批采收搓烂果肉，取出种子，稍晾干表面水分，即可播种。若无法及时播种，则须用湿砂与种子按3:1比例混匀，藏于木箱内，砂的湿度以手抓成团而手缝不渗出水为宜，贮藏期间，保持砂子处于湿润状态。

随采随播或于翌年2—3月播种，由于种子细小，宜拌适量细河砂或草木灰撒播于苗床上，浅覆土，盖草浇水即可。

（2）扦插繁殖

2—3月，从生长健壮、无病虫害的母株上选取粗1.5~2厘米的老熟枝条，剪成长20~25厘米，含2~3个腋芽的茎段，用ABT 1号生根粉液浸枝促根8~10分钟（具体浓度参照说明书），并将插穗的各个剪口及其0.5~1厘米以上浸入融化后的石蜡中后立即取出，室温下使石蜡冷却至完全凝固，按行距25厘米×25厘米，深8厘米开沟，每隔4~5厘米将插条斜摆于沟内，覆以细土，压实，插条露出地面部分约1/3，如此边开沟边摆插条，插毕盖草淋水即可。

3. 选地和整地

种植地选择土层深厚、肥沃、排水良好且富含腐殖质的林地，使其郁闭度50%以下。种植前先翻耕，让其自然风化，以增加土壤通透性，翌年春天碎土耙平，按宽140~160厘米，高30~35厘米起畦，按株行距50厘米×70厘米，深15厘米，边长25厘米开穴，以腐熟充分的土杂肥或厩肥2~3千克作基肥，施入穴内，与细土拌匀。

4. 移栽

移栽前5天揭去覆盖物，进行炼苗。移栽前1天将苗床浇透水，带土起苗，尽量不伤根、不伤皮，壮苗标准为苗高30厘米以上，须根粗长且多，无伤根、烂根，茎段无折损，叶片厚长、浓绿，无枯叶、光叶。

3—4月，气温超过15℃时，选择阴天或晴天下午进行定植，将健壮、无病虫害的幼苗放入穴中，覆土压实，淋足定根水，持续淋水至返青（雨天除外），期间，如遇雨天，注意排涝。

5.田间管理

（1）及时补苗

定植后10天进行检查，如发现死亡缺株，应及时拔除，并补以适龄健康幼苗。

（2）水肥管理

旱时注意浇水，雨后及时排涝，保持土壤持水量25%左右。

每年追肥3次，分别在春、夏、冬季进行。3—4月，于植株旺盛生长时，开沟每亩施用过磷酸钙50千克和腐熟人畜粪水1000千克；6月上旬，再施1次人畜粪水，增强植株长势；初冬，每亩施用腐熟厩肥、草木灰等混合肥2000千克，开沟施下，然后培土。

（3）中耕除草

每年3~4次中耕除草，保持土壤疏松，田间无杂草。首次在春末长新梢前，末次在越冬前进行松土宜由外至内，外深内浅，防止伤根，创造有利于根部生长的土壤条件，以促进植株形成发达的根群，增强对养分和水分的吸收。

（4）病虫害防治

五指毛桃抗病虫害能力强，一般不感病，偶发虫害主要有卷叶蛾和黏虫。

卷叶蛾幼虫　为害嫩芽和嫩叶，可在幼虫孵化后，用90%的敌百虫1000倍液喷杀，并于冬季清除园内杂草落叶，消灭越冬成虫，减少来年虫源。

黏虫　为害树梢及嫩枝，可用90%敌百虫晶体喷杀。

6.采收

种植2~3年，即可采收，秋冬季节进行，挖取根部时，留出1/3或1/2，即挖一边留一边的根，留下的植株培土施肥，加强管理，促使基部萌出新根，2~3年后再次采收。如此轮流采挖，既可减少新种植的费用，又可缩短采收间隔期，保证稳产高产。将采收的根拣除杂质洗净后，按大小分级，切下细根和须根，捆成小把或斩为短段，主根趁新鲜切成厚片，及时晾晒，以防颜色变暗，遇阴雨天可用低温烘干，忌高温，否则香气尽失，晒干即成商品。

（三）功能主治

具有舒筋化湿、益气健脾之功。主治自汗，腰痛，风湿痹痛，脾虚浮肿和慢性支气管炎等症。

（四）药食考证

1.药用考证

五指毛桃始载于清代何克谏的《生草药性备要》，记载如下：五爪龙，味甜辛，性平，清毒疗，洗疮痔，去皮肤肿痛。根治热咳痰火，理跌打刀伤，浸酒祛风壮骨。清代道光年间吴其濬主编的《植物名实图考》中记载：江西处处之，绿茎有节，密刺如毛，色如虎不挨，长叶微似梧桐叶，横纹糙涩，进贤县作鸦枫，俚医以治风气，去红肿。《中药大辞典》中记载，五指毛桃来源于桑科粗叶榕，具有健脾补肺、行气利湿的功效，而把掌叶榕作为五龙根，具有祛风湿、壮筋骨、去癖消肿的功效。

2. 食用考证

五指毛桃的食用在民间早有记载，民间流传着一种"草根汤"中用到新鲜的五指毛桃，为食用。五指毛桃也用在中风患者的饮食调治中。

（五）食疗药膳方

1. 膳方制作方法

五指毛桃骨头汤

五指毛桃是两广地区流传甚广的煲汤料，民间常用来煲鸡、煲猪脚、煲骨头等，每500克放20克左右的五指毛桃。

广东人用于煲汤，开发了五指毛桃酒、

< 图4·五指毛桃骨头汤 <

五指毛桃香鸡、芪灵健脾扶正速溶粉、芪香气血通利速溶粉、五指毛桃养血扶正汤料、五指毛桃活血养颜汤料、五指毛桃冲剂等。

2. 食用注意

无湿邪、无火热者少用五指毛桃。

（韦树根）

四十六、葛根

【种名】甘葛藤
【学名】*Pneraria thomsonii*
【别名】粉葛
【科属】豆科葛属
【药用部位】块根
【食用部位】块根

（一）生物学特性

1. 形态特征

藤本植物，茎长可达 10 米，全株被黄褐色长硬毛。根部肥大，圆柱状，粉性强。茎基粗大，多分枝。三出复叶，具长柄，叶片宽卵形，基部圆形或斜形，先端渐尖，托叶盾形。总状花序腋生或顶生，蝶形花，紫红色，花筒内外有黄色柔毛。荚果条形，长

< 图 3·根横切面 <

< 图 1·植株 <

< 图 2·块根 <

< 图 4·药材饮片 <

5~10厘米，种子卵形，红褐色。花期4—8月，果期8—10月。

2. 生长习性

喜温、喜湿，具一定的耐寒、耐旱能力。适应性强，多分布于向阳湿润的山坡、林地、路旁，以疏松肥沃、排水良好的壤土或砂壤土为好。种子易萌发，15~30℃均可发芽，适温在20℃左右，一般播种后4天即可发芽。贮藏年限为2年，生产周期2~3年。

3. 分布与生境

除新疆、青海及西藏外，几乎遍布全国，生于山地疏林或密林中。广西各地均有分布和种植，其中主产区在藤县、平南、贵港等地。东南亚至澳大利亚亦有分布。

（二）种植技术

1. 选地和整地

建议选择向阳、地势较缓、土壤肥沃、排水良好、郁闭度为20%左右的疏林。

整地于2月中下旬开始。首先清除种植地里的灌丛、杂草、石头等，冬季及时深翻土壤，深翻深度在20~30厘米，加速土壤熟化。进入春季后，每亩施腐熟的农家肥4 000~5 000千克，随后整地作龟背状高畦，每畦宽为100厘米左右，高为40厘米左右，畦沟宽、畦高均为30厘米左右。按照地形，开好围沟、十字沟，以确保田间沟沟相连，排水顺畅。

2. 繁殖方法

为了确保操作方便，降低成本投入，实现快速生产的目的，一般采用营养钵扦插育苗方式。

12月上旬后，葛根藤蔓进入休眠期，选取直径0.5厘米以上、健壮的中下段藤蔓。剪取健壮的芽节，作为插穗，芽节上端保留5厘米，下端保留6厘米。上端使用油蜡封口，防止水分流失，避免病虫害侵袭。

扦插之前，将制作好的育苗基质装填到直径12厘米、高8厘米的营养钵内，然后将营养钵均匀的码放在苗床上。营养钵内灌溉透水，将插条倾斜的插入到营养钵内，确保叶芽、腋芽露出，然后在育苗基质上方覆盖一层细猪粪，上方覆盖小拱棚，保温保湿。

在冬季进行扦插育苗，一般育苗期在70~80天，当年培育的幼苗当根部生长到2厘米，藤蔓生长到20厘米以上时，即可进行移栽。

3. 移栽

一般在2—3月，在畦面每间隔75厘米处做一个高30厘米、直径30厘米的圆形土堆，每个土堆种植1株葛根苗。土堆建好后及时用黑色地膜进行覆盖，以确保土壤墒值和抑制杂草萌发，同时还能促进土壤有益微生物繁殖。

4. 田间管理

（1）覆盖及补种

葛根苗移栽后，以及在葛根生长发育过程中，要及时检查。发现没有成活的，要尽快补栽。发现死亡植株，要及时挖除并进行土壤杀虫和消毒，补栽葛根苗，确保获得高产量。

（2）中耕除草

野葛生长较快，早春发芽前除1次草，晚秋落叶后再除1次草即可，生长期一般不需经常除草。

（3）施肥

可结合中耕除草进行，返青后，施返青肥，以腐熟人粪水为主，每亩施入1 000千克，可适当配施尿素，落叶后施越冬肥，以农家肥为主。每年生长盛期可结合浇水，施少量钾肥，有促根生长作用。

（4）搭架

在两行之间每隔2~3米立根木柱，柱间用铁丝连接，畦与畦间绑上竹竿或铁丝以利攀援，当苗高30厘米时即可引蔓上架。

（5）修剪

生长期应控制茎藤生长，摘去顶芽，以减少养分消耗，并要合理调整株形以充分利用阳光，还应及时剪除枯藤、病残枝。

（6）病虫害防治

野葛生长期主要有蟋蟀、金龟子等害虫为害茎叶。蟋蟀可用80%敌敌畏乳油2 000倍液喷杀，金龟子用90%晶体敌百虫1 000倍液于5—6月喷叶面，其他害虫可用杀虫脒等防治。

5. 采收

每年冬季为采收葛根最佳时期，此时积累的有效成分最多，品质最好。采挖时注意保持葛根完整，尽量少损伤，除净泥土、葛头须根和杂物，分级上市。葛根采收后，不能用水清洗，否则会加快葛根溃烂。药材加工截成10厘米左右的小段，纵切约5厘米厚片条，随切随炕干或用石灰水浸后晒干均可。以色白、粉多、无霉变者为佳。

（三）功能主治

具有解肌退热，生津止渴，透疹，升阳止泻，通经活络，解酒毒功效。主治表证发热，项背强痛，麻疹不透，热病口渴，阴虚消渴，热泻热痢，脾虚泄泻。

（四）药食考证

1. 药用考证

葛根首载于东汉《神农本草经》：葛根，味甘平。主治消渴，身大热，呕吐，诸痹，起阴气，解诸毒。葛谷，主下利，十岁以上。在《名医别录》《本草纲目》《证类本草》《华佗遗书》《千金方》《药王全书》等中医经典中都有详细介绍。

2. 食用考证

《本草衍义》记载：冬月取生葛，以水中揉出粉，澄成垛，先煎汤使沸，后擘成块下汤中，良久，色如胶，其体甚韧，以蜜汤中拌食之。擦少生姜尤佳……彼之人，又切入煮茶中以待宾，但甘而无益。又将生葛根煮熟者，作果卖。虔、吉州、南安军亦如此卖。《救荒本草》记载：掘取根入土深者水浸洗净，蒸食之。或以水中揉出粉，澄滤成块，蒸煮皆可食。及采花晒干炸食亦可。

（五）食疗药膳方

1. 膳方制作方法

葛根养生汤、葛根养生面、葛根茶、葛

< 图5·葛根食材 <

< 图7·葛根面 <

葛根养生汤

将鲜葛根去皮、切片后放入砂锅中,与生姜、红枣、骨头等一起炖。

葛根面

将面粉 25 克,葛根粉 45 克,食用碱 1~1.5 克,食用盐 1~1.5 克放入容器中混匀,加入适量的水,拌匀,于容器中静置 10 分钟左右,手擀或用压面机压制成鲜面,或晒干、烘干成干面条。可添加其他食材辅料制作不同风味的面条。

< 图6·葛根养生汤 <

根粉、葛根粉冲剂、葛根含片、葛根饮料、葛根口香糖、葛根营养早晚餐、葛根酒等葛根制品渐渐走进人民大众的生活。

2. 食用注意

脾胃虚寒者忌食。

(韦树根)

四十七、苦丁茶

苦丁茶

- 【种名】大叶冬青
- 【学名】*Ilex latifolia* Thunb.
- 【别名】茶丁、富丁茶、皋卢茶
- 【科属】冬青科冬青属
- 【药用部位】叶
- 【食用部位】嫩叶

（一）生物学特性

1. 形态特征

常绿大乔木，高达20米，胸径约60厘米。树皮赭黑色或灰黑色，粗糙有浅裂；小枝粗壮，黄褐色，并有纵裂纹和棱。叶柄长1.5~2.5厘米；叶片厚革质，长圆形或卵状长圆形，中脉上面凹入，下面隆起，侧脉上面明显，上面深绿色，有光泽，下面淡绿色。花序簇生叶腋，圆锥状；花4数；雄花序每枝有3~9花，花梗长7~8毫米，花冠反曲，花瓣卵状长圆形，基部稍结合，雄蕊与花冠等长；雌花序每枝有1~3花，花梗长5~8毫米，花瓣卵形，子房卵形。果球形，直径约7毫米，红色，外果皮厚，平滑，宿存柱头盘状；

图2·花

图1·植株

图3·果实

分核 4 颗，长圆状椭圆形，背部有 3 条纵脊，内果皮骨质。花期 4—5 月，果期 6—11 月。

2. 生长习性

属偏阴树种，喜生长在湿润肥沃的环境，幼树耐阴，大树喜光，较耐旱。适生于土层较深厚、肥沃、湿润的酸性红壤。凡土壤呈微酸性，pH 4.5~6.5，土层深 60 厘米以上，且排水良好，坡度在 25°以下的坡地均可种植。

3. 分布与生境

主要分布于西南地区（四川、重庆、贵州、湖南、湖北）及华南地区（江西、云南、广东、福建、海南）等地。常生长于海拔 400~800 米的山谷、溪边杂木林或灌丛中。

（二）种植技术

1. 繁殖方法

通常采用播种、扦插、嫁接方式进行繁殖。

2. 选地和整地

平地或低丘陵山地、山脚、沟旁、地角均可种植。种植时要将地内的石块、树根、杂草等清除并挖好排水沟。按行距 1.2 米开沟，沟深 70 厘米，长度视地块而定，沟内施足量的腐熟土杂肥，同时每亩施入辛硫磷 2 千克进行土壤消毒，回填土，并高出地面 10 厘米左右。宜选择土层深厚肥沃（土层深达 80 厘米以上），有机质含量丰富，排水良好的砂质壤土种植，且水源充足又便于运输、管理的地块。

3. 种植方法

播种育苗：选取大粒饱满的种子，播前用 60℃温水浸泡 24 小时后，再与小砂粒混合，用手摩擦，使种皮变薄，而后按株行距 20 厘米×15 厘米点播，覆土，浇水，保持土壤湿润。

扦插育苗：每年 2—3 月和 6—8 月为最佳时期。扦插前选取插穗，插穗从幼龄树选取为好，选择无病虫害 1~2 年生健壮枝条。插穗长度以 4 厘米左右为宜，每段至少 2~3 个腋芽；剪截时，插穗上端需留 1/2 叶或全部叶片，可据插穗大小而定，以有利于光合作用为原则。下端切口靠近腋芽基部或节间，形成垂直横切面，这样切面小，愈合快；将截好的插穗每 100 根捆成捆，注意上下不能调头，放入生根粉溶液（用速效生根粉 5 克兑水 2 千克）中浸泡 12 小时左右。注意只浸泡扦穗下端 1.5~2 厘米处；选择阴天扦插，密度为 7 厘米×7 厘米，深度为总插穗长度的 2/3。短小的插穗宜深不宜浅。

4. 田间管理

（1）水肥管理

茶园地表铺草减少土壤水分蒸发，保持土壤疏松，合理施肥，茶苗萌芽期，应薄施氮、磷、钾肥（用清水按 1∶2∶2 稀释），隔 50~60 天施肥一次，同时查苗、补苗。土壤贫瘠的地块宜多施有机肥，或有机肥与无机肥配合施用以增加土壤肥力。基肥应以有机肥为主，追肥用沼气肥或速效化肥，宜在出芽前及采摘过后进行。

(2)病害防治

炭疽病　该病在荫棚内苗木发病尤其严重。病原菌首先在2叶以下的叶片边缘叶脉处出现黑色粒状病斑，其后逐步扩大，在叶缘位置出现浅黑色症状，受害部位叶片死亡，潮湿时显红褐色，此为病原菌的分生孢子。严重被害的叶片全叶或大部分叶缘枯死、萎缩。该病原菌喜高温潮湿，荫棚内温度高于20℃时，湿度高于80%以上时发病最烈。以夏季棚内幼苗发病最重，秋季温度下降，棚内湿度变低，该病随之受控。防治方法：炭疽灵对该病有较高的疗效，一般施用1~2次后，可以有效地控制该病流行。

根腐病　此病主要发生在苗圃，特别以低洼、排水不良、土壤黏质、耕地改制的苗圃较为严重。常使幼根腐烂，幼苗萎蔫，且成团发生。在通气、透水较好的黄沙地和生土苗圃，根腐病发生较少见。该病的发生可能与耕地中残存大量的镰刀霉病原有关。防治方法：在耕地改作苗圃时，宜进行土壤消毒或参和部分生土，同时注意苗圃内的水热条件和土壤湿度，注意排水晾苗，保持土壤的通透性能。

(3)虫害防治

黄条跳甲　该虫是农田和草地常见害虫，取食嫩叶、嫩芽，食性广而杂。对苦丁茶的为害主要在苗圃和幼苗期。被害嫩叶、叶缘形成缺刻或叶肉被啃食后形成小孔。4—5月为害最盛。防治方法：播前或定植前后可以用撒毒土、淋施药液法处理土壤，这样能很好地毒杀土中虫蛹。黄条跳甲成虫时，可以选用48%乐斯本乳油60毫升/亩、20%好年冬乳油60毫升/亩、2.5%溴氰菊酯乳油60毫升/亩、20%敌畏·氯乳油80毫升/亩、45%马拉硫磷乳油120毫升/亩兑水60千克进行叶面喷雾处理，田间发生严重可隔5~7天再施药1次。

茶黄卷叶蛾　又名茶卷叶蛾。幼虫为害嫩叶，幼虫把一张或数张叶片用网丝卷缩成卷叶，食叶成孔或形成碎片，幼虫藏于卷叶中。防治方法：冬季剪除虫枝，清除枯枝落叶和杂草，集中处理，减少虫源。谢花期可喷白僵菌300倍液或90%晶体敌百虫800~900倍液、50%敌敌畏乳油900~1 000倍液、50%杀螟松乳油800倍液、2.5%功夫乳油2 000~3 000倍液。

金龟子和蛴螬　蛴螬是金龟子的幼虫。蛴螬为害苦丁茶根系，特别是根茎处或侧根粗壮部分的根皮，被害根腐烂，严重者全株枯死。防治方法：可用3%阿维菌素乳油5 000倍液，沿树冠滴水线下灌根，让药液渗入吸收根区处，以毒杀蛴螬。利用铜绿丽金龟、暗黑鳃金龟、黑绒金龟子等较强趋光性的特性，在果园安装诱虫灯，大量诱杀成虫。利用金龟子趋味的特性诱杀，糖醋液配制及使用方法：白酒、红糖、醋、水按1∶1∶4∶16混合在一起，加入少量杀虫剂，用棍棒搅拌均匀后，分装到玻璃罐头瓶或类似敞口容器中，在金龟子成虫发作盛期，距离20~30米挂1瓶糖醋液，挂瓶高度为1.2~1.5米。

蟋蟀　又名油葫芦。常为害苦丁茶幼苗，食叶芽。防治方法：日间寻找蟋蟀洞穴，拨开洞口封土，滴入数滴煤油，然后灌入水；或用80%敌敌畏乳油1 000倍液灌入洞内，使其爬出或死于洞内。用90%敌百虫晶体10倍液，拌炒香的麦麸或米糠，施于其洞口附近，诱杀成虫或若虫。但施药后应保持数天，如遇下雨须重新施药。

5. 采收

苦丁茶树在清明前后摘取嫩叶，头轮多采，次轮少采，长梢多采，短梢少采。叶采摘后，放在竹筛上通风，晾干或晒干。

（三）功能主治

疏风清热，明目生津。主治风热头痛、齿痛、目赤、口疮、热病烦渴、泄泻、痢疾。

（四）药食考证

1. 药用考证

《纲目拾遗》在"角刺茶"条中提到：角刺茶出徽州，土人二三月采茶时兼采十大功劳叶，俗名老鼠刺，叶曰苦丁。说苦丁是十大功劳的叶。早在《本经逢原》中就有枸骨俗名十大功劳的记载，《纲目拾遗》所述十大功劳叶应是枸骨叶。但目前药材市场上除枸骨叶外，大叶冬青和苦丁茶冬青等的叶也作为苦丁茶药用。

2. 食用考证

清代吴仪洛在《本草从新》枸骨项下收载：枸骨即猫儿刺，甘微苦凉，益肝肾。用木皮浸酒服，补腰、脚令健，生津止渴，用叶代茶，甚妙、祛风活血……有刺、俗名老鼠刺，又名八角茶。

（五）食疗药膳方

1. 膳方制作方法

取 0.3~0.4 克苦丁茶芽，配 1 000 毫升的沸水，随泡随饮。清凉的苦丁茶水更是甘冽爽口，沁人心脾，有胃寒疾病者应热饮。

◁ 图 4·苦丁茶

2. 食用注意

脾胃虚寒者慎服，经期女性、肠胃不好等都不宜饮用。

（韦莹、黄诗娅）

四十八、金樱子

金樱子

- 【种名】金樱子
- 【学名】*Rosa laevigata* Michx.
- 【别名】刺榆子、刺梨子
- 【科属】蔷薇科蔷薇属
- 【药用部位】果实
- 【食用部位】叶、花、果

(一) 生物学特性

1. 形态特征

常绿攀援灌木，高达5米。小枝粗壮，散生扁弯带皮刺，无毛，幼时被腺毛，老时逐渐脱落减少。小叶革质，通常3，稀5，连叶柄长5~10厘米；小叶片椭圆状卵形、倒卵形或披针状卵形，先端急尖或圆钝，稀尾状渐尖，边缘有锐锯齿，上面亮绿色，无毛，下面黄绿色；小叶柄和叶轴有皮刺和腺毛；托叶离生或基部与叶柄合生，披针形，边缘有细齿，齿尖有腺体，早落。花单生于叶腋，花梗和萼筒密被腺毛，随果实成长变为针刺；花瓣白色，宽倒卵形，先端微凹；雄蕊多数；心皮多数，花柱离生，有毛，比雄蕊短很多。果梨形、倒卵形，稀近球形，紫褐色，外面密被刺毛，果梗长约3厘米，萼片宿存。花期4—6月，果期7—11月。

< 图2·花 <

< 图1·植株 <

< 图3·果实 <

2. 生长习性

金樱子较喜温暖干燥环境，要求光照充足。土壤疏松肥沃、排水性良好，以砂质土壤为好。

3. 分布与生境

产于陕西、安徽、江西、江苏、浙江、湖北、湖南、广东、广西、台湾、福建、四川、云南、贵州等省区（自治区）。喜生于向阳的山野、田边、溪畔灌木丛中，海拔200~1 600米处。

（二）种植技术

1. 繁殖方法

可采用扦插育苗和种子育苗。

扦插育苗：冬季全封闭保湿扦插成苗率高。于10—11月选取当年生发育充实、径粗在0.4~0.6厘米、完全木质化、无病虫害的硬枝。剪取顶梢部分，截成长20厘米的插条，每段有3个以上芽节，下切口成斜面，在近节下0.2厘米处。每50根1捆，用生根粉溶液，浸蘸下切口斜面30秒，取出晾干后扦插。在整好的砂质土苗床上，按株行距12厘米×7厘米划线打点。扦插时，先用1根小木棒在点上打引孔，再将插条的2/3长度插于孔内，要求有1个芽节露出畦面。插后随即踩紧土壤，浇一次透水，冬季扦插床面加盖弓形塑料棚增温保湿。4月中下旬可将塑料棚拆除，进行中耕除草和肥水管理。培育1~2年，当苗高80厘米以上时，即可出圃定植。

种子育苗：10—11月当果皮黄红色时采收，剥出种子，晾干后随即下种。在整好的苗床上，按行距20厘米开横沟，深1.5厘米。然后将种子拌草木灰均匀地撒入沟中，覆土与畦面齐平。播后床面盖草，保温保湿。每亩用种3千克左右。4月中下旬出苗后，揭去盖草，中耕、除草、追肥。一般每年除草松土3~4次，结合追肥2次。幼苗培育2年，苗高80厘米，即可出圃定植。

2. 选地和整地

种植金樱子以排水良好、土层深厚、肥沃、富含腐殖质的壤土为好。凡土质黏重、易积水、多潮湿的地方，以及盐碱土不宜种植。一般于春季2—3月或初冬10—11月定植。

3. 种植方法

在整好的地上，按行距1~1.5米、株距60~70厘米挖定植穴。穴径和穴深均为50厘米。每穴施入厩肥或土杂肥5千克，与底土拌匀，上覆盖10厘米厚的细土。每穴栽入壮苗1株。

4. 田间管理

（1）中耕追肥

定植后1~3年，于每年的春、夏、秋季各中耕除草施肥1次；第4年至郁闭前，每年于春秋两季各进行1次；郁闭后，停止中耕，但每年还要施肥1~2次。春夏季施肥可以使用腐熟的人畜粪和尿素，秋季施肥使用腐熟的加入过磷酸钙的堆肥或厩肥。施肥方法可以采用株行间开沟施入，施入后立即覆土盖肥。秋季在植株根际环状开沟施入，施肥后培土，以保温防寒防倒伏。

（2）修剪

定植后每年冬季剪除枯枝、纤弱枝、密生枝、衰老枝、徒长枝和病虫枝。对生长强健的长枝，要进行短截修剪；或轻剪去枝条的1/3，促进多发新枝，多开花结果。

（3）灌溉

若遇干旱，要及时灌溉保苗；雨季要及时疏沟排水，防止积水。

（4）病害防治

白粉病 叶片、叶柄、嫩梢及花蕾均可发病。成叶上生不规则白粉状霉斑，病叶从叶尖或叶缘开始逐渐变褐，致全叶干枯脱落；叶柄、新梢染病后节间缩短，茎变细，有些病梢出现干枯，病部也覆满白粉。花蕾染病，花苞、花梗上覆满白粉，花萼、花瓣、花梗畸形，重者萎缩枯死，失去观赏价值。防治方法：选用抗白粉病的品种。冬季修剪时，注意剪去病枝、病芽。发病期少施氮肥，增施磷、钾肥，提高抗病力。注意通风透光，雨后及时排水，防止湿气滞留，可减少发病。发病初期，喷施20%三唑酮乳油1 000倍液或20%三唑酮硫黄悬浮剂1 000倍液、50%多菌灵可湿性粉剂800倍液。如对上述药剂产生抗药性，可改喷12.5%腈菌唑乳油或30%特富灵可湿性粉剂3 000倍液。早春萌芽前喷2~3波美度石硫合剂或45%晶体石硫合剂40~50倍液，杀死越冬病菌。

黑斑病 侵害叶片、叶柄和嫩梢，叶片初发病时，正面出现紫褐色至褐色小点，扩大后多为圆形或不定形的黑褐色病斑。防治方法：可喷施多菌灵、甲基托布津、达可宁等。

炭疽病 病斑产生在叶缘，半圆形，病斑边缘深褐色，中间褐色至浅褐色，后期病斑上生黑色小粒点。防治方法：秋末冬初及时清园，收集病落叶集中烧毁。加强养护，适当修剪，疏除过密枝条，使通风透光良好。必要时喷施20%龙克菌（噻菌铜）悬浮剂500倍液或78%科博可湿性粉剂600倍液、75%达科宁（百菌清）可湿性粉剂600倍液、50%施保功或施百克（咪鲜胺）可湿性粉剂1 000倍液、25%炭特灵可湿性粉剂500倍液。

（5）虫害防治

金龟子 主要为害根、叶、花蕾等部位，严重影响花产量和质量。防治方法：灯光诱杀、杨柳诱杀、振荡捕杀等。为害严重时，可喷施2.5%溴氰菊酯2 000~3 000倍液或50%辛硫磷1 000~1 500倍液。效果都较好，但绝不能在花期喷施。

5. 采收

10—11月，果实红熟时采摘，晾晒后放入桶内搅拌，除去毛刺，晒干。

（三）功能主治

固精缩尿，固崩止带，涩肠止泻。用于遗精滑精，遗尿尿频，崩漏带下，久泻久痢。

（四）药食考证

1. 药用考证

《本草经疏》：《十剂》云，涩可去脱。脾虚滑泄不禁，非涩剂无以固之。膀胱虚寒则小便不禁，肾与膀胱为表里，肾虚则精滑，时从小便出，此药（金樱子）气温，味酸涩，入三经而收敛虚脱之气，故能主诸证也。

2. 食用考证

云《日用本草》谓之营实,其注称曰"白花者善,即此也。今校诸郡所述,与营实殊别也。洪州、昌州皆能煮其子作煎,寄至都下,服食家用和鸡头实作水陆丹,益气补真甚佳"。金樱子除药用外,古代还有作为食用的记载。早在乾隆己丑、庚寅年欠收时,用其充饥以活命,田间农民在缺午茶时,以此果解渴。古方金樱酒具有滋补良效,味美,沿用至今。民间以此果片泡水,加适量糖作为饮料,酸甜适口,有消食补益之功能,近代亦有配以野菊花为主要原料生产的樱菊精,远销香港。

(五)食疗药膳方

1. 膳方制作方法

金樱子茶

取金樱子300克,去净籽、毛,捣碎,每次取20~30克(纱布包),放入保温杯中,以沸水适量冲泡,盖闷15分钟,代茶频饮。每日1剂。

金樱子粥

金樱子30克、粳米50克、食盐少许。金樱子洗净,放入锅内,加清水适量,用武火烧沸后,转用文火煮10分钟,滤去渣,

图4·金樱子茶

图5·金樱子粥

药汁与粳米同煮为粥,再加入食盐少许拌匀调味即成。

2. 食用注意

泄泻由于火热暴注者不宜用;小便不禁及精气滑脱因于阴虚火炽者不宜用。

(韦莹)

四十九、栀子

【种名】栀子

【学名】*Gardenia jasminoides* Ellis

【别名】黄栀子、黄果树、山栀子

【科属】茜草科栀子属

【药用部位】果实

【食用部位】根、叶、花

(一) 生物学特性

1. 形态特征

灌木,高 0.33 米;嫩枝常被短毛,枝圆柱形,灰色。叶对生,革质,稀为纸质,少为 3 枚轮生,叶形多样,通常为长圆状披针形、倒卵状长圆形、倒卵形或椭圆形;叶柄长 0.2~1 厘米;托叶膜质。花芳香,通常单朵生于枝顶,花梗长 3~5 毫米;花冠白色或乳黄色,高脚碟状,喉部有疏柔毛,冠管狭圆筒形;花丝极短,花药线形;花柱粗厚,长约 4.5 厘米,柱头纺锤形,伸出,子房直径约 3 毫米,黄色,平滑。果卵形、近球形、椭圆形或长圆形,黄色或橙红色,有翅状纵棱 5~9 条;种子多数,扁,近圆形而稍有棱角,长约 3.5 毫米,宽约 3 毫米。花期 3—7 月,果期 5 月至翌年 2 月。

图 1·花

图2·果实

2. 生长习性

喜温暖湿润的气候，较耐旱，忌积水。幼苗期需要遮阴，荫蔽度以30%生长良好，但进入结果期，则喜充足的光照。以土层深厚、疏松肥沃、排水透气良好的冲积土、砂质土等酸性土壤为好，盐碱地不宜栽培。

3. 分布与生境

我国产于山东、江苏、安徽、浙江、江西、福建、台湾、湖北、湖南、广东、香港、广西、海南、四川、贵州和云南，河北、陕西和甘肃有栽培；生于海拔10~1 500米处的旷野、丘陵、山谷、山坡、溪边的灌丛或林中。国外分布于日本、朝鲜、越南、老挝、柬埔寨、印度、尼泊尔、巴基斯坦、太平洋岛屿和美洲北部，野生或栽培。

（二）种植技术

1. 繁殖方法

可选择种子繁殖、扦插繁殖和分株繁殖方法，但生产上以种子繁殖为主。立冬后采集成熟果实、摊开晾下。于3月播种前，剥开果皮，取出种子，置水中浸泡，并轻搓种子，除去杂质及瘪粒，用45℃温水浸种24小时，播种或用湿砂相拌待播。苗床先施基肥，细碎平整后，按行距20~25厘米，开2厘米浅沟，播种，再盖火灰或细土，厚约2厘米，稍行压实并盖草保湿。每公顷用种量30~45千克。出苗后分次间苗。保持株距5~8厘米，注意遮阴、除草、追肥。育苗1~2年，苗高35厘米以上，便可定植。

2. 选地和整地

育苗地，先深耕33厘米左右，除去石砾及草根，再行造畦，畦高17厘米，宽1.3米。打碎土块，耙平，每亩施基肥2 000千克。然后按行距27厘米，挖宽7厘米、深3厘米的横沟，以待播种。

3. 田间管理

（1）水肥管理

夏季，每天早晚喷一次水，以增加空气湿度，促进叶面光泽。8月份开花后只浇清水，控制浇水量。冬季严控浇水，不干不浇，长期含水量过多，易造成烂根死亡。

（2）施肥

定植后，幼苗期须经常除草、浇水，肥以人粪尿为佳。每年春、冬季中耕以后，各追施硫酸铵或尿素，过磷酸钙1次，并适当壅土。

（3）修剪

修剪整枝多采用单干三分枝自然形的整形方法。冬季或早春进行，宜轻剪。剪去病虫枝、枯枝、交叉枝、徒长枝，以及树冠内部过密或过细弱的枝条。

（4）病害防治

褐斑病 叶片发病多数始于叶尖和叶缘。栀子受害后，叶片失绿，而后变黄、变褐，导致落叶和早期落果，造成减产。防治方法：可选用无病苗木，发病前喷洒50%托布津1 000倍液和1:1:100波尔多液，每隔15天喷1次，连续2~3次。

黄化病 黄化病为害叶片。发病较轻时，枝梢心叶退绿，叶脉仍为绿色；发病较重时，叶肉呈黄白色，叶脉仍为绿色；严重发病时，叶肉呈黄白色，叶片边缘焦枯，叶脉退绿或呈黄色，最后叶片干枯，树势生长衰弱，开花结果减少。防治方法：增施有机肥，改良土壤性状，提高根系吸收铁元素能力；增施硫酸亚铁、硼砂等。

（5）虫害防治

大透翅天蛾 幼虫为害叶片及嫩梢，4~5龄幼虫为暴食期。栀子受害后，造成光杆而枯死。防治方法：冬季清理园地，杀死越冬蛹；保护天敌及在幼虫期喷洒90%晶体敌百虫1 000倍液毒杀。

龟蜡蚧 一年发生1代，以雌成虫在栀子树上越冬。5月上旬开始产卵，6月为孵化盛期。初孵化的若虫在新梢叶片上为害，吸取叶液，造成叶片枯黄，植株枯死，并能诱发煤烟病。防治方法：冬季翻地后用15倍机油乳剂液或10倍松脂合剂进行喷雾；7月上旬，用15倍松脂合剂液喷洒。

三纹螟 一年发生4代。幼虫取食嫩叶叶肉，并能将新叶缀合成苞。从5月中旬开始为害，7—9月为害最重。受害后，严重影响夏、秋梢的抽生和花芽的形成，使翌年产量下降。防治方法：5月下旬用90%敌百虫原粉1 000倍液或50%敌敌畏乳油1:1:1 000倍液毒杀。

4. 采收

于10月中、下旬，当果皮由绿色转为黄绿色时采收，除去果柄杂物，置蒸笼内微蒸或放入明矾水中微煮，取出晒干或烘干。亦可直接将果实晒干或烘干。

（三）功能主治

泻火除烦，清热利湿，凉血解毒；外用消肿止痛。用于热病心烦，湿热黄疸，淋证涩痛，血热吐衄，目赤肿痛，火毒疮疡；外治扭挫伤痛。

（四）药食考证

1. 药用考证

栀子的药用部位在《本草图经》中有详细描述：入药者山栀子，方书所谓越桃也，皮薄而圆，小核，房七棱至九棱者佳。其大而长者，乃作染色。清代《植物名实图考长编》载：御览引《吴普本草》云：支子叶两头尖，如樗蒲，剥其子如茧而黄赤。历代本草对其部位的描述显然为果实，其形如酒器，有棱。

2. 食用考证

《食疗本草》（考异本）中言：栀子主喑哑，紫癜风，黄疸，积热心躁。又方，治下鲜血，栀子仁烧成灰，水和一钱匕服之，量其大小多少服之。

(五)食疗药膳方

1. 膳方制作方法

栀子粥

栀子3克,粳米50克,蜂蜜适量。栀子洗净,研成粉末。粳米熬粥至将熟时,下入栀子粉末,待粳米熬至软烂后盛出,晾温,调入蜂蜜即可。此粥可清热祛火。

栀子茶

栀子10克,蒲公英5克,陈皮6克。以上方药共研粗末。每次用10克,置于保温瓶中,冲入沸水大半瓶,盖闷15分钟,代茶饮用。

2. 食用注意

栀子性寒味苦,服用后对于心经、三焦经以及肺经有不错的保健效果。但是这种性寒的中药材并不适合长期大量使用,否则会导致腹泻甚至痢疾。

栀子性寒,不建议孕妇及婴幼儿食用。

< **图 3 · 栀子粥** <

< **图 4 · 栀子茶** <

(韦莹)

五十、天麻

- 【种名】天麻
- 【学名】*Gastrodia elata* Bl.
- 【别名】赤箭、神草、定风草
- 【科属】兰科天麻属
- 【药用部位】块茎
- 【食用部位】块茎

（一）生物学特性

1. 形态特征

植株高30~100厘米，有时可达2米；根状茎肥厚，块茎状，椭圆形至近哑铃形，肉质，具较密的节，节上被许多三角状宽卵形的鞘。茎直立，橙黄色、黄色、灰棕色或蓝绿色，无绿叶，下部被数枚膜质鞘。总状花序通常具30~50朵花；花苞片长圆状披针形，长1~1.5厘米，膜质；花梗和子房长7~12毫米，略短于花苞片；萼片和花瓣合生成的花被筒长约1厘米，直径5~7毫米，近斜卵状圆筒形，顶端具5枚裂片；唇瓣长圆状卵圆形，长6~7毫米，宽3~4毫米，3裂；蕊柱长5~7毫米，有短的蕊柱足。蒴果倒卵状椭圆形，长1.4~1.8厘米，宽8~9毫米。花果期5—7月。

2. 生长习性

喜凉爽、湿润环境，怕冻、怕旱、怕高温、怕积水。天麻无根，无绿色叶片，由种子到种子的2年，整个生活周期中除有性期

图1·块茎

约70天在地表外，常年以块茎潜居于土中。营养方式特殊，专从侵入体内的蜜环菌菌丝取得营养。宜选腐殖质丰富、疏松肥沃、土壤pH 5.5~6.0、排水良好的砂质壤土栽培。

3. 分布与生境

产于吉林、辽宁、内蒙古、河北、山西、陕西、甘肃、江苏、安徽、浙江、江西、台湾、河南、湖北、湖南、四川、贵州、云南和西藏。生于疏林下、林中空地、林缘、灌丛边缘，海拔400~3 200米。在国外尼泊尔、不丹、印度、日本、朝鲜半岛至西伯利亚也有分布。

（二）种植技术

1. 繁殖方法

以无性繁殖和有性繁殖交替进行。

2. 选地和整地

平地可就地按宽80厘米、深10厘米、长不限作畦；荒野坡地视坡势地形建成梯式横畦，畦与畦间距1米左右，畦边树木、杂草尽量保留，便于遮阴、防畦坎或畦埂溃崩。果园林地依地形建畦，四周开挖排水沟。土壤须具备两个条件：一是疏松透气，二是利于保湿。首选黑色腐殖土，也可选用粒径1毫米以上的中粗砂。将土壤进行深翻35厘米左右，挖1米宽、20厘米深的坑。

3. 种植方法

首先要培养好蜜环菌菌材或菌床。一般阔叶树都可用来作培养蜜环菌的材料，但以槲、栎、板栗、栓皮栎等树种最好。天麻用块茎进行繁殖，主要用无明显顶芽、个体较小的白麻和米麻作种麻。11月至翌年3月为栽种适期，但以11月冬种为好。采用菌材伴栽法或菌床栽培法。可选用室内培育、室外培育、防空洞培育。有性繁殖：天麻种子极小，由胚及种皮组成，无胚乳及其他营养贮备，发芽非常困难。种子萌发阶段必须与紫萁小菇一类共生萌发菌建立共生营养关系，种子才能萌发。可采用树叶菌床法或伴菌播种法播种。

4. 田间管理

（1）水分管理

冬季至下一年清明前的土壤湿度应控制在10%~20%，4—6月把土壤湿度提高至60%左右，6—8月天麻会进入旺季生长期，营养积累也会到达高峰，此时适合进行保水降温、保墒排渍，做好综合管理。9月天麻营养积累进入后期，能够到达生理成熟阶段，此时要将畦床土壤湿度控制在40%以下。10月下旬的时候土壤温度降至10℃，天麻就会进入休眠期，可以揭土采挖。

（2）防旱和防冻

天麻生产的适宜温度为13~25℃（土表以下10厘米）。冬季要防冻，海拔1 000米以下的地区，栽种后覆盖10~20厘米厚的枝叶、杂草即可；高于1 000米以上的地区可将覆盖物加厚至30厘米。夏秋要防高温和干旱，除了利用遮阴物防高温外，还可利用补水来降低土壤温度。补水以日落、土温下降后进行。

（3）病害防治

真菌病害 为害天麻及菌材的真菌主要有三类：一是以半知菌亚门中的黄霉菌、绿霉菌等为主的霉菌；二是腐生菌；三是以担子菌亚门中的小蜜环菌为主的杂菌。防治方法：选择排水通气良好的地势进行栽培，种植天麻时要选用纯正优良蜜环菌种，加大接种量，造成蜜环菌生长优势，抑制杂菌生长。加强温、湿、气的管理，要大力推广天麻有性繁殖技术，提高天麻的抗逆能力。

乱根病 发生乱根病两个原因：一是杂菌侵染天麻乱根；二是生长期雨水过多使天麻乱根。防治方法：选择排水良好的地块栽种天麻。菌材无杂菌感染，菌材间隙要填好。

（4）虫害防治

蝼蛄 以成虫和若虫在天麻穴层下开掘隧道，嚼食天麻块茎，使天麻与蜜环菌断裂，破坏了天麻与蜜环菌之间的养分供应关系。防治方法：毒饵诱杀。将5千克谷秕子煮成半熟，或将5千克麦麸等混合炒香后拌药制成毒饵，选择无风闷热的晚上，将毒饵撒在蝼蛄活动的"隧道"中，进行毒杀。灯光诱杀，利用蝼蛄趋光性强的特性，设置黑光灯诱杀成虫。

蛴螬 该虫以幼虫在天麻穴内嚼食天麻块茎，将天麻咬成空洞，并能在菌材上蛀洞越冬，破坏菌材。防治方法：在成虫发生期，用90%敌百虫或50%辛硫磷800倍液喷洒。

蚜虫 以成虫及若虫群集于天麻地上花茎、嫩花穗上刺吸汁液，使被害株生长停滞，植株矮小，变畸形，从而影响开花结果，严重时枯死。防治方法：天麻在开花期有蚜虫为害时，可用20%速灭杀丁8 000~10 000倍液喷施1~2次进行防治。

白蚁 除为害菌材外，还会蛀食天麻的原球茎及块茎。防治方法：栽培前用灭蚁灵或白蚁清制成诱杀毒饵，既可防白蚁又能毒杀白蚁。

介壳虫 主要是粉蚧为害天麻块茎。一般由菌材、新材等树木带入穴内，为害后天麻长势减弱，品质降低。防治方法：如发生为害，应将此穴天麻及时翻挖，严禁留种，并将此穴菌材焚烧，以防蔓延。

5.采收

冬、春两季采挖，冬采者名"冬麻"，质量优良；春采者名"春麻"，质量不如冬麻好。挖出后，除去地上茎及须根，洗净泥土，用清水泡，及时擦去粗皮，随即放入清水或白矾水浸泡，再水煮或蒸透，至中心无白点时为度，取出晾干、晒干或烘干。

（三）功能主治

息风止痉，平抑肝阳，祛风通络。用于小儿惊风，癫痫抽搐，破伤风，头痛眩晕，手足不遂，肢体麻木，风湿痹痛。

（四）药食考证

1.药用考证

天麻的药用部位，历代本草均记载为块茎。如《名医别录》始有"三月、四月、八月采根曝干"。《本草衍义》：天麻，用根，须别药相佐使，然后见其功，仍须加而用之，人或蜜渍为果，或蒸煮食，用天麻者，深思之则得矣。此外，天麻苗（茎）作为药用部位最早的记载是宋代《本草图经》：而今方家乃三月、四月采苗，七月、八月、九月采根，与《本经》参差不齐。上述几种本草著作认为天麻茎（苗）是因为药用功效与天麻块茎不相同，因而作为一种药用部位。后来明代李时珍《本草纲目》始明确指出两者实为一物，故载录"今并为一"。

2. 食用考证

《本草崇原》认为天麻甘平属土，土能胜湿，而居五运之中，故治蛊毒恶气。天麻形如芋魁，有游子十二枚，周环之，以仿十二辰。十二子在外，应六气之司天，天麻如皇极之居中，得气运之全，故功同五芝，力倍五参，为仙家服食之上品。

（五）食疗药膳方

1. 膳方制作方法

天麻炖猪脑

天麻15克，猪脑髓一副，枸杞几颗，葱段、姜片、料酒、花椒水、白糖、味精、香油、盐适量。天麻洗净，放入碗内，加入

图2·天麻炖猪脑

料酒、白糖上笼蒸约40分钟，取出切片；猪脑放入砂锅内，加入花椒水、葱段、姜片、盐和沸水，大火炖熟；拣去葱段、姜片，加入天麻片、味精，煮沸后淋入香油即可。

2. 食用注意

气血虚甚者慎服。

（韦莹、姜建萍）

五十一、山楂

- 【种名】山楂
- 【学名】*Crataegus pinnatifida* Bunge
- 【别名】山里果子、朹子、羊梂
- 【科属】蔷薇科山楂属
- 【药用部位】果实
- 【食用部位】果实

（一）生物学特性

1. 形态特征

落叶乔木，高达6米。枝刺长1~2厘米，或无刺。单叶互生；叶柄长2~6厘米；叶片阔卵形或三角卵形、稀菱状卵形，长6~12厘米，宽5~8厘米，有2~4对羽状裂片，先端渐尖，基部宽楔形，上面有光泽，下面沿叶脉被短柔毛，边缘有不规则重锯齿。伞房花序，直径4~6厘米；萼筒钟状，5齿裂；花冠白色，直径约1.5厘米，花瓣5，倒卵形或近圆形；雄蕊约20，花药粉红色；雌蕊1，子房下位，5室，花柱5。梨果近球形，直径可达2.5厘米，深红色，有黄白色小斑点，萼片脱落很迟，先端留下一圆形深洼；小核3~5，向外的一面稍具棱，向内面侧面平滑。花期5—6月，果期8—10月。

2. 生长习性

耐寒抗风，平地山坡都能栽培。对土壤条件要求以沙性为最好，黏重土则生长较差。

图1·花

图 2 · 果实

3. 分布与生境

产于黑龙江、吉林、辽宁、内蒙古、河北、河南、山东、山西、陕西、江苏等地。生于山坡林边或灌木丛中，海拔 100~1 500 米。

（二）种植技术

1. 繁殖方法

可用种子、分株、嫁接繁殖。

种子繁殖：成熟的种子须经沙藏处理，挖 50~100 厘米深沟，将种子以 3~5 倍湿沙混匀放入沟内至离沟沿 10 厘米为止，再覆沙至地面，结冻前再盖土至地面 30~50 厘米，次年 6—7 月将种子翻倒，秋季取出播种，也可第 3 年春播。条播行距 20 厘米，开沟 4 厘米深，宽 3~5 厘米，每米播种 200~300 粒，播后覆薄土，上再覆 1 厘米厚沙，以防止土壤板结及水分蒸发，每公顷播种量 375~450 千克。

分株繁殖：挖出根蘖，栽于苗圃进行嫁接。根插法：春季将粗 0.5~1 厘米的根切成 12~14 厘米根段，扎成捆，用 0.03%~0.5% 浓度的赤霉素浸后以湿沙培放 6~7 天，斜插于苗圃，灌水使根和土壤密接，15 天左右可以萌芽，当年苗高达 50~60 厘米时，可在 8 月初进行芽接。

嫁接繁殖：春、夏、秋季均可进行，用种子繁殖的实生苗或分株苗均可作砧木，采用芽接或枝接，芽接为主。

2. 选地和整地

平地、坡地均可栽植，一般应选择在阳坡、半阳坡的丘陵地或排水良好的沟坪地。以土层深厚、保水透气性良好的壤土和砂壤土为宜，有充足的光照条件、良好的透风效果。株行距以 3 米 × 4 米或 2 米 × 4 米为宜。深耕或深松 30~35 厘米，整平耙细，除草。

3. 田间管理

（1）水肥管理

分别在花前、花后、果实膨大期、花芽分化期、封冻前视降水情况各浇水 1 次，也可以配合追肥浇水或冲施水溶肥。全年追肥 3~4 次，分别在开花前、果实膨大期、花芽分化期施，幼树每次每株施 0.5 千克。基肥可在采收后至落叶前施，幼树株施土杂肥 25 千克或人粪尿 20~30 千克，配合三元复合肥 0.5 千克。

（2）整形修剪

树形多采用小冠开心形，定干高度 70~80 厘米，三主枝邻近，第 2 层主枝层间距 120~150 厘米，全树培养 5~6 个主枝，在主枝上着生大、中、小型结果枝组。两层后落头开心，树高控制在 250~280 厘米。

（3）病害防治

花腐病 主要为害叶片、新梢及幼果，

造成受害部位腐烂。叶片发病，最初发生褐色点状或短线条状病斑，后逐渐扩大，变成红褐色或棕褐色，病叶枯萎。防治方法：清除病僵果，集中烧毁或深埋，减少侵染源；将地面病僵果深翻至15厘米以下。50%展叶和全部展叶时喷药2次防叶腐。药剂有25%粉锈宁可湿性粉剂1 000倍液、70%甲基托布津可湿性粉剂800倍液。盛花期再喷一次，可防花腐及果腐。

白粉病 主要为害叶片、新梢和果实。叶片发病，病部布白粉，呈绒毯状，即分生孢子梗和分生孢子，新梢受害，除出现白粉外，生长瘦弱。节间缩短，叶片细长，卷缩扭曲，严重时干枯死亡。防治方法：清扫病枝、病叶、病果，集中烧毁。发芽前喷5度石硫合剂；花蕾期空中孢子增多，喷5度石硫合剂；落花后至幼果期视发病情况喷1~2次0.3度石硫合剂或25%粉锈宁1 000~1 500倍液。

（4）虫害防治

红蜘蛛 聚集在山楂树幼嫩的树叶、树梢部位吸食汁液，会造成树叶出现灰白色。防治方法：早春刮除树上老皮、翘皮，烧毁，消灭越冬成虫。喷洒菊酯类2 000倍液、73%克螨特乳油2 000倍液，以及杀卵作用较好的50%尼索郎乳油2 000倍液，具体喷药时机和次数需根据发生量及防治效果确定。

桃小食心虫 虫蛀果实。防治方法：在6月中旬树盘喷阿维菌素，杀死越冬代食心虫幼虫，7月初和8月上中旬，甲维盐和苏云金杆菌等交替喷雾防治，消灭食心虫的卵及初入果的幼虫。

山楂粉蝶 山楂粉蝶一年发生一代，以二至三龄幼虫在卷叶虫的虫巢中越冬，当山楂芽开绽时，幼虫转移至芽上为害，在芽上拉丝，啃食嫩叶，以后在枝上拉丝张网。防治方法：将越冬、越夏群居的幼虫巢剪下，集中烧毁。幼虫为害时，向虫网喷洒50%敌敌畏乳剂1 000倍液或505杀螺松乳剂1 000倍或50%辛硫磷剂1 000倍液进行防除。

4. 采收

9—10月果实成熟时采收，采下后趁鲜横切或纵切成两瓣，晒干，或采用切片机切成薄片，在60~65℃下烘干。

（三）功能主治

消食健胃，行气散瘀，化浊降脂。用于肉食积滞，胃脘胀满，泻痢腹痛，瘀血经闭，产后瘀阻，心腹刺痛，胸痹心痛，疝气疼痛。焦山楂消食导滞作用增强，用于肉食积滞、泻痢不爽。

（四）药食考证

1. 药用考证

《本草纲目》记载：九月霜后取山楂实带熟者，去核曝干，或蒸熟去皮核，捣作饼子，日干。酸、甘、微温。生食多令人嘈烦易饥，损齿，齿龋人尤不宜也。由此可知，古今山楂的药食两用均为其成熟的果实。

2. 食用考证

《本草从新》载：山楂酸，甘，微温。健脾行气，消食磨积，善去腥膻油腻之积，与麦芽消谷积者不同。凡煮老鸡、硬肉，投数枚则易烂，其消肉积可知。散瘀化痰。发小儿痘疹，行乳食停留，止儿枕作痛（恶露积于太阴，少腹作痛，名儿枕痛，砂糖调服）。

（五）食疗药膳方

1. 膳方制作方法

山楂粥

山楂 20 克，麦芽 15 克，粳米 80 克，砂糖 10 克。将山楂、麦芽煎出浓汁去渣，再加入粳米、砂糖煮成稀粥。

< 图 3·山楂粥 <

山楂菊花茶

山楂（拍碎）、菊花、荷叶各 10 克。将上述药放入保温瓶中，冲入适量沸水浸泡，盖闷 15 分钟。代茶饮用，1 日饮尽。

2. 食用注意

脾胃虚弱者及孕妇忌服；糖尿病患者不宜食用；儿童不宜多食。食用后要注意及时漱口、刷牙。

< 图 4·山楂菊花茶 <

（韦莹、姜建萍）

五十二、茯苓

【种名】茯苓

【学名】*Poria cocos* (Schw.) Wolf

【别名】松腴、松薯

【科属】多孔菌科卧孔菌属

【药用部位】菌核

【食用部位】菌核

（一）生物学特性

1. 形态特征

为大型真菌。菌丝体白色绒毛状。菌核由多数菌丝体聚集扭结而成，呈球形、椭圆形、长圆形或不规则形，长10~30厘米，重量不等；鲜时软，干后硬；有深褐色多皱皮壳，内部粉粒状，白色或淡粉红色。子实体伞形，直径0.5~2毫米，无柄，生于菌核表面。

2. 生长习性

茯苓是一种中温型、好气性真菌，菌丝体生长最适温度25~30℃，高于35℃时，菌丝体易衰老，20℃以下，菌丝体生长缓慢。以疏松中性或弱酸性砂质壤土为好，要求土壤含水量20%~30%，忌碱性土壤，忌连作。

3. 分布与生境

分布于安徽、浙江、台湾、广西、河南、湖北、四川、贵州、云南等地。生于松根上。

（二）种植技术

1. 备种

可用菌丝引、肉引和木引繁殖，生产上以菌丝引为主。

选个大、结实、新鲜菌核作种。在无菌箱内，用灭菌刀具将菌核切开，挑取黄豆大小苓肉，接种到PDA培养基斜面上，

图1·生长环境

图2·菌核

22~25℃培养。7天左右，菌丝长满培养基表面，得母种。母种再用PDA培养基斜面扩大培养为原种。栽培种培养基组成：松木屑、麦皮、石膏粉、蔗糖混合比例为76∶22∶1∶1，含水量在65%左右，装入广口瓶或塑料袋，常规灭菌后接种，先在25~28℃条件下培养半个月，将瓶（袋）翻转再置22~24℃培养半个月，菌丝长满瓶（袋）后得栽培种。

2. 备场

苓场宜选择15~30°的山坡地，要求背风向阳，土质偏砂，中性或微酸性，排水良好。挖窖，窖底顺着山坡挖，保持原坡度。捡净石块、草根等杂物。窖深50~60厘米，长和宽根据段木大小及长短而定，一般长90厘米，窖与窖间距上下为33厘米、左右为17厘米。苓场四周挖好排水沟。

3. 备料

宜于头年冬季备料，选胸径10~20厘米，树龄20年左右的松树。将树砍倒，由梢向蔸纵向削去宽约3厘米的树皮，深入木质部0.5厘米，然后每隔3厘米再纵向削去一条树皮，使树干呈不规则的八面体形，促使树干干燥。树料稍干后，锯成70厘米左右段木，堆码架空，日晒干燥。

为节省木材，也可用松蔸栽种。选取较大的新松蔸，铲开周围一米深的泥土，去除细根，留下5~6条较粗的支根。将每条支根刮去部分根皮，晒干。

4. 接种方法

气温稳定在20℃以上时，选晴天将段木放入窖中，每窖2~3根，粗细搭配，分层放置。先将窖中细段木的上端（即顺坡向的上端）削尖，以能插入栽培种瓶（袋）为限。接种时将栽培种倒套在细段木尖端。细段木周围紧靠粗段木，便于菌丝由细段木向粗段木蔓延。接种后及时覆土3厘米。也可把栽培种从瓶（袋）中取出，集中接在段木上端锯口处，菌种要紧贴段木，菌种处加盖木片护种，然后覆土。

松蔸种植的，可直接在离地表10~15厘米的树桩上砍"∠"形口，在缺口内放菌种，盖好木片后覆土。

5. 田间管理

（1）及时补种

接种后经常检查，若菌丝未上引或污染了杂菌，可将菌种取出，更换补种上新的菌种。

（2）清沟排渍

清除苓场内及四周排水沟，保持沟道通畅。

（3）覆土掩裂

随着茯苓生长发育，菌核体积不断增大，常从栽培窖内向上露出土面，俗称"冒风"，菌核暴露部分易被日晒炸裂，或雨淋腐烂，要及时覆土掩裂。

（4）病害防治

软腐病 主要为害菌核，受害部位皮色变黑，苓肉疏松软腐呈棕褐色，严重者渗溢黄棕色黏液，不能药用。防治方法：苓场于头年冬季处理，接种前15天再次进行翻晒、整理，清除场内杂草、树根等杂物，减少污染源。使用健壮菌种。经常清沟排渍。接种后若发现培养料污染霉菌，可轻

轻扒开窖面土层，进行短期翻晾，并铲除污染部分，用70%酒精灭菌。严重时可更换新料。

（5）虫害防治

白蚁 蛀食松木段，使菌丝失去营养来源，造成减产甚至绝收。防治方法：选苓场要避开蚁源；挖地时注意清除腐烂树根；接种用段木要新鲜；下窖接种后周围挖一道深50厘米、宽40厘米的封闭环形防虫、排水沟；在苓场四周设诱杀坑，埋入松木或蔗渣，诱白蚁聚集入坑，每月查一次，取蚁杀灭，再换新诱集物继续诱杀。

6. 采收

茯苓外皮呈黄褐色时即可采收。挖出后除去泥土，堆置"发汗"后，摊开晾至表面干燥，再"发汗"，反复数次至现皱纹，内部水分大部分散失后，阴干，称为"茯苓个"；或将鲜茯苓削去外皮（茯苓皮），里边切成厚薄均匀的块或片，阴干，分别称为"茯苓块"或"茯苓片"。

（三）功能主治

茯苓具利水渗湿，健脾，宁心功效。用于水肿尿少，痰饮眩悸，脾虚食少，便溏泄泻，心神不安，惊悸失眠等症。茯苓皮具有利水消肿功效。用于水肿，小便不利等症。

（四）药食考证

1. 药用考证

始见于《神农本草经》，列为上品，载：主胸胁逆气，忧恚惊邪恐悸，心下结痛，寒热烦满，咳逆，口焦舌干，利小便。久服安魂养神，不饥延年。《伤寒论》：太阳病……若脉浮，小便不利，微热消渴者，五苓散（茯苓、猪苓、泽泻、白术、桂枝）主之……已发汗，脉浮数，烦渴者，五苓散主之……中风发热，六、七日不解而烦，有表里症，渴欲饮水，水入则吐者，名曰水逆，五苓散主之。《本草纲目》：后人治心病，必用茯神，故古张氏，于风眩心虚，非茯神不能除，然茯苓亦未尝不治心病也。又云：茯苓皮主治水肿肤胀，开水道，开腠理。

2. 食用考证

《吴氏中馈录》所记，唐宋市食摊上，有一种用茯苓、糯米、白术磨粉制成的茯苓糕，是食用茯苓最早的记载。宋代苏颂在《图经本草》中介绍：将茯苓制成末，浸在酒和蜂蜜中，"冬五十日，夏二十五日"就成了"味极甘美"的茯苓酥，再做成手掌大小的饼，"饥时食一枚，酒送之，终日不食"。《经验后方》载：用茯苓削如枣大方块，安新瓮内，好酒浸之，纸封三重，百日乃开，其色当如饴糖。可日食一块，至百日肌体润泽。《药食同源目录》有收载。

（五）食疗药膳方

1. 膳方制作方法

茯苓粥

白茯苓粉15克，山药粉10克，粳米100克。先将大米洗净煮成粥，八成熟时加入白茯苓粉、山药粉拌匀，煮熟即可食用。

< 图3·茯苓粥 <

< 图4·茯苓糕 <

 茯苓糕

粳米1 500克,茯苓、莲子、山药、芡实各150克,白糖适量。将粳米、茯苓、莲子、山药、芡实研磨成粉,与白糖拌和均匀,将糕粉放入木模内,隔水蒸熟,晾凉后切为小块即可食用;或焙干保存,供随时取食。配料中也可加入芝麻、麦芽,有的还用核桃、枣泥、松子仁、瓜子等作甜馅,更加甜润爽口。

2. 食用注意

阴虚而无湿热、虚寒滑精者慎服。

(吴庆华、林伟)

五十三、山银花

山银花

【种名】华南忍冬、红腺忍冬、灰毡毛忍冬、黄褐毛忍冬

【学名】Lonicera confusa DC.、L.hypoglauca Miq.、L. macranthoides Hand.-Mazz.、L. fulvotomentosa Hsu et S. C. Cheng

【别名】山花、南银花、土忍冬、土银花、山金银花

【科属】忍冬科忍冬属

【药用部位】花、茎叶

【食用部位】花、茎叶

（一）生物学特性

1. 形态特征

山银花的各种来源植物形态相似。藤本。茎圆柱形，分枝多。叶对生，纸质或革质，全缘，卵形至卵状矩圆形或椭圆形。花常成对着生于叶腋，或于小枝顶端集合成总状花序，花冠先为白色后转黄色。

华南忍冬：主要特征为花长3.2~5厘米，花萼密被柔毛。花期4—5月。

红腺忍冬：主要特征为叶背密生橘红色腺体。花长4~5厘米，花冠管细长。花期4—5月。

灰毡毛忍冬：主要特征为枝紫棕色，叶背密被短毛和黄色腺点。花冠极细，长4厘米以上。花期6月中旬至7月上旬。

黄褐毛忍冬：主要特征为幼枝、叶柄、叶背、总花梗均密生黄褐色毡毛状糙毛。花长3~3.5厘米。花期6—7月。

2. 生长习性

山银花适应性较强，对气候、土壤条件要求不严。无论在温带较凉爽地区或亚热带较高温地区的各种土壤中都能正常生长，但以气候温暖，雨水充沛，空气湿度较大，土层深厚、疏松肥沃的砂质壤土为佳。

图1·华南忍冬

图2·红腺忍冬

图3·灰毡毛忍冬

图4·黄褐毛忍冬

3. 分布与生境

分布于华东、华中、华南和西南地区，广西几乎每个县都有野生分布。多生于1 200米以下的山坡、山谷、河边、沟边湿润处。

（二）种植技术

1. 繁殖方法

可采用种子繁殖或扦插繁殖。

（1）种子繁殖

采摘成熟果实搓烂，于清水中洗去果肉果皮，取出种子，稍晾干种子表面水分即可播种。由于种子发芽慢且不整齐，宜先在沙床上催芽。出苗具2~3对叶时，再从沙床上分批取出栽于苗床。宜选疏松、肥沃、排灌方便的地块，翻耕、耙碎、起畦做苗床。施足底肥，按株行距20厘米×5厘米栽植。

（2）扦插繁殖

9—12月，选择2~3年生健壮、无病的枝条，截成约25厘米长一段，每段有2~3节作插条。在苗床上（苗床准备同种子繁殖）按行距25厘米、深15厘米开沟，每隔4~5厘米，把插条斜摆入沟内，插条露出土面约1/3，覆土踏实。如此边开沟边摆插条，插完后浇水。

（3）苗期管理

晴天无雨，每天浇水一次。注意中耕除草。苗高10厘米时，用0.1%的三元复合肥（3×15%）水溶液浇施一次，以后每个月追施一次，浓度逐渐提高至0.3%。经8~10个月培育便可出圃。

2. 选地和整地

向阳的丘陵或山地均可种植，石山地区可利用大石块作为支架进行种植。

穴垦。平地、坡地按株行距1.5~2米挖穴；石山地区在大石块周围挖穴，株距3米。穴的长、深、宽各约0.4米，每穴施腐熟农家肥10千克，覆土回穴时与肥料拌匀。

3. 种植方法

春植或秋植。每穴1株，将根部自然分散于穴内，覆土踏实，浇足定根水。

4. 田间管理

（1）中耕除草

每年中耕除草3~4次。第一次在春季未长春梢前，最后一次在冬季进行。中耕松土时，宜从外面内，外深内浅，避免伤根。

（2）科学施肥

2—3月，每株浇施腐熟人畜粪水或沼液等有机水肥10~20千克，促进花蕾长出。5—7月，收花后，再施一次人畜粪水或沼液，恢复花丛长势。初冬每株施厩肥、堆肥、土杂肥等混合肥5~10千克，开环形沟施下，然后培土，以促进秋梢生长。

（3）修剪整形

石架栽培的，栽后要根据石块形状对枝条进行牵引，使分布合理。每年秋、冬季将花丛中弱、病、枯、老、密和徒长的枝条剪除。

平坡地栽培的，因无攀援物，需立杆辅助整形。栽后于幼苗旁立一高约1.3米的辅助杆（木杆或水泥杆等），绑扎小苗顺杆往上生长，生长高度平辅助杆后摘去茎尖。每年修枝整形二次，将坠地的枝条剪除，往上或横长的枝条适当剪短，使植株形成直立型花丛。

（4）病害防治

白粉病　多发生于叶片和嫩梢，先出现点状白色霉斑，后扩大成片状，严重时可造成枝叶干枯。每年4—6月是发病高峰期。防治方法：①合理修剪，改善树冠内的通透性，促使长势旺盛。②及时剪除病枝叶，并烧毁。③发病初期，喷施32%乙嘧酚可湿性粉剂1 200倍液或20%三唑酮乳油1 000~1 500倍液等。

（5）虫害防治

蚜虫　主要集中在叶片和花蕾上吮吸汁液，使叶片卷曲发黄，花蕾畸形，严重影响产量和品质。每年的3—5月是大量发生期。防治方法：可选用10%烯啶虫胺可溶液剂1 800~2 000倍液或25%吡蚜酮水乳剂1 800~2 000倍液等药剂进行喷杀。

5. 采收

宜于花蕾呈白色，开放前采收。

鲜花采后要及时干燥。①晾晒法：将鲜花摊薄在晒场上直接晒干。②蒸晒法：将鲜花分层放入木甑中，置沸水锅上蒸3~5分钟杀青，晒干。③烘干法：将鲜花分层放入烘房内，持续缓慢加温烘干，最高温≤55℃。④机干法：改进制茶设备，对鲜花快速杀青烘干。

（三）功能主治

有清热解毒、疏散风热的功效。主治痈肿疔疮、喉痹、丹毒、热毒血痢、风热感冒、温病发热等症。

（四）药食考证

1. 药用考证

山银花是从原金银花项下分列出来的药材品种，两者功效近似。《名医别录》载：味甘，温，无毒。主寒身肿。久服轻身，长年益寿。《本草经集注》载：人惟取煮汁酿酒，补虚疗风。《本草拾遗》载：主热毒血痢水痢，浓煎服之。《救荒本草》载：善治痈疽发背。

2. 食用考证

《救荒本草》：金银花，救饥，采花炸熟，油盐调食。及采嫩叶，换水煮熟，浸去邪气，淘净，油盐调食。《植物名实图考》：吴中暑月，以花入茶饮之。《药食同源目录》有收载。山银花从金银花项下分列出来后，重庆市卫生健康委员会已率先发布了《食品安全地方标准山银花及其制品》。

（五）食疗药膳方

1. 膳方制作方法

山银花茶

山银花 10 克。将山银花置杯中，用适量开水冲泡 5~10 分钟即可饮用，至茶味变淡为止。

图 5·山银花茶

2. 食用注意

气虚、阳虚体质人群忌食。

（吴庆华）

五十四、薏苡仁

【种名】薏苡

【学名】Coix lacryma-jobi L. var. ma-yuen (Roman.) Stapf

【别名】薏米、薏仁

【科属】禾本科薏苡属

【药用部位】种仁

【食用部位】种仁

（一）生物学特性

1. 形态特征

草本。株高约 1.5 米，茎直立，有 10~12 节，节间中空，基部节上生根。叶互生，长披针形，长 10~40 厘米，宽 1.5~3 厘米。总状花序，上部为雄花穗，下部为雌花穗。颖果椭圆形，种仁卵形，长约 6 毫米，直径为 4~5 毫米，背面椭圆形，腹面中央有沟，胚和胚乳白色。

2. 生长习性

薏苡种子播后，气温达到 15℃以上时，7~14 天出苗。其他生育期，以日均温不超过 26℃为宜。喜光，各生育期均需要充足阳光。较耐湿，具湿生习性。对土壤要求不严，但以肥沃壤土或黏壤土为佳。

3. 分布与生境

我国南方各省区（自治区）均有野生分布，广西薏苡资源丰富，但主要集中在桂中和桂西地区。生于河边、溪涧边或阴湿山谷中。

（二）种植技术

1. 繁殖方法

用种子繁殖。

2. 选地和整地

各类土壤均可种植。前作收获后及时翻耕，耕深 20~25 厘米，耙细整平，起畦，畦宽 1.5~2 米、高 20~30 厘米，每亩施土杂肥 2 000~3 000 千克、过磷酸钙 15 千克作基肥，均匀撒在畦面上，翻入土层内，平整畦面。

3. 种植方法

直播为主。广西多在 4 月播种。

条播：按行距 40 厘米开浅沟，沟深约 3 厘米，将种子均匀撒入沟内，覆土。每亩播种子 3 千克。

点播：按行穴距 40~50 厘米开穴，每穴

图 1 · 植株

图2·颖果

图3·种仁

播种子4~5粒,覆土。

4. 田间管理

（1）间苗、补苗

幼苗长3~4片叶时进行。条播的每隔15~20厘米留苗1株;点播的每穴留壮苗2~3株。

（2）中耕除草

一般进行3次。第1次在5月上、中旬结合间苗补苗进行;第2次在6月上旬,苗高30厘米时进行,松土宜浅,以免伤根;第3次在6月底至7月中旬,苗高50厘米时结合施肥进行,此次中耕应注意培土,以防倒伏。

（3）合理施肥

苗肥:6~8叶时,结合除草、间苗,每公顷追施硫酸铵150千克。

穗肥:10~11叶时,每公顷追施硫酸铵150~225千克、过磷酸钙225千克、硫酸钾或氯化钾150千克。

粒肥:齐穗后,每公顷追施硫酸铵150千克,或用磷酸二氢钾1.5~3千克,加750~1 500千克水调成0.2%浓度进行根外喷施。

（4）病害防治

黑穗病 主要为害穗部。防治措施:建立无病留种田,种子单收单藏。实行轮作。种子播前用25%粉锈宁或50%多菌灵按种子重量0.5%混合拌种。拔节后经常到田间查看,发现病株立即拔除,集中烧掉,病穴用5%石灰乳消毒。

叶枯病 为害叶片。防治措施:合理密植,增施有机肥,增强抗病力。发病初期,可用50%代森锰锌600倍液、50%多菌灵500倍液或75%百菌清600倍液等药剂喷施,10~15天喷1次,连喷2~3次。

（5）虫害防治

黏虫 以幼虫为害叶片。防治措施:用糖3份、醋4份、白酒1份、水2份拌匀,制成糖醋毒液诱杀成虫。人工采摘卵块,减少田间落卵量。喷90%敌百虫800~1 000倍液毒杀幼虫。

玉米螟 1、2龄幼虫钻入幼苗心叶内取食,造成枯心苗;穗期幼虫钻入茎内,形成白穗或风折。防治措施:早春玉米螟羽化前,处理完上年薏苡、玉米秸秆残体,减少越冬虫源基数。利用黑光灯诱杀成虫。在卵孵化高峰期用20%杀灭菊酯乳油2 000倍液喷雾防治2~3次,每次隔10~15天。

5. 采收

80%谷粒黄熟时收割，脱粒。薏谷晒干至含水量为12%左右。用脱壳机碾去总苞和种皮。吹去壳皮、粉尘及碎屑，筛除碎粒等杂物，得薏苡仁。

（三）功能主治

利水渗湿，健脾止泻，除痹，排脓，解毒散结。用于水肿，脚气，小便不利，脾虚泄泻，湿痹拘挛，肺痈，肠痈，赘疣，癌肿。

（四）药食考证

1. 药用考证

《神农本草经》列为上品，记载：主筋急拘挛，不可屈伸，风湿痹，下气。久服，轻身，益气。《本草纲目》记载：薏苡仁，阳明药也，能健脾益胃。虚则补其母，故肺痿、肺痈用之。筋骨之病，以治阳明为本，故拘挛筋急风痹者用之。土能胜水除湿，故泄泻水肿用之。

2. 食用考证

《广济方》记载薏苡仁饭粥法：细舂其仁，炊为饭，气味欲匀如麦饭乃佳，或煮粥亦好，自任无忌。《本草崇原》记载：其仁白色如珠，可煮粥，同米酿酒。《药食同源目录》有收载。

（五）食疗药膳方

1. 膳方制作方法

薏苡仁山药粥

薏苡仁100克，山药50克，白糖适量。薏苡仁、山药和水，煮至薏苡仁烂熟，加入白糖即成。

冬瓜薏苡仁瘦肉汤

猪瘦肉250克，去皮冬瓜250克，薏苡仁60克，调料适量。去皮冬瓜、猪瘦肉洗净切块，将全部原料放入锅内，加入清水适量，旺火煮沸后，改小火煲2小时，调味至鲜。

2. 食用注意

脾虚无湿、大便燥结及孕妇慎服。

图4·薏苡仁山药粥

图5·冬瓜薏苡仁瘦肉汤

（吴庆华、林伟）

五十五、艾草

【种名】艾
【学名】Artemisia argyi Lévl. et Vant.
【别名】艾蒿、五月艾、白蒿、冰台、医草
【科属】菊科蒿属
【药用部位】全草
【食用部位】嫩叶、幼芽

（一）生物学特性

1. 形态特征

多年生草本或略成半灌木状，植株有浓烈香气。茎有少数短分枝，茎、枝均被灰色蛛丝状柔毛。叶厚纸质，上面被灰白色短柔毛，并有白色腺点与小凹点，背面密被灰白色蛛丝状密绒毛，基生叶具长柄，花期萎谢。头状花序椭圆形，排成穗状花序或复穗状花序，雌花6~10朵，两性花8~12朵。瘦果长卵形或长圆形。花果期7—10月。

2. 生长习性

艾草极易繁衍生长，对气候和土壤的适应性较强，耐寒耐旱，喜温暖、湿润的气候，以潮湿肥沃的土壤生长较好。

3. 分布与生境

分布广，除极干旱与高寒地区外，几乎遍布全国。生于低海拔至中海拔地区的荒地、路旁、河边及山坡等地，也见于森林及草原地区，局部地区为植物群落的优势种。国外蒙古、朝鲜、俄罗斯也有分布，日本也有栽培。

（二）种植技术

1. 繁殖方法

艾草有种子繁殖、分株繁殖和根茎繁殖三种繁殖方法，一般采用分株繁殖。

选用艾草根状茎分出的幼苗，当苗高

图1·植株

图2·花

15~20厘米时,分3~5株栽植,株行距为45厘米×30厘米,栽植深度5~10厘米,保证水分充足后覆土盖实。

2. 选地和整地

艾草对土壤要求不严,但以阳光充足、排灌方便、疏松肥沃的中性壤土及砂质壤土为宜。先清除杂草,后深耕30~35厘米;平整土地,墒情适宜。结合深耕每亩施1 000千克以上的腐熟农家肥,或1 000千克左右商品有机肥。然后,按5米宽整畦,每2畦间开一浅沟,沟深20厘米左右、宽30厘米左右,便于防涝排水。地块四周宜开好排水沟,沟深50厘米左右、宽60厘米以上,便于旱时灌溉、涝时排水。

3. 种植方法

一般在3—4月种植。普通种植株行距为45厘米×30厘米(75 000株/公顷);密植株行距为45厘米×15厘米(150 000株/公顷);合理密植株行距则为45厘米×20厘米(105 000株/公顷)。每穴1株。在黏性较大的黄土地或黑土地上,种植深度5~8厘米;砂土地或麻骨石地种植深度以8~10厘米为宜。种植后,浇足定根水,保证水分。

4. 田间管理

(1)水肥管理

艾草喜湿润怕积水,如遇干旱,应及时灌水,尤其是苗期植株生长旺盛,需水量大。在每次收割后,应结合追肥浇水,使根茎迅速萌发。夏季高温干旱时在早晚灌溉,但收割当天切勿浇水以防烂根;在多雨季节需要及时排水,不可浸水过久以防烂根枯萎。追肥以氮肥为主,在苗期至封行前,选择雨天施7.5~10千克每亩的尿素作提苗肥,结合中耕将肥料埋入土中。也可进行叶面施肥,用0.5%左右的尿素液喷洒在艾株上。每进行一次追肥之后如无有效降雨需及时浇水。

(2)中耕除草

分株繁殖栽种的艾苗成活后,要中耕浅锄一次,在艾草封行前进行第二次中耕,仍浅锄,主要是除草松土,提温保墒,促进艾草健壮生长。第1茬收割后进行深中耕,不仅铲除杂草,促根向下扎,还要锄去部分根状茎,使其不至过密。第2茬艾草出苗后,正值雨季,温度高,杂草生长迅速,如不及时防除杂草容易造成草荒,严重影响艾草生长,根据杂草情况进行1~2次中耕。

(3)平茬

每次收割后要进行平茬,将艾草收割后的老桩和地上茎灭掉,促使地下茎萌发新的艾苗,这种艾苗生长健壮,生命力强,产量高,品质好。

(4)病害防治

叶斑病 主要为害艾草叶片。经病原物侵害后主要在叶片上发生各种局部坏死性病斑的植物病害,可由真菌、细菌、线虫引起。防治措施:在发病初期,摘除病叶,用甲基托布津、百菌清进行喷雾防治,10天左右1次,视病情防治2~3次,收割前20天禁喷。同时要加强田间管理,注意排水,清除杂草,通风透光。

枯萎病 为害艾草整个植株。由真菌或细菌引致艾草病害,发病突然,症状包括严重的点斑和凋萎,甚至整株植物的死亡。防治措施：实行轮作倒茬，清理销毁病残体，发病初期喷洒多菌灵、碱式硫酸铜、苯醚甲环唑甲基硫菌灵进行灌根防治，注意药剂的交替使用。

（5）虫害防治

蚜虫 为植食性害虫，蚜虫不仅吸取叶片汁液，分泌蜜露，导致煤污病发生，影响光合作用及新枝生长，还可传播多种病毒。防治措施：生产上要加强田间调查，在蚜虫发生初期要及时用药。选用高效、低毒、低残留的药剂，如吡虫啉、阿维菌素、烟碱油、抗蚜威等药剂进行喷雾防治。并注意多种农药交替使用，以延缓蚜虫抗药性的产生。

叶甲 为食叶的重要害虫，初孵幼虫仅食叶肉，留下表皮，稍大的幼虫和成虫则将叶片吃成孔洞或缺口。嫩叶受幼虫的粪便或黏液污染，1天后污染处即变焦黑色，严重的经3~4天使叶片枯萎脱落。防治措施：在叶甲成虫产卵盛期和一龄幼虫发生期开始防治，用45%丙溴辛硫磷乳油1 000倍液，或20%氰戊菊酯乳油1 500倍液加5.7%甲维盐水分散颗粒剂2 000倍混合液进行防治。

5. 采收

艾草一般每年可采收3次，第1茬收割一般在5月下旬至6月上旬，第2茬一般在7月中下旬，第3茬应在下霜前采收完毕。收割艾草时应选晴天上午露水干后进行，阴天、雨天或雨后刚晴不宜收割。收割后的艾株要进行茎叶分离，除去杂质和枯叶，阴干或摊在太阳下晒至足干或者低温烘干，扎成捆，置于阴凉干燥处存放，需防潮、防霉。若作食用时，只采摘苗期嫩叶芽或成株期的顶部嫩芽。

（三）功能主治

艾叶具温经止血，散寒止痛，祛湿止痒功效；主治吐血、衄血、咯血、便血、崩漏、妊娠下血、月经不调、痛经、胎动不安、心腹冷痛、泄泻久痢、霍乱转筋、带下、湿疹、疥癣、痔疮、痈疡。果实具温肾壮阳功效；主治肾虚腰痛、阳虚内寒。

（四）药食考证

1. 药用考证

艾以全草入药。《中国植物志》记载：全草入药，有温经、去湿、散寒、止血、消炎、平喘、止咳、安胎、抗过敏等作用。《本草纲目》草部第十五卷中记载：艾治流行伤寒。用干艾叶三程序，加水一斗，煮成一程序，一次服完。出汗为好。《本经逢原》卷二隰草部中记载：艾附丸调经而温子宫，兼主心腹诸痛。胶艾汤治虚痢，及胎妊产后下血。《得配本草》卷三草部隰草类中记载：艾可灸百病，可入煎丸；酒制助其焰，醋炒制其燥火；灸下行，入药上行。

2. 食用考证

始见于唐代的《食疗本草》。据《食疗本草》记载艾：春初采，为干饼子，入生姜煎服，止泄痢。三月三日，可采作煎，甚治冷。若患冷气，取熟艾面裹作馄饨，可大如弹子许。明代《救荒本草》记载野艾蒿（即野艾）生田野中，苗叶类艾而细，又多花，艾叶有艾香，味苦，救饥，采叶炸熟，水淘去苦味，油盐调食。

（五）食疗药膳方

1. 膳方制作方法

艾糍

艾草嫩芽50克，糯米粉100克，澄粉30克，红豆沙120克，绵白糖20克，熟猪油10克。将艾叶洗净，在沸水中焯一下，艾叶变色立刻捞出放入冷水中。然后将艾叶放在搅拌机中打碎成泥状，用细筛滤掉汁水备用。将澄粉冲入开水搅成透明状，糯米粉中加入绵白糖和熟猪油混合，倒入艾叶泥，用筷子搅成絮状。揉成团，加入烫熟的澄粉面团，再次揉至融合。然后将糯米团反复揉捏成均匀的青绿色糕团，等分成若干份，包入事先准备好的红豆沙，并且将其搓圆。水开上锅蒸8~10分钟，略放凉，趁热刷上一层食用油，包上保鲜膜即可。

艾叶炒蛋

新鲜艾叶一把，鸡蛋3个，油、食盐少许。将新鲜艾叶洗净，切碎。鸡蛋加适量食盐，打散备用。炒锅烧热，放适量油，艾叶先煸炒，半熟后，加少量食盐提味，倒入蛋液，继续翻炒出锅即可。

图3·艾糍

图4·艾叶炒蛋

2. 食用注意

艾草属温性食物，适当食用可驱寒祛湿，亦有温经止血等功效。但湿热体质、实热或阴虚火旺者不宜食用，妇女月经过多者亦不宜食用。

（余海霞、李林轩）

五十六、山药

- 【种名】薯蓣
- 【学名】*Dioscorea opposita* Thunb.
- 【别名】淮山药、面山药
- 【科属】薯蓣科薯蓣属
- 【药用部位】块茎、茎叶、珠芽
- 【食用部位】块茎

（一）生物学特性

1. 形态特征

藤本。块茎长圆柱形，长可超1米，断面干时白色。茎带紫红色，无毛。单叶，茎下部的互生，中部以上的对生；叶片变异大，卵状三角形至宽卵形或戟形；叶腋内常有珠芽。雌雄异株；雄花序为穗状花序，2~8个着生于叶腋，雄蕊6枚；雌花序为穗状花序，1~3个着生于叶腋。蒴果不反折，三棱状扁圆形或三棱状圆形，外面有白粉。种子着生于每室中轴中部，四周有膜质翅。花期6—9月，果期7—11月。

2. 生长习性

喜温且不耐寒，块根需要在10℃以上才会出芽，正常生长需保证温度在20~28℃，适宜生长在疏松、肥沃、土层深厚的土壤中，但扁形种和块状种在土层较浅、较黏重的土壤中也可生长。比较耐旱，但不耐涝，不宜种在地下水位太浅或过分潮湿的土壤中。

3. 分布与生境

我国分布于东北、河北、山东、河南、安徽淮河以南、江苏、浙江、江西、福建、台湾、湖北、湖南、贵州、四川、甘肃东部、陕西南部等地，广西主要在北部地区分布。生于山坡、山谷、溪边、路旁的灌丛中或杂草中。

（二）种植技术

1. 繁殖方法

可用芦头繁殖和零余子（珠芽）育种繁殖两种方式。

图1·植株

图2·花

图3·块茎

图4·块茎

芦头繁殖是在山药收获的时候,在芦头7~15厘米处切断后,再切成10~15厘米的小段,切口处抹上草木灰,以使切口愈合,风干4~5天,将处理好的山药块放于室内进行沙藏,以备播种需要。

零余子育种繁殖于霜降前后,山药地上茎叶将黄萎时,从叶腋间摘下或拾起落地的零余子,晾2~3天后,放在竹篮内,盖好或装入木箱贮藏。贮藏期内应注意鼠害,并需通气。用零余子繁殖需经1年培育,获得块根作种。

2. 选地和整地

山药属浅根性作物,一般在春季地温达到10℃时田间栽植。山药种植要选择地势高、排水良好、土层深厚、松软的砂壤土或轻壤土田块,土壤以微酸到中性为宜。山药不宜连作,一般应隔1~2年轮作1次。选择好地块进行翻耕后,应施足底肥。根据山药的品种的不同,选择适宜的沟宽、沟深。例如长根品种,行距可选为1米,开挖南北方向的深沟,沟宽不宜过大,28~30厘米即可,深度为1.50米左右。山药种植一般采用隔行开挖的方式,先挖开一条沟填平后再继续开挖另外半条沟。挖沟时,将上下两层土分别堆放在两侧,经过晾晒后,再分别填在底层土上。开挖种植沟时,应该清理掉土壤中的瓦砾等杂质。

3. 种植方法

一般在清明前后进行栽种。零余子栽培一般采用的是垄作或者高畦进行种植,畦作一般以畦间距20~25厘米进行开沟,畦沟深6~10厘米,垄作则在陇上开沟栽种。无论垄作还是畦作,株距均为10厘米,栽种2~3个零余子后进行覆土,栽种后需要及时浇水或者在其上覆盖一层谷草,以使土壤能够保持水分,保持湿润。当年秋季来临时,便可以挖出来以备栽种。芦头栽种则适宜于平畦及垄作。畦作行距则相对于零余子种植的行距较大一些,一般为30~45厘米,沟深为15厘米左右。芦头栽种可以单行或者双行种植,双行种植可将芦头放置于沟内中心线两侧。栽种后施加粪土或者直接覆土,并进行轻微的压实,之后再进行浇水或者覆盖一层稻草以保证土壤水分,保持山药生长环境的湿润。

4. 田间管理

（1）搭架引蔓

山药出苗的时候就需要搭支架以引蔓。搭架引蔓使山药植株能够透光、透风，并且能够避免藤蔓伏地生长。一般采用树枝或者细竹竿搭起人字架子，架高2~2.5米。支架要坚固，以避免山药植株倒伏。

（2）间苗

芦头种植或者零余子种植都可以萌生数个芽，使得山药能够一株上数蔓。太多的茎叶间相互竞争水分和养分，使得山药的产量和质量有所下降。因此，需要进行间苗处理，以保障养分、水分、阳光及通风的需要。每株山药保留1~2个健壮的芽，然后摘去其余的茎叶。

（3）水肥管理

山药需肥量比较大，每1 000千克块茎生长需氮肥4.3千克、磷肥1.07千克、钾肥5.3千克，才能保证山药顺利生长。山药忌氯肥，应避免使用氯化钾，多加有机肥即可。在确保高产的情况下，应每公顷加施30~50吨有机肥，在整地之前撒在田间，翻耕土层中，并在生长期再追加一次施肥，可确保肥量充足。山药浇水一般除栽培浸湿土层后，要在苗高1米左右浇头水，枝叶生长旺盛期浇第二次水，这两次浇水都应控制水量，浅浇为上，到块茎膨大期可大水灌透。山药耐旱不耐涝，所以注意秋季排水，每次降水之后，应注意进行浅耕，避免土壤板结、流水冲刷。

（4）适时化控

多效唑对山药地上部分生长具有明显的抑制作用，并能抑制零余子发生，使山药增产10%以上。喷施多效唑的最佳时期为山药藤蔓满架，现蕾开花初期，每亩用15%多效唑可湿性粉剂40~50克，兑水50千克混合均匀进行喷雾。生长过旺的田块可间隔7~10天喷施1次。

（5）病害防治

炭疽病　主要为害部位为叶片和茎蔓。多发于高温、多雨天气，在风雨的作用下，病菌可实现广泛传播，主要产生于山药叶尖和叶片边缘，形状并不固定，呈现为黑褐色病斑，并慢慢转变为中间灰白、边缘黑色。防治方法：防治炭疽病除了需要做到优质选种之外，还应重视清除病菌，特别是收获后需要对病变残体进行全面烧毁，防止对后续植株造成感染。生长过程中可通过喷洒波尔多液的方式进行预防，每10天开展1次。若山药已经患病，可采取70%代森锰锌500倍液等，每7天喷洒一次。

褐腐病　主要为害部位为块根。发病初期，山药地上部分表现为叶片边缘出现黄色斑，之后变成黄褐色，叶边变干。收获时，山药块根病部呈现不规则褐色斑，严重的病部腐烂发软，将病变部位切开后可见薯块褐变的部分常较外部病斑大且深。连作地块、土壤黏重、排水不畅、施用未充分腐熟的有机肥的地块发生较重。防治方法：山药褐腐病发病初期，可用75%百菌清可湿性粉剂1 000倍液加70%甲基硫菌灵可湿性粉剂1 000倍液喷施，或用70%甲基硫菌灵可湿性粉剂1 000倍液加30%氧氯化铜悬浮剂600倍液、50%甲基硫菌灵·硫黄悬浮剂800倍液喷施，每隔10天左右1次，共喷1~2次。

红斑病　主要为害部位为块根。山药红斑病是由线虫引起的疾病，感染的块根呈现圆形红褐色的斑点。严重的斑点连接成片，使块根显现红褐色的斑块。防治方法：实行轮作，用硫代米蕈酮TMK浸种秧24小时，硫代米蕈酮TMK的浓度为0.1%~0.35%，有效防病率可达到95%以上。

（6）虫害防治

蛴螬 为鞘翅目金龟子幼虫，1~2龄期蛴螬幼虫主要为害山药的侧根，3龄后为害山药的主根和块根，造成山药枯死。土壤温度在13~18℃时适宜为害，有机质含量高的地块，蛴螬发生严重。成虫金龟子主要取食为害山药的叶、花、嫩枝、嫩芽等地上部。防治方法：5月下旬至7月上旬为暴发期，成虫昼伏夜出，有假死性和趋光性。成虫出土期4—7月，田间安装黑光灯诱杀成虫，降低田间产卵量；抓住幼虫防治窗口期，即6月下旬至7月上旬，是金龟子产卵和幼虫孵化高峰期，用25%氯氟·噻虫胺微囊悬浮剂1 000~1 500倍液或50%辛硫磷2 000倍液喷淋土壤。

蝼蛄 为直翅目蝼蛄科昆虫，主要品种为非洲蝼蛄，1年发生1代，第1次为害高峰是5月上旬至6月中旬。可打洞为害山药的根系，造成块茎受伤，伤口处有利于其他病菌侵入，易导致块根腐烂变坏。防治方法：可在春季山药抽槽前或播种前后，每亩用歼土虫（3%辛硫磷颗粒剂）2千克与细土50千克搅拌后均匀撒施于地面。

叶蜂 为膜翅目叶蜂科害虫，以幼虫为害山药叶片，1~2龄幼虫取食下表皮、叶肉，造成上表皮呈透明斑，严重时可将山药叶片吃光。1年发生2代，应重点防治第1代。6月中旬成虫开始发生，7月15—20日是为害盛期。防治方法：可用25%灭幼脲悬浮剂2 000倍液喷雾防治。

斜纹夜蛾 为鳞翅目夜蛾科斜纹夜蛾属害虫，7—8月是为害盛期，发生数量多且为害重，有世代重叠现象，成虫昼伏夜出。幼虫一般群集为害，3龄后分散为害山药叶片和嫩茎。防治方法：可喷施21%灭杀毙乳油6 000~8 000倍液，或50%氰戊菊酯乳油4 000~6 000倍液防治。

5. 采收

主要以采收块茎为主。冬季茎叶枯萎后采挖，切去根头，洗净，除去外皮和须根，干燥，习称"毛山药片"；或除去外皮，趁鲜切厚片，干燥，称为"山药片"；也有选择肥大顺直的干燥山药，置清水中，浸至无干心，闷透，切齐两端，用木板搓成圆柱状，晒干，打光，习称"光山药"。零余子必须成熟后收获。

（三）功能主治

块茎具补脾养胃，生津益肺，补肾涩精功效；主治脾虚食少，久泻不止，肺虚喘咳，肾虚遗精，带下，尿频，虚热消渴。麸炒山药补脾健胃；主治脾虚食少，泄泻便溏，白带过多。零余子具补脾益肾强腰功效；主治虚劳羸瘦，腰膝酸软。茎叶具清利湿热，凉血解毒功效；主治湿疹，丹毒。

（四）药食考证

1. 药用考证

山药主要以块茎、茎叶、珠芽入药。《中国植物志》记载：块茎为常用中药"淮山药"，有强壮、祛痰的功效；又能食用。《本草纲目》菜部第二十七卷菜之二薯蓣（即山药）中记载：心腹虚胀，手足厥逆，不思饮食。用薯蓣半生半炒为末。每服二钱，米汤关定。一天服二次。《本草乘雅半偈》第一帙薯蓣中记载：主伤中，补虚羸，除寒热邪气，补中，益气力，长肌肉，强阴。久服耳目聪明，不饥延年。《本草蒙筌》卷之一草部上薯蓣中记载：除寒热邪气，烦热兼除；却头面游风，风眩总却。

2. 食用考证

始见于南朝《本草经集注》。据《本草经集注》草木上品薯蓣中记载：今近道处处有，东山、南江皆多掘取食之以充粮。南康间最大而美，服食亦用之。唐代《食疗本草》记载：治头疼，利丈夫，助阴力。和面作馎饦，则微动气，为不能制面毒也。熟煮和蜜，或为汤煎，或为粉，并佳。清代《得配本草》卷五菜部中记载：佐羊肉，补脾阴。佐熟地，固肾水。合米仁，治泄泻。

（五）食疗药膳方

1. 膳方制作方法

山药粥

生山药 60 克，红枣 10 枚，白米 100 克，白糖适量。将白米淘洗干净后控水，生山药洗净去皮并切成小块，红枣洗净。将大米、山药块及红枣放入净锅中，加入适量清水烧沸，转为小火熬煮成粥，加入适量白糖搅匀即可。

西芹山药炒木耳

山药 200 克，西芹 1 棵，木耳 5 朵，蒜 5 克，食盐少许。泡发好的木耳撕成小块，山药去皮切成片，西芹去叶斜刀切成段，蒜切片备用。起锅热油，加入蒜片炒出香味，加入山药、西芹大火翻炒至断生，加入木耳继续翻炒，可加入少许清水。最后加入少许食盐调味，炒匀即可。

2. 食用注意

生山药不宜直接食用，少数人接触会引起过敏而发痒，处理山药时应避免直接接触。中医认为，气虚体质人群更为适宜，不适宜湿热体质人群。

< 图 5·山药粥 <

< 图 6·西芹山药炒木耳 <

（余海霞、李林轩）

五十七、银杏

【种名】银杏
【学名】*Ginkgo biloba* L.
【别名】鸭掌树、鸭脚子、公孙树、白果
【科属】银杏科银杏属
【药用部位】种子、叶、根
【食用部位】种子

（一）生物学特性

1. 形态特征

乔木。幼树树皮浅纵裂，大树之皮呈灰褐色，深纵裂，粗糙。有长枝与生长缓慢的距状短枝。叶扇形，有长柄，淡绿色，无毛，有多数叉状并列细脉。雌雄异株，花单性，稀同株，球花生于短枝顶端的鳞片状叶的腋内，雄球花葇荑花序状，下垂；雌球花具长梗，梗端常分两叉。种子核果状，常为椭圆形、长倒卵形、卵圆形或近圆球形。花期3—4月，种子成熟期9—10月。

2. 生长习性

喜光，深根性，对气候和土壤的适应性较强，能在高温多雨及雨量稀少、冬季寒冷的地区生长，但生长缓慢或不良；能生于酸性土壤、石灰性土壤及中性土壤上，但不耐盐碱土及过湿的土壤。以生于海拔1 000米以下，气候温暖湿润，年降水量700~1 500毫米，土层深厚、肥沃湿润、排水良好的地区最好。

3. 分布与生境

我国仅浙江天目山有野生状态的树木，栽培区北至辽宁，南达广东，东起华东，西南至贵州、云南都有分布。

（二）种植技术

1. 繁殖方法

可用种子繁殖、扦插繁殖、分蘖繁殖和嫁接繁殖，实际生产中主要以种子繁殖为主。

将种子放入水中浸泡2~3天，每天换水1次，种仁吸足水后捞出，置于25~30℃的室温下保湿催芽。30%种子露白即可播种，长出4~5片真叶时定苗。

图1·植株

图 2 · 果实

2. 选地和整地

银杏生长比较缓慢，在生长过程中对养分、水分、光照的条件要求比较高，所以要尽可能选择地势较高、排水良好、土层深厚且交通便利的地块，地块所处位置要无遮挡、光照充足、空气畅通。因地制宜整平地块，适时深翻并清除土壤中杂余物质，深翻深度不应少于 50 厘米。深耕后施肥以有机肥为主，混加过磷酸钙，采用行间开条状沟方法施肥，沟宽 20~30 厘米，深 25~35 厘米。

3. 种植方法

春栽和秋栽均可，北方宜春栽，南方宜秋栽。春栽宜在土壤解冻、天气转暖后及时栽植。秋季在 9—10 月带叶栽植，也可在落叶后至封冻前栽植。采叶园应适当加大初植密度，一般行距 40~50 厘米，株距 15~20 厘米。银杏果用林的密度为 400~500 株/公顷（株行距 5 米 ×5 米或 4 米 ×5 米）。矮干密植园初植密度为 2 米 ×3 米（后期隔株或隔行疏除）。在平原农区，若考虑林下作物，可增加株行距，在山区立地条件较差的造林地，可减少株行距。种植后，浇足定根水，保证水分。

4. 田间管理

（1）及时补种

在种植后 7~10 天，加强巡查，发现死亡或缺株应及时补种。

（2）水肥管理

银杏喜湿怕涝，当土壤相对含水量降至 30% 时应及时引水灌溉；每次施肥后要及时浇水,使土壤经常处于湿润状态;在雨季尤其注意及时排除田间积水。春季追肥2次,一般在3月发芽前进行第一次追肥,在5—6月进行第二次追肥;夏季追肥1次,在7—8月进行施肥;秋冬季追肥1次。

(3)修剪

为了合理控制树形,需对银杏树进行修剪。第1分枝长40~45厘米,第2分枝长30~35厘米,若树冠偏小,需增加疏果次数,在达到盛果期状态后,降低疏果频率。同时,为了促进银杏枝条能够健康生长,每年5月中旬实施摘心操作,可有效控制树木发出过多新梢,促进芽叶生长,保证树枝趋于饱满。

(4)病害防治

叶枯病 主要为害叶片。在银杏生长中叶枯病的发生率较高,一旦患上叶枯病,最开始表现为叶片前端变黄,之后在病情的不断发展下越来越严重,叶片会从黄色变成褐色直到坏死,当叶片坏死后,会扩散其病菌。防治方法:此病害主要以预防为主,施加1:2:200倍波尔多液或25%多菌灵可湿性粉剂可以进行有效预防。

茎腐病 主要为害树根茎。茎腐病一般在1~2年生实生苗上发生,成年大树上发病较少。高温条件下易诱导茎腐病,感染初期,银杏幼苗基部慢慢变成褐色,围绕茎基部扩散,最后导致根茎腐烂甚至枯死。防治方法:在排水条件较好的地方建苗圃,将基肥施加充足。促进植株健壮生长,使其抗病能力有效增强。应在刚发病之时剪除病枝,或喷洒25%~50%的多菌灵粉剂500~800倍液。每隔10~20天喷洒1次,连续喷2~3次。

早期黄化病 银杏早期黄化病的发生主要是因为土壤缺乏水分、土壤缺锌、积水、地下害虫为害等。一般情况下,6月中旬为发病高峰期,7月上旬黄化变多。防治方法:准确找到病因,早期加大灌水量,注意积水排湿,针对缺锌的土壤应施加多效锌或锌肥硫酸锌等。

(5)虫害防治

银杏大蚕蛾 银杏生长中,大蚕蛾是一种十分常见的害虫,主要为害银杏的叶片。如果情况较为严重,会将整株树的叶子啃食干净,影响银杏的正常生长。防治方法:幼虫未满3龄前,采取80%敌敌畏1500~2000倍液或90%敌百虫1300~2000倍液,可以获得显著效果。9月中旬至次年3月末,可通过人工的方式摘除卵块;5月末至6月初,老熟幼虫会在午间下树爬行,可以借助人工手段进行捕杀;6月初至9月为结茧化蛹阶段,虫茧偏大,辨认起来较为容易,可利用人工进行摘除,然后集中烧毁;若是情况严重,可以借助成虫具有趋光性的特征,在8—9月用黑光灯进行诱杀。

银杏超小卷叶蛾 银杏多发的一种虫害,主要为害银杏的枝干,幼虫会蛀食银杏短枝和当年生长枝,导致叶果全部脱落,并导致长枝枯断。防治方法:可在每年4月人工捕杀成虫或喷药灭杀,同时剪除虫害枝,及时清理林地残落的枝叶,集中进行无害化处理。另外,可在成虫羽化前对树干进行涂白或喷涂,杀死未羽化的幼虫和成虫。常用的涂白剂有生石灰和敌敌畏加食盐混合剂,还可用杀螟松乳油、敌杀死乳油同比例调成混合液。先喷涂树干,然后用塑料膜包扎封闭，增强毒杀效果。

茶黄蓟马　茶黄蓟马主要为害银杏新梢及嫩叶，导致芽梢萎缩，叶片向内纵卷，叶质硬脆枯死。防治方法：可在初冬清理银杏林地，浅锄地表，集中烧毁枯枝落叶，达到除卵目的；另外，可竖立黄色板进行诱杀，于5月中旬在银杏树周边插黄色黏虫板或黄板涂油；也可采用喷施药剂方式，如80%敌敌畏1 000倍液或速灭杀丁3 000倍液，防治效果都比较理想。

5. 采收

银杏叶采收，每年7—9月银杏叶子浓绿未变黄前分批分期间隔10日采摘，每次采摘只摘下枝上1/3~1/2的成熟叶片，最后一次采摘时须保留银杏主干或主枝的顶梢2~3片叶片。白果采收，当果实外果皮褶皱由少变多，颜色从青绿色变为橙黄色或淡黄色，白粉由明变暗，果肉由硬变软，并有少量果实开始自然落下时即可采收，注意不要损伤果枝。

（三）功能主治

种子具敛肺定喘、止带缩尿功效；主治痰多喘咳、带下白浊、遗尿尿频、无名肿毒、癣疮。叶具活血化瘀、通络止痛、敛肺平喘、化浊降脂功效；主治瘀血阻络、胸痹心痛、中风偏瘫、肺虚咳喘、高脂血症。根具益气补虚功效；主治遗精、遗尿、夜尿频多、白带、石淋。

（四）药食考证

1. 药用考证

银杏主要以种子、叶、根入药。《中国植物志》记载：种子供食用（多食易中毒）及药用。叶可作药用和制杀虫剂，亦可作肥料。《本草纲目》果部第三十卷银杏中记载：治疗小便频数：白果十四枚，七生七煨，食之，取效，止。《本经逢原》卷三果部银杏中记载：俗名白果，甘苦平涩，无毒。银杏定喘方用之。生嚼止白浊降痰，消毒杀虫。涂鼻面手足去黥。《本草从新》卷十果部银杏记载：一名白果。涩、敛肺、去浊痰。《本草撮要》卷三果部银杏中记载："叶辟诸虫"。

2. 食用考证

据元朝《饮膳正要》记载：白果"炒食煮食皆可，生食发病"。明朝《本草蒙筌》记载：白果"生食戟入喉，炒食味甘苦。少食堪点茶餍酒，多食则动风作痰"。清朝《玉楸药解》记载："银杏即白果，熟食益人"。

（五）食疗药膳方

1. 膳方制作方法

白果老鸭汤

老鸭半只，白果200克，枸杞10克，葱、姜、食盐、料酒适量。白果去壳洗净，热水烫皮，用牙签将白果芯取出。老鸭洗净，斩件，飞水。锅里同时放姜、葱去腥味，水开放适量料酒，捞起过冷水，洗净浮沫，沥水备用。砂锅加入水，放入姜片，下沥干的鸭肉，大火烧开后改小火炖30分钟。加入白果，继续小火炖一个半小时。起锅前10分钟加入枸杞，并依个人口味于炖汤中加入适量食盐调味。

图3·白果老鸭汤

图4·白果山药粥

白果山药粥

白果10克，山药15克，粳米100克，白糖适量。白果去壳洗净，热水烫皮，将白果芯取出，山药切小块，再把洗净的米加入同煮成粥。吃时，调入白糖即可。

2. 食用注意

喘咳痰稠，不易咳出者慎用；有实邪者禁服。银杏有小毒，不宜生食，尤其不可多食；多食可出现呕吐、腹痛、腹泻、抽搐、烦躁不安等症状，亦可引起末梢感觉障碍，下肢迟缓性瘫痪。

（余海霞）

参考文献

[1] 黄璐琦，陈敏．药食同源物质诠释[M]．北京：人民卫生出版社，2021．

[2] 国家药典委员会．中华人民共和国药典（一部）[S]．北京：中国医药科技出版社，2020．

[3]（东汉）张仲景．金匮要略[M]．郑州：河南科学技术出版社，2019．

[4] 杨竞生．中国藏药植物资源考订[M]．昆明：云南科技出版社，2017．

[5]（宋）苏颂．本草图经[M]．北京：学苑出版社，2017．

[6]（明）宁源．食鉴本草[M]．北京：中国中医药出版社，2016．

[7] 柳书琴．中华食疗药膳养生秘方[M]．上海：上海科学技术文献出版社，2016．

[8] 谢梦洲，朱天民．中医药膳学（第3版）[M]．北京：中国中医药出版社，2016．

[9]（清）张秉成．本草便读[M]．太原：山西科学技术出版社，2014．

[10] 陈明．印度梵文医典《医理精华》研究[M]．北京：商务印书馆，2014．

[11] 于新，李小华．药食同源物品食用手册[M]．北京：中国轻工业出版社，2012．

[12]（宋）唐慎微．证类本草[M]．北京：中国医药科技出版社，2011．

[13] 何克谏．生草药性备要[M]．广州：广东科技出版社，2009．

[14] 崔玲．神农本草经[M]．天津：天津古籍出版社，2009．

[15] 肖步丹．岭南采药录[M]．广州：广东科技出版社，2009．

[16]（明）陈嘉谟．本草蒙筌[M]．北京：中国古籍出版社，2008．

[17]（清）汪昂．本草备要[M]．北京：人民军医出版社，2007．

[18]（唐）甄权．药性论[M]．合肥：安徽科学技术出版社，2006．

[19] 么厉，程惠珍，杨智．中药材规范化种植（养殖）技术指南[M]．北京：中国农业出版社，2006．

[20]（五代）日华子．日华子本草（蜀本草合刊本）[M]．合肥：安徽科学技术出版社，2005．

[21]（清）顾观光．神农本草经[M]．北京：学苑出版社，2002．

[22]（魏）吴普著，（清）顾观光辑．神农本草经[M]．北京：学苑出版社，2002．

[23] 国家中医药管理局《中华本草》编委会．中华本草[M]．上海：上海科学技术出版社，1999．

[24]（宋）卢多逊．开宝本草[M]．合肥：安徽科学技术出版社，1998．

[25] 中国科学院中国植物志编辑委员会. 中国植物志 [M]. 北京：科学出版社，1997.

[26] （唐）孙思邈. 备急千金要方 [M]. 沈阳：辽宁科学技术出版社，1997.

[27] （明）徐春甫. 古今医统大全 [M]. 北京：中医古籍出版社，1996.

[28] 中国医学科学院药用植物资源开发研究所. 中国药用植物栽培学 [M]. 北京：农业出版社，1991.

[29] （宋）寇宗奭. 本草衍义 [M]. 北京：人民卫生出版社，1990.

[30] （宋）苏颂撰. 图经本草 [M]. 福州：福建科学技术出版社，1988.

[31] （明）陈嘉谟. 本草蒙筌 [M]. 北京：人民卫生出版社，1988.

[32] 王好古. 汤液本草 [M]. 北京：人民卫生出版社，1987.

[33] （清）黄宫绣. 本草求真 [M]. 北京：人民卫生出版社，1987.

[34] 广西壮族自治区中医药研究所. 广西药用植物名录 [M]. 南宁：广西人民出版社，1986.

[35] （明）卢之颐. 本草乘雅半偈 [M]. 北京：人民卫生出版社，1986.

[36] （梁）陶弘景. 名医别录 [M]. 北京：人民卫生出版社，1986.

[37] 江苏新医学院. 中药大辞典（上册）[M]. 上海：上海科学技术出版社，1986.

[38] （宋）太平惠民和剂局. 太平惠民和剂局方 [M]. 北京：人民卫生出版社，1985.

[39] 赵学敏. 本草纲目拾遗 [M]. 北京：人民卫生出版社，1963.

[40] （唐）孟诜. 食疗本草 [M]. 北京：人民卫生出版社，1984.

[41] 全国中草药汇编编写组. 全国中草药汇编 [M]. 北京：人民卫生出版社，1983.

[42] （明）李时珍. 本草纲目 [M]. 北京：人民卫生出版社，1982.

[43] （唐）苏敬. 新修本草 [M]. 合肥：安徽科学技术出版社，1981.

[44] 黄燮才. 广西民族药简编 [M]. 南宁：广西壮族自治区卫生局药品检所，1980.

[45] （明）缪希雍. 本草经疏 [M]. 江苏：广陵古籍刻印社，1980.

[46] 广州部队后勤部卫生部. 常用中草药手册 [M]. 北京：人民卫生出版社，1969.

[47] （明）兰茂. 滇南本草 [M]. 昆明：云南人民出版社，1956.

[48] 李东垣. 珍珠囊补遗药性赋·雷公炮制药性解合编 [M]. 上海：上海科学技术出版社，1956.